Max Planck Institute for Intellectual Property and Competition Law

For further volumes/weitere Bände:
www.springer.com/series/7760

MPI Studies on Intellectual Property and Competition Law

Volume 17

*Edited by*

Josef Drexl
Reto M. Hilty
Joseph Straus

Reto M. Hilty • Thomas Jaeger • Matthias Lamping
(Herausgeber)

# Herausforderung Innovation

## Eine interdisziplinäre Debatte

Springer

*Herausgeber*
Professor Dr. Reto M. Hilty
Dr. Thomas Jaeger
Dr. Matthias Lamping
Max-Planck-Institut
für Immaterialgüter- und Wettbewerbsrecht
Marstallplatz 1
80539 München
Deutschland
hilty@ip.mpg.de
thomas.jaeger@ip.mpg.de
matthias.lamping@ip.mpg.de

ISSN 2191-5822 e-ISSN 2191-5830
ISBN 978-3-642-18478-9 e-ISBN 978-3-642-18479-6
DOI 10.1007/978-3-642-18479-6
Springer Heidelberg Dordrecht London New York

Die Deutsche Nationalbibliothek verzeichnet diese Publikation in der Deutschen Nationalbibliografie; detaillierte bibliografische Daten sind im Internet über http://dnb.d-nb.de abrufbar.



Gedruckt auf säurefreiem Papier

Springer ist Teil der Fachverlagsgruppe Springer Science+Business Media (www.springer.com)

# Vorwort

Längst ist es zur Tradition geworden, dass das Institut einmal im Jahr nicht im Rahmen der sonst üblichen Tagungen und Symposien wissenschaftliche Referenten und Gäste einlädt, sondern dass die Nachwuchswissenschaftler des Instituts es übernehmen, mit Kolleginnen und Kollegen ihrer Stufe ein Zusammentreffen zu organisieren. Der dafür inzwischen eingespielte Begriff „Assistentenforum" umschreibt die Zielsetzung dabei vielleicht nicht ganz so glücklich; denn mit der „Assistentenfunktion" einiger Teilnehmer hat dieser Anlass im Grunde nichts zu tun, zumal deren Spannweite von selbständig forschenden Doktoranden bis hin zu Habilitanden reicht, die ihre Arbeit abgeschlossen haben und kurz vor einer Berufung stehen. Entscheidend ist indes nicht der Name des Anlasses, sondern eben sein Zweck: Angestrebt wird der ungestörte Austausch jener nachwachsenden Generation von Jungwissenschaftlern, die in Kürze als Forschungs- und Ausbildungsmannschaft nachrücken wird und der es ermöglicht werden soll, über den Tellerrand der eigenen, in diesem Alter meist noch relativ stark fokussierten Thematik hinaus die größeren Zusammenhängen einer aktuellen Fragestellung unter ihresgleichen zu erschließen. Das Besondere dieses Anlasses besteht mithin darin, dass bejahrte, erfahrene Teilnehmer, die solche Konferenzen zuweilen mit wortgewaltigen Beiträgen dominieren, von vornherein fehlen; Vorbilder für die eigene akademische Karriere sind also nicht anwesend und bilden damit auch keinen Grund, bloß teilzunehmen und einfach nur zuzuhören, ohne die eigenen Gedanken – oder gar abweichenden Meinungen – zu äußern. Wohl wird auch von solchen Persönlichkeiten, deren Anwesenheit nicht erwünscht ist, immer wieder ein großes Interesse an solchen Veranstaltungen zum Ausdruck gebracht, verbunden mit dem Hinweis, sie würden ja auch wirklich nur zuhören. Für dieses eine Mal im Jahr können sie aber gleichwohl nicht dabei sein; vielmehr liegt die Aufgabe der Institutsleitung mit Bezug auf dieses Forum gerade darin, für klare Verhältnisse zu sorgen, um den Nachwuchskräften ihre eigene Bühne freizuhalten, auf welcher der Austausch von Ideen, Wahrnehmungen und Standpunkten frei und unbeschwert gepflegt werden kann.

Getragen ist dieser für viele vielleicht etwas eigentümlich anmutende Zuschnitt des Assistentenforums von dem übergeordneten Ziel der Nachwuchsförderung, welche als eine der obersten Maximen eines Max-Planck-Instituts anzusehen ist. Selbst die Forschung – quasi die abstrakte Zielsetzung einer solche Institution – steht nicht höher. Denn nicht nur trägt die Nachwuchsförderung ihrerseits durch die daraus hervorgehenden neuen Erkenntnisse zur Forschung bei; vielmehr kann es Forschung ohne Nachwuchsförderung langfristig nicht geben. Mit andern Worten wird Forschung nur solange nachhaltig und auf höchstem Niveau betrieben werden können, als eine ausreichende Zahl an nachrückenden Wissenschaftlern hervorgebracht wird, um jenen – aus der Sicht der Betroffenen nicht unbedingt immer wünschbaren, im Lichte der langfristigen Zielsetzung aber unvermeidlichen – Wettbewerb zu beflügeln, in welchem die Besten obsiegen werden. Die Besten müssen wir tatsächlich haben; denn sehr bald werden sie es sein, die ihrerseits wiederum die Förderung der nächsten Generation zu betreiben haben werden. Wenn wir bei der Förderung und Auswahl unseres eigenen Nachwuchses Abstriche machen, wird ein hohes Niveau langfristig also nicht zu halten sein.

Das Thema, dem sich die jungen Kolleginnen und Kollegen im Jahre 2010 gewidmet haben, spricht für sich – es geht um die Innovation, genauer: um die Herausforderung, ständig aufs Neue innovativ sein und bleiben zu können. Denn Innovation – das ist heute wohl unstreitig – stellt den Motor für Wachstum schlechthin dar. Innovation ist damit gleichsam notwendige Voraussetzung für Wohlstand und letzten Endes aber auch für die Möglichkeit, Sozialsysteme und dergleichen zu finanzieren. Dabei ist Innovation heute sogar wichtiger denn je, besteht die Welt doch nicht mehr aus wenigen, relativ homogenen Blöcken, die Innovation betreiben (so primär die USA und Europa, seit geraumer Zeit aber auch etwa Japan), auf der einen Seite, und andern Gebieten dieser Erde, deren technologische Entwicklungsprozesse die traditionell innovativen Volkswirtschaften mehr oder weniger überblicken zu können glauben. Innovation findet immer mehr (auch) in Ländern statt, die bislang mit wenig Eigenleistung in Erscheinung getreten sind, die vielmehr primär fremde Technologien kopiert haben. Schwellenländer wie Taiwan – das schon vergleichsweise früh Fuß zu fassen vermochte –, Indien, in jüngerer Zeit Brasilien, oder immer mehr auch China übernehmen als kräftig wachsende Volkswirtschaften schon heute wichtige Funktionen im globalen Markt, wobei das Potential solcher Länder – und gerade jenes von China, wo die mittelfristigen Entwicklungsperspektiven angesichts der gegenwärtigen Klagelieder über die massiv stattfindende Produktpiraterie noch zu wenig beachtet werden – mit Blick auf die künftige eigene Innovationskraft derzeit noch deutlich unterschätzt werden dürfte.

Solche Veränderungen sind einerseits natürlich schön, wenn die Zielsetzung, von der wir seit Jahrzehnten sprechen, wirklich verfolgt wird, nämlich dass eine echte, nachhaltige Entwicklung dieser Länder zu erreichen ist, die aus der Abhängigkeit hinaus in eine wachsende Selbständigkeit führen soll. Andrerseits muss man damit auch in Kauf nehmen, dass der Kampf um die Führerschaft mit Bezug auf Innovation deutlich härter werden wird. Gewiss wird Innovation immer stattfinden – aber nicht mehr notwendigerweise in der sog. „westlichen Welt“, und schon gar nicht mehr, wie dies bis anhin ganz selbstverständlich der Fall war, zu Gunsten dieser entwickelten Staaten, zumal hier hoch komplexe und kostspielige Sozialsysteme zu finanzieren sind, welche in den nachrückenden Staaten erst sehr zögerlich im Entstehen begriffen sind, was jenen zumindest in einer Übergangsphase in gewisser Hinsicht einen Wettbewerbsvorteil verschafft.

Innovation ist also durchaus eine Herausforderung – oder anders gesagt: Entscheidender denn je ist die Frage, was denn eigentlich zu Innovation führt. Haben wir die entsprechenden Rahmenbedingungen, welche sicherstellen, dass wir die Nase auch in Zukunft noch vorn haben werden, oder verfügen andere – gerade China mit grundlegend anderen Steuerungsmechanismen in Bezug auf unternehmerische Aktivitäten – schon sehr bald über eine bessere Ausgangslage als wir? Eine der großen Lebenslügen der vergangenen Jahrzehnte jedenfalls sollten wir genauso kritisch hinterfragen, wie gewisse nachrückende Länder dies tun, nämlich ob es wirklich primär die Anreizsysteme sind, welche durch die Verleihung von (beschränkten) „Monopolrechten" beabsichtigt werden, womit a priori innovatives Verhalten der beteiligten Marktteilnehmer erwirkt werden soll. Tatsächlich wissen wir ja seit geraumer Zeit, dass gerade Patente durchaus auch als strategische „Waffen" genutzt werden können, um sich dem Wettbewerb – und damit auch dem Innovationswettbewerb – zu entziehen, und v.a. auch, um sich unliebsamer Konkurrenten entledigen zu können. Mithin steht zu befürchten, dass Schutzrechte Innovationen – zumindest punktuell – zu behindern drohen anstatt sie zu fördern. Dies gilt freilich keineswegs nur für das Patentrecht, sondern auch – und zunehmend – für das Urheberrecht, welches absurderweise dazu führen kann, dass der heute viel einfachere Zugang zu Wissen (welchen wir unter Einsatz der Internettechnologie erhalten haben) deswegen unterbunden werden kann, weil an diesem Wissen Urheberrechte geltend gemacht werden.

Ohnehin war es schon immer verwegen, einfach mehr Schutz zu fordern – und damit auf mehr Innovation zu hoffen. Denn unzählige weitere Faktoren spielen eine – unter Umständen noch viel wichtigere – Rolle dafür, ob ein Unternehmen willens und in der Lage ist, Innovationsinvestitionen zu tätigen. Wir wissen längst, dass solche unternehmerischen Entscheidungen enorm stark davon abhängen, von welcher Innovationsbranche wir sprechen. Je nachdem können Flexibilitäten im Arbeitsmark, steuerrechtliche Rahmenbedingungen, die Verfügbarkeit von Risikokapital, aber auch ein adäquates Vertragsrecht zum Handel mit Wissen sowie viele weitere Faktoren deutlich relevanter sein als die abstrakte Aussicht darauf, irgendwann – vielleicht – ein Patent erhalten zu können.

Sich solchen Herausforderungen zu stellen, die großen – aber keineswegs nur aus rechtlicher Perspektive zu beleuchtenden – Zusammenhänge zu erkennen und auf offene Fragen aus verschiedenen Blickwinkeln heraus mögliche Antworten zu suchen und zu debattieren, ist eine der entscheidenden Voraussetzungen dafür, um die globalen Wirtschaftsysteme auch längerfristig so steuern zu können, dass das Umfeld für Innovationsleistungen in einem gesunden Wettbewerb verschiedener Volkswirtschaften laufend optimiert werden kann. Die nachwachsenden Wissenschaftlerinnen und Wissenschaftler können dazu nicht nur heute schon wesentliche Beiträge leisten – wie sie mit dieser Publikation denn auch zeigen –, sondern sie werden in dieser Diskussion selbst sehr bald die Führung übernehmen müssen; gleichzeitig werden sie und nachwachsende Generationen es aber auch sein, welche den Preis dafür zu bezahlen haben würden, wenn es nicht gelingen sollte, zwischen sich unterschiedlich schnell entwickelnden Wirtschaftssystemen auf Dauer einen Ausgleich zu finden, der alle an der global vorhandenen Innovationskraft angemessen partizipieren lässt.

München, im Mai 2011 Reto M. Hilty

# Inhaltsübersicht

# Synopse zum interdiziplinären Ansatz

*Thomas Jaeger*[*]

Zur Wahl unseres Tagungsthemas gab ein zweifaches Unbehagen Anlass. Unbehagen bestand zunächst dahin dass, wie im Schrifttum nun schon seit einiger Zeit diskutiert, die konkrete Ausgestaltung von Immaterialgüterrechtsschutz im Einzelfall nicht bzw. nicht mehr jenen Funktionen gerecht wird, aus deren Erfüllung dieser Schutz sich legitimiert. Beispielsweise kann zu weitreichender Patentschutz Innovation hemmen statt fördern, steht eine die Ausdehnung des Urheberrechts mittlerweile kaum noch in Zusammenhang mit der Förderung von Kreativität oder bewirkt ein überzogener Schutz für Marken eher einen Schutz vor Wettbewerb statt einen Schutz funktionierenden Wettbewerbs udgl. mehr. All dies ist im Grundsatz bekannt und wird, in dieser Allgemeinheit, wohl auch von weiten Teilen des Schrifttums getragen.[1] Verlässt man aber die grundsätzliche Ebene und fragt nach den Innovations-, Kreations- oder Marktordnungswirkungen einzelner immaterialgüterrechtlicher Normen oder Normbestandteile, so findet der Konsens mitunter rasch ein Ende und es prallen gegenläufige Meinungen aufeinander.

Tatsächlich ist die Juristerei als Teil der Gesellschaftsforschung im weiteren Sinne eine Meinungswissenschaft: Argumente in Bezug auf die Auslegung und Ausgestaltung von Normen treten in Wettstreit, die Präzision auf empirischen Messungen gründender Folgerungen kennt die klassische Juristerei nicht. Sind die widerstreitenden Argumente aber methodisch nicht hinreichend fundiert, begegnen sie dem Vorwurf der Beliebigkeit. Im Kernbereich der juristischen Praxis, bei der Auslegung bestehenden Rechts *de lege lata*, sind die juristischen Methoden sehr gut entwickelt, können sie dort doch auf den Wortlaut, Zusammenhang, die Entstehungsgeschichte usw. bestehender Normen zurückgreifen. *De lege ferenda*, also betreffend die Umgestaltung oder Neuschaffung von Normen, versagen diese stark am bestehenden Recht und seiner Anwendung ausgerichteten Auslegungsmethoden aber vielfach. Gleichzeitig sind alternative Methoden in der Juristerei kaum entwickelt. Juristen nehmen in solchen Fällen, je nach Rechtsbereich, gerne Anleihen in Politik oder Philosophie um zu erklären, warum eine Verhaltensoption legitimer oder wünschenswerter erscheint als eine andere. Häufiger noch verweisen sie aber auf die präsumptiven Wirkungen der fraglichen (umzugestaltenden oder neu

---

[*] Dr., LL.M (K.U. Leuven), Wissenschaftlicher Referent am Max-Planck-Institut für Immaterialgüter- und Wettbewerbsrecht in München

[1] Vgl. dazu etwa bereits die diversen Beiträge im tagungsthemenverwandten Sammelband von Eifert/Hoffmann-Riem (Hrsg.), Geistiges Eigentum und Innovation (2008); weiters die Beiträge in Götting/Lunze (Hrsg.), Überprotektion durch Geistiges Eigentum? (2009), oder in Leistner (Hrsg.), Europäische Perspektiven des Geistigen Eigentums (2010); auch Harhoff/Engel/Möschel, Patentschutz und Innovation, Gutachten Nr. 1/07 des Wissenschaftlichen Beirates beim Bundesministerium für Wirtschaft und Technologie.

zu schaffenden) Norm, obwohl sie diese Wirkungen im Rahmen der eigenen Wissenschaft nicht verlässlich messen können und sich zur Beschreibung der Wirkungen daher auf das verlassen oder beschränken müssen, was offensichtlich ist oder als notorisch bekannt gelten kann. Die eingangs angesprochene, funktionale Kritik am Immaterialgüterrechtsnormbestand zählt ebenfalls zu dieser Kategorie wirkungsbasierter Argumente. Hieraus folgte das zweite tagungsursächliche Unbehagen, wonach die juristische Methodik alleine zur Beantwortung der uns interessierenden Rechtsfragen *de lege ferenda* nicht ausreichen dürfte.

Der Versuch einer Überschreitung der Grenzen der eigenen Wissenschaft verlangt nach Interdisziplinarität. Je komplexer die Materie ist oder je grundsätzlicher ihre Reform ausfallen soll, desto drängender ist der Bedarf an interdisziplinärem Erkenntnisgewinn. Interdisziplinarität kann neue Erkenntnisse zutage fördern oder die Legitimität bestehender Erkenntnisse stärken. Dazu müssen Juristen und die Vertreter anderer Disziplinen einander aber auch verstehen können, also eine gemeinsame Sprache finden. Eine bloße wechselseitige Erklärung von Begrifflichkeiten reicht insoweit aber nicht aus, vielmehr ist ein Mindestmaß an Verständnis für die Arbeitsweise bzw. Methodik der anderen Disziplin erforderlich: Um abschätzen zu können, wie die Antwort aussehen könnte und ob sich diese voraussichtlich für die eigene Arbeit hilfreich verwerten lässt, haben Juristen zu wissen, wonach und wie sie fragen müssen. Ist die juristische Ausgangsfrage unscharf oder ungenau, mag sich die Antwort etwa in noch von zahlreichen Variablen abhängigen Theorien oder Modellen erschöpfen und sich darauf kein sinnvolles juristisches Argument aufbauen lassen. Diese Variablen müssen daher schon bei der Formulierung der Frage mitbedacht bzw. dort ausgeschlossen oder präzisiert werden. Ähnliches dürfte wohl auch aus der Perspektive der anderen Disziplinen gelten: Auch dort werden sich juristische Ausführungen wohl nur verwerten lassen, wenn sie durch eine Einengung der Ausgangsfrage passend zugeschnitten sind.

Unsere Tagung war vor diesem Hintergrund insgesamt von dem Anliegen getragen, die juristisch-theoretische Herangehensweise an das komplexe Spannungsverhältnis von Rechtsschutz und Innovation interdisziplinär zu verbreitern und für den Diskurs eine gemeinsame Sprache zu finden. Dieses Anliegen betrifft zunächst die Ökonomie, mit der eine Zusammenarbeit beim Thema Innovation naheliegend ist und daher auch an unserem Institut wie andernorts[2] bereits immer wieder unternommen wurde und wird. Auch im Verhältnis zu Politikwissenschaft und Philosophie lassen sich ab und an Interaktionsversuche feststellen.[3] Mit den weiteren gesellschaftswissenschaftlichen Schwesterdisziplinen der Juristerei wurde aus dem Immaterialgüterrecht heraus aber bislang offenbar noch kein nennenswerter Diskurs entwickelt, obwohl auch sie punktuell manifeste Querbezüge zum Immaterial-

---

[2] Vgl. nur die Beiträge von Engel und Harhoff in Eifert/Hoffmann-Riem (Fn. 1), von Engel in Ohly/Klippel (Hrsg.), Geistiges Eigentum und Gemeinfreiheit (2007), oder von Picot/Fiedler in Depenheuer/Peifer (Hrsg.), Geistiges Eigentum: Schutzrecht oder Ausbeutungstitel? (2008).

[3] So etwa Eimer/Röttgers/Völzmann-Stickelbrock (Hrsg.), Die Debatte um geistiges Eigentum: Interdisziplinäre Erkundungen. Rechtswissenschaft – Politikwissenschaft – Philosophie (2010).

güterrecht aufweisen. Zu nennen sind hier beispielsweise die Soziologie, Psychologie, Medien-, Literatur-, Sprach- oder Kulturwissenschaft oder Ethnologie.

Ebenso ist die Ausgestaltung des immaterialgüterrechtlichen Rechtsrahmens in der Ökonomie und den allgemeinen geisteswissenschaftlichen Disziplinen keine für die dort betriebene Forschung irrelevante Größe. So lassen sich auch im Rahmen der in seinen Disziplinen betriebenen Forschung Aussagen zu den faktischen Wirkungen des Rechtsrahmens treffen, diese Aussagen innerhalb der eigenen Disziplin verwerten und in diesem begrenzten Rahmen auch Modifikationsbedarf aufzeigen. Wie die Juristerei sind aber auch die Ökonomie und die allgemeinen geisteswissenschaftlichen Disziplinen bei der Auseinandersetzung mit dem Phänomen des Immaterialgüterrechtsschutzes in dem eigenen Forschungsfeld gefangen und vermögen daher ihre Aussagen oder Modifikationsbedarf insbesondere nicht in juristische Sprache zu gießen oder regelungsbedingte Quereffekte umfassend zu berücksichtigen.

Ebenso überraschender wie erfreulicher Weise haben die Diskussionen im Rahmen der Tagung insoweit aufgezeigt, dass Juristen, Ökonomen und Kulturwissenschafter zumindest in der Beschäftigung mit den Schutzwirkungen innovationsrelevanter technischer Schutzrechte eine Reihe ähnlicher Fragen umtreiben.

Eine solche gemeinsame Frage ist etwa die Relativität von Innovation. Innovation ist kein axiomatischer Begriff und kein monodimensionales Fixum. Vielmehr geht aus allen drei Disziplinen hervor, dass die Frage, welche Innovation (nach Art, Bereich, Wirkungen usw.) vom Rechtsrahmen befördert werden soll, klärungsbedürftig ist. Während sich der Innovationsbegriff im Rahmen der Kulturwissenschaft etwa als von den (zeitlichen und örtlichen) kulturellen Gegebenheiten und Wirkungen determiniert ansehen lässt, können Ökonomen Innovation etwa zur Steigerung des Grenznutzens oder der Behebung von (allokativem oder distributivem) Marktversagen in Beziehung setzen. Auch für Juristen werden, wie im Rahmen der Tagung nicht zuletzt im Zuge der Diskussion des Regelungsrahmens für neue Technologien, die Abgrenzung von gewünschter und nicht gewünschter Innovation (etwa nach den Stichworten absoluter Stoffschutz oder Patent auf Leben) oder die Schwerpunktsetzung innerhalb der möglichen Innovationsbereiche (etwa nach den Stichworten grüne Technologien und Diskriminierungsverbot des Art. 27 Abs. 1 TRIPS-Abk.) heftig diskutiert. Die juristisch angebotenen Lösungsansätze divergieren dabei aber stark, nicht zuletzt weil sie zum Teil nicht verallgemeinerbare Werthaltungen widerspiegeln. Letztlich lenkt der interdisziplinäre Diskurs das Augenmerk daher auf die demokratiepolitische Dimension des Innovationsbegriffs und der nach diesem ausgerichteten Rechtsregeln: Die demokratisch legitimierte Politik legt die Parameter fest, nach denen zu einem bestimmten Zeitpunkt an einem bestimmten Ort Innovation geschieht. Sie determiniert damit auch den Umfang, in dem ökonomische Erwägungen (z.B. allokatives Marktversagen) maßgeblich sind oder in dem ökonomische Werte von anderen Werten verdrängt werden. Aufgabe der Juristerei im Rahmen der Innovationspolitik kann es daher vor allem sein, die politischen Vorgaben möglichst widerspruchsfrei, insbesondere materienübergreifend widerspruchsfrei, umzusetzen und bestehende Funktionswidersprüche in Normen aufzuzeigen. Allerdings förderte die Diskussion des bestehenden Regelungsrahmens für neue Technologien auch zutage, dass dieser Regelungsrahmen dahingehend flexibel ist, dass er sowohl eng als auch weit ausgelegt werden kann. Zur Auslegung der gesetzgeberischen Vorgaben muss daher wiederum, zumindest teilweise, auf außerjuristische Überlegungen zurückgegriffen werden. Sollen aber außerjuristische Überlegungen bzw. Werthaltungen in den innovationsrechtlichen Rahmen und seine Auslegung einfließen, so muss sich deren Legitimität wohl vorrangig aus Schwesterdisziplinen speisen.

Ähnlich verhält es sich mit der Frage nach dem Verhältnis von Innovation und Imitation, die ebenfalls in allen drei bei der Tagung vertretenen Disziplinen angesprochen wurde. Sowohl aus kulturwissenschaftlicher als auch aus ökonomischer Sicht kann Imitation einen Ausgangspunkt für weitere Innovation bzw. einen Motor makroökonomischer Wohlfahrt bilden. Aus juristischer Sicht stellt sich die Frage nach dem Ausmaß einer Begrenzung von Imitation zum Schutz der Rechteinhaber. Die interdisziplinäre Perspektive streitet dabei dafür, Imitation im Rechtsrahmen in gewissem Umfang zuzulassen. Nach dem derzeitigen Rechtsrahmen kann Imitation dagegen zumeist nur durch Rechtsungehorsam erfolgen (bestes Beispiel ist hier etwa der breite Rechtsungehorsam gegenüber Immaterialgüterrechten in manchen Schwellenländern).

Eine mit der Zulässigkeit von Imitation in direktem Zusammenhang stehende, gemeinsam aufgeworfene Frage ist auch jene nach der Belohnung von bzw. für Innovation. Aus kulturwissenschaftlicher Sicht ist dabei die begriffliche Abgrenzung von Innovation und Erfolg angesprochen, also die Frage, ob eine Innovation für sich selbst belohnenswert ist, wenn sie *ex post* betrachtet kulturell erfolgreich oder bedeutsam war. In ähnlicher Weise wurde von einzelnen Ökonomen[4] vorgeschlagen, zumindest für bestimmte Sektoren Innovationsziele *ex ante* zu definieren und für deren Erreichung eine Belohnung auszuloben. Das geltende Recht geht dagegen zurzeit überwiegend den Weg, den wirtschaftlichen Erfolg der Innovation *ex post* zu belohnen, uzw. im Grunde so lange, wie dieser Erfolg anhält und die Aufrechterhaltung des Schutzrechts wirtschaftlich profitabel erscheint. Dass dies zu Überamortisationen führt ist, wie auch schon eingangs angesprochen, bekannt und wurde im Rahmen der Tagung nicht zuletzt auch im Zuge der Erörterung der zivilrechtlichen Haftungsregeln neuerlich bestätigt. Offen ist aber die Frage nach einer angemessenen Festlegung der Belohnung für die Innovation, zu deren Beantwortung sich interdisziplinäre Anleihen nehmen lassen. Auch bei der Forschungsförderung scheinen dem Gesetzgeber für die Auswahl der Förderbereiche und die Ausgestaltung der Förderung interdisziplinäre Anleihen angebracht.

Ebenfalls mit der Zulässigkeit von Innovation in Zusammenhang steht die den Disziplinen gemeinsame Frage nach der Offenlegung innovationsrelevanter Informationen. Aus ökonomischer und juristischer Perspektive stellt sich dabei die Frage nach Art und Ausmaß jener Informationen, deren Offenlegung zur Förderung von Folgeinnovationen oder Kooperation makroökonomisch sinnvoll ist bzw. deren Of-

---

[4] Z.B. Stieglitz, Economic Foundations of Intellectual Property Rights, Duke LJ, Vol. 57 (2008), 1693.

fenlegung im Rahmen des Schutzrechtserwerbs gefordert wird, um die Öffentlichkeit über den Stand der Technik zu informieren und Schutzrechtsverletzungen zu begrenzen. Dies hat besonders auch die kartellrechtliche Diskussion im Rahmen der Tagung unterstrichen. Eine im juristischen Diskurs über Sprachenfragen hinaus kaum relevierte Dimension der Offenlegung ist dagegen jene der Verständlichkeit von Informationen. Sowohl die Ökonomie als auch die Kulturwissenschaft setzen sich mit dem Problem auseinander, dass eine innovationsfördernde Wirkung der Offenlegung nur dann eintreten kann, wenn der Adressatenhorizont die mit der Offenlegung verbundenen Informationen verarbeiten kann. Angesprochen sind hier etwa generell die Ausgestaltung des Bildungssystems, aber auch Fragen der Entwicklungspolitik und des Technologietransfers. Zumindest aus kulturwissenschaftlicher Sicht ist Bildung insoweit aber nicht bloß als Erreichen eines bestimmten Niveaus technischer Fähigkeiten verstanden werden, sondern als Erziehung zur Selbstbestimmungsfähigkeit des Adressaten. Dieser muss die offengelegten Informationen daher nicht nur verwerten können, sondern auch darüber entscheiden dürfen, ob und in welchem Umfang oder zu welchem Zweck er sie verwerten will. Insoweit schließt sich der Kreis zu der schon angesprochenen demokratiepolitischen Dimension von Innovationspolitik und -rechtsetzung.

All dies veranschaulicht, dass eine Basis für den interdisziplinären Diskurs über innovationsrelevante Normsetzung keineswegs erst aufwendig oder künstlich geschaffen werden müsste. Vielmehr bestehen eine Reihe aus den jeweiligen Disziplinen herauswachsender Überlappungen, um die herum sich ein interdisziplinärer Diskurs entwickeln kann. Das Auftreten dieser Fragen in mehreren gesellschaftswissenschaftlichen Disziplinen mag auch als Indiz für deren grundlegende gesellschaftliche Relevanz gewertet werden. Es enttäuscht dabei nicht, dass im Rahmen der Tagung keine Antworten auf die gemeinsamen Fragen entwickelt wurden. Vielmehr geht es im interdisziplinären Diskurs, wie auch eingangs betont, über weite Strecken darum, die richtigen Fragen auf die richtige Weise zu stellen. Manche der aufgeworfenen Fragen lassen sich dabei nicht im Rahmen des immaterialgüterrechtlichen Diskurses beantworten, sondern richten sich zu einem Teil an spezifische Bereiche von Politik und Rechtsetzung (etwa Bildung oder politische Mitwirkung). Für die meisten der genannten Überlappungsbereiche zwischen den Disziplinen gilt dies aber nicht: Sie betreffen unmittelbar die immaterialgüterrechtliche Normsetzung, die sich insoweit aus der Interdisziplinarität speisen kann. Angesprochen sind hier also etwa die Fragen danach, welche Innovation gefördert wird, in welchem Umfang Nachahmung ausgeschlossen sein soll, wie Belohnungseffekte in Recht umgesetzt werden können oder wie weit Offenlegungsvorschriften reichen sollen. Die Schwerpunkte des weiteren innovationsrelevanten Diskurses in den Disziplinen sowie zwischen diesen könnten an diesen aus interdisziplinärer Sicht verdichteten Problemen angelegt werden. Aus juristischer Perspektive ist insoweit zu überlegen, dort die Eckpunkte einer Reform des Innovationsschutzrechts *de lege ferenda* festzumachen, bevor Regelungsdetails diskutiert werden können bzw. solche Details von diesen Punkten ausgehend zu entwickeln. Um dabei präzise Antworten auf die aus juristischer Sicht relevanten Fragen zu bekommen und um diese Fragen vorab entsprechend präzise formulieren zu können ist freilich eine

Intensivierung und Fokussierung des interdisziplinären Diskurses nötig. Die im Rahmen unserer Tagung erzielten, ersten Ergebnisse bereiten dafür jedenfalls den Weg.

# Ökonomische Grundannahmen der Innovationsförderung und Determinanten für die Normausgestaltung

*Alexander Cuntz*[*]

## Abstract

*Der vorliegende Beitrag untersucht die Spannungsfelder der Innovationspolitik hinsichtlich ihrer zentralen Regulierungsziele: der Provision und der Diffusion technischen Wissens. In diesem Kontext wird besonders auf die ökonomischen Funktionen des bestehenden Patentsystems unter veränderten, ökonomischen Umweltbedingungen abgestellt, und es werden patentsystemische als auch alternative, innovationspolitische Wege der Anpassung diskutiert und aus empirischer Sicht analysiert, soweit dies eine modifizierte Balance der regulatorischen Ziele erfordert. Im Rahmen der Untersuchung finden sich vermehrt Belege für eine Ablösung der primären Anreizfunktionen hin zu den sekundären, strategischen Funktionen innerhalb des Patentsystems; zugleich empfiehlt sich eine Refokussierung der Innovationspolitik (und der Legitimation schaffenden Wohlfahrtstheorie) auf das Diffusionsmotiv.*



## 1. Einleitung

> *"An area that requires more attention is the intersection between the economics of science and technology and distributional and social equity issues [...] One of the most interesting questions of the economics of science and technology is who "wins" and who "loses" with innovation and the introduction of new technology."*[1]

---

[*] Dr. rer. pol., Institute for Prospective Technological Studies, EU Joint Research Center, Sevilla, und Technische Universität Berlin, Lehrstuhl für Innovationsökonomie, Berlin

[1] Audretsch u.a., The Economics of Science and Technology, in: Journal of Technology Transfer, 27 (2002) 155 ff.

Nach einer Rekapitulation der ökonomischen Legitimation der Innovationspolitik im Sinne der neoklassischen Wohlfahrtstheorie widmet sich die vorliegende Arbeit den Formen, Zielen und Grenzen der Regulierung öffentlicher Güter, im Besonderen der Provision und der Diffusion technischen Wissens. Dem folgt eine Taxonomie der Formen innovationspolitischer Förderung. Dabei wird die Frage aufgeworfen und abgehandelt, inwieweit unter den veränderten, ökonomischen Umweltbedingungen die Kohärenz der innovationspolitischen Regulierung und die Balance zwischen Bereitstellungs- und Distributionsmotiv noch gegeben ist, und inwiefern marktliche und/oder staatliche Lösungen diese Balance wiederherstellen können. Abbildung 1 erfasst ebendiese Fragestellung und stellt die Koordinaten einer Ziel- und Mittelerreichung technischen Wissens als öffentlichem Gut in der vorliegenden Untersuchung vor. Eine gesonderte Betrachtung erfahren hierbei das ordnungspolitische Instrument des Patentrechtssystems und die ökonomischen Funktionen dieses Systems. Der Epilog schließt den Beitrag mit Problemstellungen und Anforderungen an eine erneuerte, innovationspolitische Agenda (inklusive der spezifischen Fragestellungen bezüglich des Patentrechtssystems) verbunden mit dem Appell einer wissenschaftlichen Neuorientierung innerhalb der Wohlfahrtstheorie hin zur Verteilungsfrage.

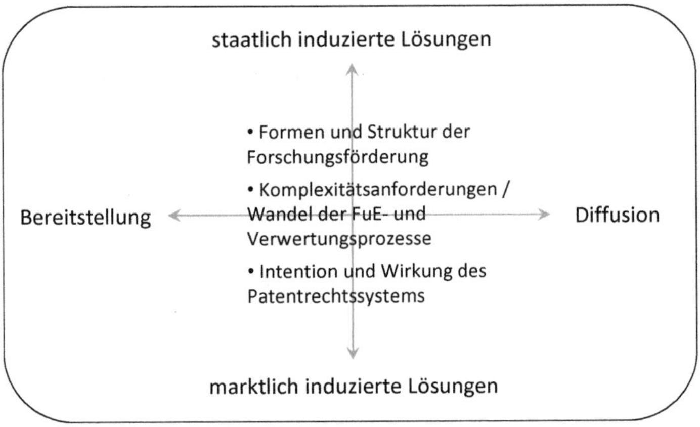


**Abbildung 1.** Spannungsfelder innovationspolitischer Regulierung und deren Zielfunktion im Kontext technischen Wissens als öffentlichem Gut.
Quelle: Autor

## 1.1 Zur Regulierung öffentlicher Güter und Zur Legitimation innovationspolitischer (De-) Regulierung im Besonderen

Die Regulierung öffentlicher Güter beschäftigt sich generell mit der Provision und dem Zugang bzw. der Verteilung dieser Güter. Öffentliche Güter besitzen dabei idealtypisch Charakteristika der Nicht-Rivalität im Konsum und Nicht-Ausschließbarkeit. Im innovationspolitischen Zusammenhang öffentlicher Güter ist vor allem die Bereitstellung technischen Wissens als eine mögliche Güterform von zentraler Bedeutung. Eine mögliche, erweiterte Taxonomie technischen Wissens umfasst neben den zuvor genannten klassischen Charakteristika auch: a) fähigkeitsbedingtes und -unbedingtes Wissen bzw. Nutzung des Wissens, b) kodifiziertes und nicht-kodifiziertes Wissen, und c) es wird differenziert zwischen verschiedenen Wissensträgern bzw. dem Wissensmedium, d.h. technisches Wissen ist inkorporiert als spezifische Fähigkeit im Mensch / Arbeitenden oder als Artefakt in Produkten und Prozessen.

Das etablierte, ökonomische Verständnis der *Regulierung* ist hierbei eines, welches regulative Pluralität und Dezentralität zur Handlungsmaxime erhebt.[2] Dies bedeutet, dass regulative Eingriffe sowohl von staatlichen Institutionen als auch privaten Akteuren im Markt initiiert und rechtliche als auch nicht-rechtliche Normen erfasst werden. Derartige Eingriffe sind zumeist aus dynamischer Perspektive zu bewerten, d.h. Regulation wird als adaptives, lernendes Konstrukt im komplexen Marktsystem verstanden und kann bspw. auch eine „Response" Funktion auf ein geändertes Verhalten der privatwirtschaftlichen Akteure *ex post* einer ersten regulativen Rahmensetzung erfüllen. Unter Maßgabe dieses Verständnisses werden den regulierenden Akteuren zur Erreichung von Wirkung und Effizienz in der Regulierungspraxis damit jedoch erhebliche Informationsplichten und die Entwicklung strategischer Intelligenz auferlegt.,

Die *Bereitstellung* öffentlicher Güter findet im Gegensatz zur Bereitstellung privater Güter nur bedingt Orientierung in der informierenden Analyse der Nachfragepräferenzen und der nachgelagerten Allokation öffentlicher und privater Ressourcen. Die Anreize, die Nachfragepräferenzen im Falle privater Güter offenzulegen, sind zumeist durch die zu erwartenden positiven Effekte auf den Preiswettbewerb sichergestellt. Dagegen sind im Falle öffentlicher Güter bspw. durch die Verschleierung der Nutzung technischen Wissens, welche ggf. auch eine Verwertung „unter Wenigen" sicherstellt und das unvermeidliche Aufteilen potenzieller Renditen „unter Vielen" begrenzt, die Offenlegungsanreize nicht zwangsläufig gegeben oder sogar negativer Natur. Öffentliche Güter (oder auch technisches Wissen im Besonderen) müssen nicht zwangsläufig auf sozial-regulativen Bestreben bzw. mittels staatlicher Eingriffe hin bereitgestellt werden, sondern können – unterstellt man nicht den ausschließlich auf Eigennutzmotiv reduzierten *homo oeconomicus* – auch im Interesse Einzelner fußen. Freiwillige, individuelle Beiträge basieren häufig auf Reputationsmotiven oder intrinsischer, wissenschaftlicher Neugier und können somit monetäre First-Mover Renditeanreize aus Spekulationsgewinnen, bspw. auf zukünftige Preisentwicklung ex post der Innovation, im Sinne Hirshleifers[3] ergänzen. Zugleich ermöglicht ggf. erst kooperatives Verhalten von Interessengruppen die Bereitstellung öffentlicher Güter.[4] Letzteres kann jedoch unter Umständen zur Entstehung eines sozialen Dilemmas und in der Folge zur Nicht-Bereitstellung führen,

---

2 Drahos, The Regulation of Public Goods, in: Maskus/Reichman (Hrsg.), International Public Goods and Transfer of Technology under a Globalized Intellectual Property Regime, 2005.

3 Hirshleifer, The Private and Social Value of Information and the Reward to Inventive Activity, in: American Economic Review (1971), 561 ff.

4 Olson, The Logic of Collective Action: Public Goods and the Theory of Groups, Revised ed., 1965.

wenn die letztliche Verfolgung des Eigennutzes durch die Erwartung des kollektiven Handelns beseitigt wird.

Staatliche Eingriffe oder Deregulierungsmaßnahmen im Kontext der Innovationspolitik sind oftmals durch Marktversagen, vor allem bezüglich der Provision öffentlicher Güter wohlfahrtstheoretisch in der neoklassischen Literatur begründet. Zu den „genetischen Dispositionen" von Innovationsprozessen, welche, vor allem bezüglich der Inputfaktoren, zu einer *Unterinvestition* am Markt führen können, gehören unter Anderem:

a) die riskante Natur des Prozesses, d.h. unter der Annahme risikoaverser Wirtschaftssubjekte präferieren diese risikoarme FuE-Projekten; risikoreiche Projekte werden nicht durchgeführt, da deren Erwartungswert des Nutzens nicht durch Zahlung einer Risikoprämie kompensiert wird,
b) der Investitionscharakter des Prozesses, wobei der Zeithorizont der Wirtschaftssubjekte die Investitionsentscheidung negativ beeinflussen; so verzichten bspw. Manager mit begrenztem Zeithorizont teilweise auf die Einzahlung bzw. Allokation von FuE Mitteln in der Gegenwart, da die Auszahlung in der Zukunft liegt und damit ggf. außerhalb ihres Zeithorizontes, desweiteren,
c) der Abfluss technischen Wissens kann aus Sicht des Ideengebers negative Externalitäten induzieren;[5] aus Sicht der Gesamtwohlfahrt ist dies jedoch oftmals mit positiven Effekten verbunden.

Unterinvestitionsverhalten kann daneben auch durch Informationsasymmetrien bei der Preisbildung auf öffentlichen Gütermärkten entstehen.[6] Es gelingt einem Produzenten in diesem Zusammenhang nur bedingt, alle potenziellen Anwender mit ihrem individuellen Grenznutzen für die Finanzierung des öffentlichen Gutes heranzuziehen. Dies führt zur einem sozial ineffizienten Ausschluss jener Nachfrager, welche zwar einen positiven Nutzen haben, deren individuelle Zahlungsbereitschaft allerdings unterhalb des Marktpreises liegt. Eine weitere Ursache von Unterinvestition ist es, dass durch eine Kreditrationierung einzelne Unternehmen aufgrund begrenzter Sicherheiten nicht in Innovationstätigkeit investieren. Kapitalmarktversagen führt hierbei zur Unterprovision auf den nachgelagerten, öffentlichen Gütermärkten.[7]

Dem entgegenstehen vereinzelte Hinweise auf *Überinvestition* im Forschungs- und Entwicklungswettbewerb, vor allem auf sektorspezifischer Ebene. Das Winner-takes-it-all Prinzip im Rahmen kompetitiver Forschung kann zwar einzelwirtschaftlich rationale Parallelforschung induzieren, welche mit wachsender Beteiligung von

---

[5] Antonelli, The evolution of the industrial organization of the production of knowledge, in: Cambridge Journal of Economics, 23 (1999), 243 ff.; Appleyard, How does knowledge flow? Interfirm patterns in the semiconductor industry, in: Strategic Management Journal (Winter 1996), 17.

[6] Samuelson, The Pure Theory of Public Expenditure, in: The Review of Economics and Statistics, Vol. 36 , No. 4 (November 1954), 387-389.

[7] Klodt, Grundlagen der Forschungs- und Technologiepolitik, WiSo-Kurzlehrbücher, Reihe Volkswirtschaft, Vahlen: München 1995.

Unternehmen sukzessive gesamtwirtschaftliche Innovationsrenditen aufzehrt. Das Prinzip ist motiviert durch Investitionsanreize einer frühzeitigen Markteinführung, die mittels First-mover Vorteilen und Patentrenditeerwartung entstehen können und typischerweise mit relativ höheren FuE-Ausgaben zu Beginn des Innovationszyklus einhergehen.,

Dennoch wird in der Wohlfahrtstheorie und der Erklärung des Marktversagens zumeist von einem relativen Übergewicht an Unterprovisionsindizien ausgegangen. Die neoklassische Wohlfahrtanalyse unterliegt wie jedes Paradigma jedoch bestimmten Grenzen in ihrer Aussagekraft. So postuliert u.a. die Evolutionsökonomik einige, konzeptionelle Schwächen hinsichtlich:,

a) Innovationstätigkeit von *aktiven* Unternehmen stellt weniger eine passive Anpassungsreaktion an marktliche Ungleichgewichte dar. Vielmehr werden durch Innovationen neue Ungleichgewichte und die Dynamik des Marktes erst geschaffen. Eine Auflösung der Ungleichgewichte, auch durch staatliche Eingriffe, könnte demnach *ad extremum* zum „innovativen Stillstand" führen.,
b) Desweiteren wird die Allokationseffizienz losgelöst von Verteilungsaspekten betrachtet und verhindert einen interpersonellen Nutzenvergleich, d.h. es wird auf ein bloßes Gegenrechnen des Produzenten- und Konsumentennutzens reduziert. Ein geeignetes, alternatives Bewertungskriterium bietet dem entgegen die Paretoeffizienz.,

Besonders interessant erscheint es in der Folge einer erfolgten Provision, die Frage nach dem *Zugang und der Verteilung* öffentlicher Güter genauer zu beleuchten – sofern eine Aufteilung und separate Abhandlung im Sinne der Kohärenz dieser regulatorische Komponente (überhaupt) möglich ist. Dabei geht es keinesfalls um (politisch motivierte) Zielkonstellationen eines perfekt egalitären Zugangs zu und einer gleichförmigen Verteilung von technischem Wissen unter der utopischen Annahme gleichwertiger Fähigkeiten (oder der Erreichbarkeit dieser) im Sinne eines rigorosen *Sozialismus* in der Wissensökonomie. Vielmehr geht es um eine Konvergenz hin zu einem egalitären Zugang zu technischem Wissen, welche eine veränderte Dynamik und systemische Struktur der FuE-Prozesse würdigt und welcher zugleich dem bestehenden, regulativen Rahmen Rechnung trägt.,

Speziell im Kontext technischen Wissens lässt sich generell in den vergangenen Jahrzehnten eine zunehmende Fragmentierung der Landschaft und verstärkte Spezialisierung der Wissens- und Technologiefelder beobachten.[8] Information und Wissen sind dabei dispers zwischen verschiedenen Wirtschaftssubjekten verteilt, sowohl zwischen Unternehmensorganisationen oder innerhalb von Forschungsteams, was sich auch in der wachsenden Fragmentierung der wissenszugehörigen Eigentumsrechte zeitigt[9] – ohne dass diese Fragmentierung die *Notwendigkeit* des Austausches und der innovativen Verbindung von organisational und proprietär ge-

---

[8] Dieser Abschnitt spezifiziert und diskutiert die zuvor noch unter dem Begriff „veränderte, ökonomische Umweltbedingungen" zusammengefasste Situation.

[9] Machlup, The Economics of Information and Human Capital, Vol. 3., Princeton, N.J., Princeton University Press, 1984.

trennten Wisseneinheiten im Sinne Schumpeters[10] auflösen würde. Im Gegenteil sind es gerade *komplexe* Technologien besonders in den Hochtechnologien, welche interdisziplinäres und disperses Wissen in marktlichen Prozessen und Produkten und vorgelagerter Forschung zusammenführen, auch unter Maßgabe *sequentieller* Abläufe (als eine *zeitprozessurale* Sicht dieser Kombinatorik). Die Bedeutung geographischer Nähe für den Wissens- und Technologieaustausch und die transferspezifischen Kosten erscheinen zeitgleich zurückgegangen zu sein, teilweise auch bedingt durch die rasante technologische Entwicklung und Ausweitung der Anwendungsfelder im Bereich IKT und trotz der zunehmenden Globalisierung der Produkt-, Technologie- und Wissenschaftsmärkte. In der Managementpraxis und -literatur wird diese Situation mit der Gestaltung respektive Analyse offener Innovationsprozesse beantwortet. Die sozio-ökonomische Lösung der Frage nach dem Zugang und der Verbreitung technischen Wissens gewinnt jedoch im Zusammenhang der beschriebenen Fragmentierungstendenzen und damit veränderten Umweltbedingungen deutlich an Dringlichkeit.[11] Vielmehr ist die gestellte Frage genauer einzugrenzen: Handelt es sich hierbei um eine weitere Form von Marktversagen und legitimiert Marktversagen auch unter diesen, veränderten, ökonomischen Umweltbedingungen staatliches Eingreifen oder dessen Modifikation?

Beispielhaft für den regulatorischen Rahmen, welcher durch ein System von Eigentumsrechten gesetzt ist, sei das Dilemma einer *kohärenten* Regulierung zwischen Provision und Zugang in der Folge verdeutlicht. So wird ein solcher Rahmen zwar durch die privatwirtschaftlichen Anreize der Bereitstellung partiell legitimiert, zugleich birgt dieser aber die inhärente Gefahr einer unterkritischen Nutzung der Intellectual Commons, d.h. dieser läuft Gefahr das Anti-Commons Problem zu verursachen. Eine Rechtevergabe fungiert hierbei als *Akt einer temporären Ausgrenzung*. Dies macht das IPR-System aber generell eher zu einer Second-Best Regulierung im Sinne der Effizienz, da *andere*, nicht-erfinderische Marktteilnehmer der Ausgrenzung von Wissen und damit einem erheblichen Renditerisiko ausgesetzt sind. Ausgrenzung jeglicher Form als Folge staatlicher Eingriffe, sei es im Rahmen einer Patentgarantie oder bspw. auch mittels einer Zwangslizenzierung, befördert, im Gegensatz zu materieller Zuwendung oder Förderungsangebote, logischerweise Widerstand bei den betroffenen Akteuren.

Zu den analytischen *Grenzen* staatlicher Regulierung gehören aus wohlfahrtsökonomischer Sicht zum einen die dynamische Wirkung derartiger Eingriffe in den Markt als auch die Abstraktion der regulierenden Institutionen. Erstere Problematik berücksichtigt, dass staatliche Eingriffe generell die für den Entscheidungsträger verwertbaren Informationen (ex post) reduzieren, da sie die Preisbildung im Marktprozess erheblich beeinflussen können.[12] Wird in der Wohlfahrtsanalyse desweiteren gemeinhin von einem nutzenmaximierenden, politischen Entscheidungsträger zugunsten eines wohlfahrtsmaximierenden Sozialplaners abstrahiert,

---

[10] Schumpeter, History of Economic Analysis. New York: Oxford University Press, 1954.

[11] OECD, Open Innovation in Global Networks, Paris, 2008.

[12] Von Hayek, The Use of Knowledge in Society, in: American Economic Review, 35 (1945), 519 ff.

so kann diese Perspektive gegebenenfalls zu kurz greifen. Niskanen beschreibt in seinen Arbeiten einen vom Eigennutz angetriebenen Bürokraten, welcher vorwiegend an der Budgetmaximierung der Förderung interessiert ist, da diese seine Karrierechancen positiv beeinflussen.[13] In der Folge entstehen Ineffizienzen in der Struktur der institutionellen Förderung und Marktversagen wird durch Staatsversagen im Zusammenhang mit der Regulierung ersetzt.

Nachdem dieser Abschnitt sich mit der generellen Legitimation, den Zielstellungen und den Grenzen öffentlicher Güter und den veränderten Akteurskonstellationen im Innovationsprozess beschäftigt hat, widmet sich nachfolgender Diskurs dem innovationspolitischen Instrumentarium und der Kohärenzfrage im Zusammenhang mit der Diffusion und der Provision technischen Wissens.

## 1.2 Regulierung und Innovation: Das Provisions- und das Diffusionsmotiv im Kontext technischen Wissens als öffentlichem Gut

Das konkrete Förderinstrumentarium der Innovationspolitik lässt sich beispielhaft mittels der klassischen Taxonomie öffentlicher Güter Pigous kategorisieren.[14] Zu den zentralen Formen der Regulierung technischen Wissens – im Sinne seiner Provision – gehören hierbei:

a) die ordnungspolitische Rahmensetzung, d.h. an prominenter Stelle die Etablierung eines Rechtssystems zum Schutz geistigen Eigentums und damit die Schaffung eines Rechtsrahmens für Technologiemärkte als auch finanzpolitische Steueranreize für Investitionen in FuE im Sinne eines alternativen bzw. komplementären Instruments,
b) staatliche Forschungssubventionen in privater und/oder öffentlicher Anwendungs- und Grundlagenforschung, d.h. Formen von „Patronage" treten in vielfältiger und sich wandelnder Weise auf[15] und sind bspw. mit Anreizen zur kooperativen oder räumlichen nahen Forschung verbunden, wobei die Gefahr von adversen, nicht-marktlichen Reputationsmechanismen im Rahmen der Subventionsvergabe immanent erscheint („grants breed grants" Effekte nach David[16]),
c) eine letzte Form ist die reine öffentliche Bereitstellung im Sinne des Davidschen „procurements", so bspw. im Rahmen einer Grundfinanzierung öffentlicher Forschungseinrichtungen, welche oftmals dem Ziel der Provision von Grundlagenwissen gewidmet ist, dessen Potenzial in der Überführung in eine Vielzahl

[13] Niskanen, Bureaucrats and Politicians, in: Journal of Law and Economics, Vol. 18, No. 3, Economic Analysis of Political Behavior, Universities-National Bureau Conference Series, Number 29 (December 1975), 617-643.

[14] Pigou, Wealth and Welfare, London 1912, 165.

[15] Scotchmer/Gallini, Intellectual Property: When is it the Best Incentive System?, in: Jaffe/Lerner/Stern (Hrsg.), Innovation Policy and the Economy, Vol. 2, MIT Press, Cambridge, 2001.

[16] David, Why are institutions the 'carriers of history'?: Path dependence and the evolution of conventions, organizations and institutions, in: Structural Change and Economic Dynamics, Vol. 5, No. 2 (December 1994), 205-220.

von Anwendungen begründet ist und damit als Ausgangspunkt für unterschiedliche, sequentielle Innovationspfade dienen kann,

d) dem entgegen (Förderformen a–c) verfolgt eine Besteuerung privatwirtschaftlicher Forschungs- und Entwicklungsaktivität das Ziel, den Sonderfall der Überinvestition in technisches Wissen und das damit einhergehende Marktversagen zu beseitigen. Obwohl ein derartiges Instrumentarium in der gegenwärtigen Praxis nationaler und internationaler Innovationspolitik generell nicht zu beobachten ist, vervollständigt es jedoch obige Taxonomie.

Es erscheint im Lichte der Praxis der Innovationspolitik von Bedeutung zu sein, inwieweit der Regulierungsmix verschiedener Instrumente eine *komparative* Analyse erfordert. Zu diesem Zweck soll in der Folge beispielhaft die Setzung eines Rechtsrahmens der Förderung durch Subventionen gegenübergestellt werden. Bei der Forschungskostenübernahme durch den Staat haben Unternehmen in der Regel keinen Anreiz nur für gesamtwirtschaftlich relevante Projekte Subventionen zu beantragen.[17] Damit wird eine Entscheidung durch den Förderer, welche bezüglich jedes einzelnen Forschungsprojektes den erwarteten Ertrag der Forschung gegenüber dem Förderaufwand bemisst, unumgänglich. Wie bereits zuvor angedeutet birgt dies jedoch die Gefahr eines das Beseitigen des Marktversagen konterkarierenden Staatsversagens, da dem Vergabeprozess ein Informationsproblem innewohnt. Im Falle des Patentrechtsschutzes werden dagegen nur solche Projekte realisiert, bei welchen der erwartete, private Grenzertrag der Forschung größer (oder gleich) den privaten Grenzkosten ist. Dies impliziert aus innovationspolitischer Sicht, dass im Zweifel eine Forschungsförderung durch Patentschutz meist der Subventionierung vorzuziehen ist.[18] U.a. aufgrund einer begrenzten Patentierbarkeit von FuE-Ergebnissen und der Möglichkeit einer Unterprovision technischen Wissens selbst im Falle einer optimalen Patentlaufzeit empfiehlt sich letztlich eine komplementäre, den Patentrechtsschutz ergänzende Forschungsförderung. Zu den Bestimmungskriterien einer komplementären Förderung sollte vor allem die sektorspezifische Natur der Innovations- und Verwertungsprozesse herangezogen werden, d.h. der Grad der Sequentialität innerhalb dieser Prozesse und die jeweiligen Möglichkeiten und Modi der Aneignung von Innovationsrenditen. Die Implementierung der Kriterien in der innovationspolitischen Praxis ist jedoch in Punkto Messbarkeit und Planungssicherheit durchaus als schwierig anzusehen, da sich hiermit das zuvor beschriebene Informationsproblem auf Seiten des Regulierenden weiter verschärft.

Im Sinne einer Verteilungsperspektive beabsichtigt die Innovationspolitik zugleich ein geeignetes Instrumentarium zur Sicherstellung einer breiten Diffusion und zum Austausch technischen Wissens bereitzustellen. Idealtypisch wird generell bei staatlicher Mittelvergabe und damit auch bei Forschungsförderung im Besonderen ein egalitärer Zugang aller Financier bzw. Steuerzahler beansprucht. Das legitimierende Ziel der Diffusion technischen Wissens geht einher mit dem Wunsch nach

---

[17] Klodt (Fn.7).

[18] Schankerman, How Valuable is Patent Protection? Estimates by Technology Field, in: RAND Journal of Economics, 29 (1998), 77 ff.

weitreichender Nutzung und Verwertung, u.a. mit dem Zweck der erleichterten und beschleunigten Wissensakkumulation innerhalb sequentieller Prozesses und damit zugleich dem Schumpeterianischen Verständnis[19] von Variation mittels neuer Kombinationen bestehenden Wissens (abseits geographischer oder proprietärer Grenzen) Rechnung zu tragen. Als komplementäres Ziel wird es je nach Form der innovationspolitischen Regulierung mehr oder minder nachrangig bewertet; zumindest im Zusammenhang mit rein öffentlicher Förderung und Provision wird es oftmals als vor- oder gleichrangiges Kriterium hinsichtlich des Fördererfolges angesehen.[20] Dennoch lassen sich vereinzelte Tendenzen in den vergangenen Jahren beobachten, hin zu mehr anwendungsorientierter Verwertung von Forschungsergebnissen und weg vom puristischen Open Science Paradigma, bspw. im Rahmen zahlreicher innovationspolitischer Initiativen auf nationaler und internationaler Ebene bezüglich des universitären Wissens- und Technologietransfers. Dementgegen steht der ordnungspolitische Rahmen der Innovationspolitik (zumindest im Bezug zum Patentrecht), welcher bspw. durch das Immaterialgüterrecht gesetzt ist, teilweise im Widerspruch mit dem Diffusionsziel. Zwar ermöglicht dabei das Offenlegungskriterium im Zuge einer Patentanmeldung vermeintlich eine Heilung des Nutzungsausschlusses für die nicht-patentierenden Parteien. Es bleibt jedoch offen, ob der dadurch ausgelöste Informationsfluss in ausreichendem Umfang Zugang zu technischem Wissen verschafft. Ist dies nicht der Fall, so ist die ordnungsrechtliche Zielkohärenz der Innovationspolitik ernsthaft gefährdet und es handelt sich bei Provision und Diffusion von Forschung- und Entwicklungsleistung um *konkurrierende* Absichten.

Diesem Dilemma begegnen unter anderem aus diesem Motiv staatliche Fördermaßnahmen und/oder privatwirtschaftliche Initiativen a) im Bereich kooperativer Forschung und Entwicklung, b) als auch Entstehung und Förderung im Bereich der Technologiemärkte. Dabei kann es im Falle von Technologiemärkten für einen Innovator durchaus lohnend sein neue Technologien nicht ausschließlich selbst zu nutzen, sondern den Konkurrenten gegen Gebühren Lizenzen zu erteilen. Die Entstehung dieser Märkte im Rahmen einer marktlich induzierten Lizenzvergabe bedarf damit nicht notwendigerweise staatlicher Regulation. Markteingriffe in Form ergänzender Zwangslizensierung oder staatliche Patent-buy-outs[21] können jedoch Diffusionsziele in begrenztem Maße erfüllen, sind jedoch zumeist nicht gängige Praxis, auch wiederholt aufgrund des damit verbundenen, regulativen Informationsbedarfs. Eine marktlich getriebene Entstehung von Technologiemärkten kann durch das sogenannte Informationsparadoxon, d.h. das privatwirtschaftliche Bewertungsproblem technischen Wissens auf Grund von Informationsasymmetrien auf dem Markt, welche das Moment der abgeschlossenen Qualitätsbewertung mit dem des Abflusses des Wissens gleichsetzt und die Zahlungsbereitschaft eines Lizenzneh-

---

19 Schumpeter (Fn.10).

20 Cowan/Foray, The economics of codification and the diffusion of knowledge, in: Industrial and Corporate Change, 6 (1997), 595-622.

21 Kremer, Patent Buyouts: A Mechanism for Encouraging Innovation, in: Quarterly Journal of Economics, Vol. 113 , No. 4 (1997), 1137-1167.

mers auf Null sinken lässt, generell verhindert werden. Eine marktliche und/oder staatlich geförderte Lösung liefern FuE- und Verwertungskooperationen, vor allem in nicht-kodifizierten oder fähigkeitsbedingten Wissenskontexten. Kooperationen, bspw. in Form von strategischen Allianzen bis hin zu Innovationsnetzwerken, erlauben es, wohlfahrtsreduzierende Doppelforschung zu begrenzen, Größenvorteile im Kooperationsverbund zu realisieren oder teilweise auch zur Internalisierung der Wissensexternalitäten auf Märkten beizutragen. Damit einher gehen allerdings auch erhöhte Anforderungen an die wettbewerbspolitische Aufsicht auf staatlicher Seite, vor allem auf nachgelagerten Produktmärkten, als auch an die privatwirtschaftliche Kontrollfunktion bezüglich der kooperationsimmanenten Free-riding Anreize und die Wahrnehmung der vielfältigen Allokationsaufgaben hinsichtlich der aufzubringenden Investitionen und der Verteilung der Projektergebnisse im Erfolgsfall unter den an der Kooperation beteiligten Parteien.

Vorteilhaftes aus Kooperationstätigkeit und Erkenntnisse zur Beteiligung an Technologiemärkten werden zugleich als Legitimation für einen zunehmend *horizontalen* Politikansatz in der Innovationspolitik herangezogen, welcher neben den traditionellen Wirtschafts- und Wissenschaftsbereichen zusätzliche Politikressorts adressiert: Im Kontext von fähigkeitsbedingtem, technischen Wissen erscheint bspw. zum einen die Bildungspolitik ein möglicher Garant für den verbesserten Wissensaustausch, zum anderen kann die Förderung der Forschungsmobilität zur erhöhten Zirkulation im Kontext nicht-kodifizierten Wissens beitragen.

Es lässt sich abschließend konstatieren, dass vor allem der Bewertung eines multiplen Instrumenteneinsatzes in der Innovationspolitik eine gewichtige Rolle zukommt und dabei auch der gesamtinstitutionelle Kontext der Regulation berücksichtigt werden sollte. Soweit im vergangenen Abschnitt bereits eine erste Einschätzung der ökonomischen Auswirkungen und der Zielkohärenz des Patentrechtssystems vorgenommen worden ist, wird diese in der Folge weiter vertieft und empirisch validiert.

## 2. Regulierung und Innovation: *Revision* der patentsystemischen Funktionen im Kontext Marken- und Produktpiraterie

> *"A system that, despite its manifest imperfections, has worked tolerably well"*[22] *vs. "Intellectual monopoly is absolutely not necessary for great inventions to take place"*[23]

Die ökonomische Kontroverse über den Beitrag des Immaterialgüterrechtes und des Patentrechtssystems im Besonderen zum Innovationsgeschehen besitzt eine nunmehr schon über mehrere Dekaden verlaufende Tradition, welche zu einer deutlichen Polarisierung bezüglich der notwendigen, ordnungspolitischen Konsequenzen in der Gegenwart geführt hat. Dies belegen einerseits die referenzierten, etablierten Arbeiten von Scherer, der lediglich Systemmodifikation einfordert, vor

[22] Scherer, Book Review, 20, in: Constitutional Political Economy, 94 (2009).

[23] Boldrin/Levine, Against Intellectual Monopoly, Cambridge, UK: Cambridge University Press, 2008.

allem mit dem Ziel die missbräuchliche Rechtenutzung einzudämmen, und Boldrine und Levine, die für eine Abschaffung des Systems und der Rückbesinnung auf den Wettbewerb als Innovationstreiber plädieren, andererseits. Der erhebliche Unterschied dieser Standpunkte ist jedoch auch zu Teilen der innovationspolitischen Zieldivergenz (dem im obigen Abschnitt beschriebenen Dilemma) im Kontext des Patentrechts geschuldet. So soll in der Folge im Rahmen einer erneuten Revision untersucht werden, inwieweit die patentsystemischen Funktionen Innovationsanreize, d.h. Renditeanreize zur Bereitstellung von technischem Wissen liefern, und zugleich die Diffusion dieses Wissens sichergestellt ist. Erfolgreicher Schutz vor Imitation durch die Nutzung formeller Schutzrechte (oder informeller Schutzinstrumente) kann in diesem Zusammenhang sowohl Ausdruck der gesicherten Innovationsanreize sein als auch eine Verbreitung des Wissens behindert haben. Insofern erweist sich die Untersuchung des Imitationsverhaltens, wie sie die Arbeit von Blind, Cuntz und Köhler vorlegt,[24] als sinnvoll zur Bewertung der ordnungspolitischen *Ausgeglichenheit* im Sinne ihrer Wirkung und vorgegebenen Zielsetzung. Erst eine derartige Bewertung erlaubt es, innovationspolitische Rückschlüsse hinsichtlich regulativer Modifikationen des Ordnungsrahmens, die Erweiterung komplementärer Instrumente oder gar eine Abschaffung des Schutzsystems zu qualifizieren. Was gemeinhin als Funktionsweise dem System zugeschrieben wird, ist zum einen im Rahmen zahlreicher sozio-ökonomischer Heuristiken (nicht-) strategischer Patentierung modelliert und belegt worden, zum anderen möglicherweise bereits von den Gründervätern des Patentrechtssystems so intendiert gewesen.,

*Blind et al.* behandeln auf der Grundlage einer Unternehmensbefragung patentaktiver, deutscher Medium- und High-tech Unternehmen und im Rahmen einer bi- und multivariaten ökonometrischen Analyse unternehmensstrategische Risiko- und Umweltfaktoren, welche im Kontext von Produkt- und Markenpiraterie zu einer erhöhten Wahrscheinlichkeit von (nicht autorisierter) Imitation unternehmenseigenen, technischen Wissens beitragen. Die zentralen Ergebnisse dieser Studie zum statistischen Zusammenhang von Imitation und Schutzstrategien sind in Tabelle 1 dargestellt. Unter Kontrolle industriespezifischer Einflussgrößen, der Unternehmensgröße und dem Grad der Internationalisierung wird dabei u.a. auf die Rolle von Patentierungs- oder Geheimhaltungsstrategien zur Erklärung der beobachteten Unterschiede hinsichtlich der Imitationsbetroffenheit abgestellt. Eine erste deskriptive Analyse der Umfrage impliziert, dass sektorspezifische Produkt- und Markenpiraterie bzw. eine hier verwendete, weitergefasste Definition der ungewollten Imitation (welche bspw. eine gescheiterte Geheimhaltungsstrategie des Erfinders einschließt) im internationalen, aber durchaus national bzw. im innereuropäischen Kontext in vergleichbarem Umfang auftritt. Dies bestätigen auch aktuelle Ergebnisse des Mannheimer Innovationspanels (MIP, 2008).,

[24] Blind/Cuntz/ Köhler, Risk Factors and Mechanisms of Unauthorized Technology and Trademark Reproduction – A First Empirical Approach, working paper TUB, forthcoming, 2009.

**Tabelle 1 .** Studienergebnisse (Auszug) aus multivariatem Schätzmodel (Probit, marginale Effekte): Zusammenhang zwischen nicht-autorisierter Imitation und formellen/informellen Schutzstrategien geistigen Eigentums

| Erklärende Variable | Nicht-autorisierte Imitation technischer Elemente | Nicht-autorisierte Imitation Produktname/Label |
|---|---|---|
| Formelle Schutzstrategien | | |
| Patentierung | (+) | (-) |
| Markenschutz | (+) | +*** |
| Informelle Schutzstrategien | | |
| Geheimhaltung | -* | -* |
| Defensive Publikation | +* | +** |
| Sonst. Unternehmensstrategie | | |
| Kooperationsneigung | -** | (+) |
| FuE Intensität | --*** | (-) |
| | | |
| Observationen N | 217 | 210 |

Signifikanzniveau * $p < 0.1$, ** $p < 0.05$, *** $p < 0.01$
Quelle: Blind, Cuntz und Köhler (2009)

Eine erste Hypothese der Studie, welche die *primären Funktionen* des Patentrechts abbildet, beschäftigt sich mit der aus der Patentierung zu erwartenden, ambivalenten Schutzwirkung vor Imitation. Dabei gehen die Autoren davon aus, dass die Patentierung eine glaubwürdige Drohung straf- oder zumindest zivilrechtlicher Folgen ausspricht, welche die Anreizfunktion für den Erfinder im Sinne der reward-based theory (u.a. Arrow[25]) generiert und die Allokation unternehmerischer Ressourcen erleichtert, unabhängig davon ob das Patent die Abschöpfung vollwertiger Monopolrenditen oder lediglich ein temporäres Abweichen von der perfekten Wettbewerbssituation, d.h. ein „intellectual oligopoly" produktdifferenzierender, weniger Anbieter gemäß Lemley[26] erlaubt. Zugleich wird durch die Offenlegung in der Patentschrift der Zugang zu technischem Wissen erst ermöglicht und kann desweiteren als Signal der Neuartigkeit des Wissens aus der Sicht eines potenziellen Imitators dienen. Keupp et al.[27] beschreibt daher öffentlich zugängliche Patentdatenbanken als „Büchereien technischen Wissens". Andere, informelle Schutzstrategien wie die defensive Publikation (oder die Geheimhaltung) von Erfindungen seien mit eindeutig positiven (respektive negativen) Imitationsauswirkungen verbunden, so die theoretische Argumentation. Erstere Strategie begünstigt die Forschungsfreiheit

[25] Arrow, Economic Welfare and the Allocation of Resources for Invention, in: The Rate and Direction of Inventive Activity: Economic and Social Factors. NBER Books, 1962.

[26] Lemley, A Cautious Defense of Intellectual Oligopoly with Fringe Competition, 5(3), in: Review of Law and Economics (2009), Article 3.

[27] Keupp/Beckenbauer/Gassmann, How Managers Protect Intellectual Property Rights in China Using De Facto Strategies, in: R&D Management, 39(2) (2009), 211-224.

der Imitatoren ohne das Eigentumsansprüche geltend gemacht werden können, zweitere kann den Abfluss von technischem Wissen verhindern, ohne dass im Erfolgsfall rechtliche Ansprüche überhaupt benötigt werden.,

Empirisch belegen die Ergebnisse, dass weder die Offenlegung noch die Schutzfunktion im Rahmen des Patentes die Imitationswahrscheinlichkeit signifikant beeinflussen. Damit ist aus sozialer und regulatorischer Sicht jedoch auch keine oder nur bedingt die Diffusion des Wissens zu beobachten. Zugleich scheitern in diesem Zusammenhang die generische Ausschlussfunktion und die damit verbundenen Anreize Forschung und Entwicklung auf eigene Kosten hin zu betreiben und gegebenenfalls zukünftig andere Marktteilnehmer zur Refinanzierung bspw. durch Lizenzeinnahmen heranzuziehen. Dagegen lassen sich die vermuteten Zusammenhänge im Kontext informeller Strategien laut Tabelle 1 im Gros belegen. Nachahmer verwenden oftmals offengelegtes Wissen, was die Imitationswahrscheinlichkeit erhöht, zum Beispiel im Rahmen einer Publikationsstrategie, während Patentschriften nicht als Informationsquelle zu dienen scheinen. Die Schutzfunktion, so die Studie, kann dem entgegen durch die Geheimhaltung des Wissens erfolgreich erreicht werden. Diese prägnanten Ergebnisse sollten jedoch generell im Lichte der relativen Bedingungen der Aneignung von Patentrenditen gesehen werden, obgleich industriespezifische Charakteristika durchaus in der Analyse Berücksichtigung finden. Dabei unterliegt der Prozess der Aneignung erheblicher unternehmerischer Unsicherheit, welche bereits im institutionellen Patentvergabeprozess entstehen kann. Es spielen andere, alternative Mechanismen der Aneignung von Innovationsrenditen eine gewichtige Rolle: First-Mover-Vorteile, Externalitäten des Lernens, Verwertung komplementärer Güter, die soziale Anerkennung durch Peers, Netzwerkeffekte oder Markenidentifikation. Hinzu kommen sektorspezifische Unterschiede in der Schutz- und Anreizfähigkeit des Patentrechtssystems; so sind diese im Bereich IKT relativ schlechter anzusehen als bspw. in der Biotechnologie oder Pharmazeutik. Zugleich unterscheiden sich die Sektoren erheblich hinsichtlich der Verwertungsformen und der Verwertungsorientierung.[28] Der Erfinder ist oftmals nicht identisch mit dem Rollenträger der Verwertung. Die Patentrechtsvergabe ist jedoch interessanterweise nicht an der Eignung als Verwerter und Innovator auf dem Markt orientiert sondern ausschließlich am Erfindungsgehalt des Gemeldeten gegenüber dem kontemporären Wissensbestand. Desweiteren sind Akteure zwischen Industriesektoren generell in ihrer Kooperationsneigung bzw. dem Zwang zur Kooperation in komplexen Wertschöpfungsketten zu differenzieren, wobei Erlösanreize aus einem Patent oftmals unter mehreren Parteien aufgeteilt werden müssen.,

Den größten Schutz vor Imitation liefert laut den Studienergebnissen die FuE-Intensität, gemessen an der FuE-Mitarbeiteranzahl an der Gesamtmitarbeiteranzahl, verbunden mit der statistischen Einwand, dass damit lediglich eine Korrelation und nicht zwangsläufig die Richtung des Wirkungszusammenhangs belegt ist. Dies kann dennoch als erstes Indiz gewertet werden, dass vor allem der technische Anspruch der Technologie, abseits formeller und informeller Strategien und trotz stark gesun-

---

[28] Kitch, The Nature and Function of the Patent System, in: Journal of Law and Economics (1977), 265 ff.

kener Kosten des Reverse Engineering,[29] die Imitation als auch die Diffusion auf sektor- und gesamtwirtschaftlicher Ebene verhindern respektive behindern kann. Damit rückt (indirekt) das Diffusionsmotiv im Kontext technischen Wissens gegenüber der Provision in den regulatorischen Vordergrund. Gegebenenfalls kann nur mittels komplementärer (aus-) bildungsorientierter innovationpolitischer Instrumente ein ausreichender Zugang vieler Akteure zu FuE-intensiven Gütern und der Austausch in diesen Wissensbereichen gesichert werden.

Zu den *sekundären*, strategischen Funktionen des Patentsystems gehören a) die Koordinationsfunktion unter den Wirtschaftssubjekten innerhalb der FuE- und Innovationsprozesse, wie sie erstmals von Kitch beschrieben wurde,[30] welche den Austausch und die Allokation von Ressourcen in Innovationsnetzwerken mittels Patenten als technischer Währung erlaubt; diese jedoch auch die Gefahr stetig wachsender Transaktionskosten birgt, b) die Kommunikations- und Signalfunktion, die bspw. Kosten einer vorgelagerten Suche nach geeigneten Kooperationspartnern signifikant reduzieren kann,[31] oder c) die Bewertungsfunktion, welche u.a. den Zugang zur Finanzierung erleichtert[32] und gegebenenfalls auch unternehmensinterne Schemata einer leistungsabhängigen Mitarbeiterentlohnung ermöglicht. Neben diesen positiv zu bewertenden strategischen Dispositionen dokumentiert die ökonomische Literatur einige adverse, strategische Verhaltensweisen. Zu diesen zählen a) die Möglichkeit des strategischen Holdup der Konkurrenz wie sie Stiglitz und Scotchmer in sequentiellen Prozessen unter einer Vielzahl von beteiligten Innovationsakteuren konzeptionieren,[33] als auch b) in der Literatur anerkannte Grauzonen der „IPR playing fields" bzw. systemische Schwächen des Patentrechts, welche u.a. U-Boot-Patente, Patenttrolle und Patentdickichte umfassen.[34]

Weder für die hier beschriebenen positiven noch für die negativen Wirkungen strategischer Patentierung finden sich *direkte*, empirische Belege in der Studie von Blind, Cuntz und Köhler.[35] In diesem Kontext erscheint dort ein erneuter Blick auf die Ergebnisse zum Zusammenhang von Kooperationsneigung und Imitationswahrscheinlichkeit dennoch lohnenswert. Kooperationen erleichtern den Zugang zu relevantem Wissen und geschultem Personal, was die Imitationswahrscheinlichkeit erhöhen sollte, so die Arbeitshypothese der Autoren. Demgegenüber belegt jedoch die Empirie, dass eine erhöhte Kooperationsneigung erheblich den Kreis möglicher, nicht autorisierter Imitatoren reduziert und deren Aktivitäten bzw. der Wissensfluss

---

[29] Boldrine/Levine (Fn.23).

[30] Kitch (Fn.28).

[31] Cuntz, Genetic Codes of Mergers, Post Merger Technology Evolution and Why Mergers Fail, in: SFB 649 Economic Risk – Working paper series 2008-029, Humboldt University, Berlin, 2008.

[32] Long, Patent Signals, in: University of Chicago Law Review, 69 (2002), 625.

[33] Scotchmer, Standing on the Shoulders of Giants: Cumulative Research and the Patent Law, in: Journal of Economic Perspectives, 5 (1991), 29-41; Stiglitz, Economic Foundations of Intellectual Property Rights, in: Duke Law Journal, 57 (2008), 1693.

[34] Bessen/Meurer, Patent Failure: How Judges, Bureaucrats, and Lawyers Put Innovators at Risk, Princeton University Press, 2008.

[35] Blind/Cuntz/Koehler (Fn.24).

im Rahmen der Kooperation internalisiert werden. Angenommen die Koordinationsfunktion durch die Patentvergabe erleichtert die Anbahnung von Kooperationen, so lässt sich zumindest ein *indirekter* Zusammenhang zwischen strategischer Koordinationsfunktion und Imitation bzw. der Diffusion technischen Wissens herstellen: Die Renditeerwartung aus zukünftiger Kooperation kann die *unkoordinierte* (d.h. renditefreie Imitation bzw. Wissensexternalität mit unbekanntem *Adressat*), ex post Imitationsaktivität reduzieren und damit gegebenenfalls auch das Scheitern im Sinne der primären, patentsystemischen Anreizfunktionen kompensieren. Zusätzliche, staatlich induzierte Kooperation bzw. Kooperationsförderung als Instrument der Innovationsregulierung eröffnet somit komplementäre Anreize zur Bereitstellung als auch ggf. die Satisfaktion des Diffusionszieles.

Die Bestandsaufnahme der patentsystemischen Funktionen erfordert abschließend eine zeitgenössische Bewertung mit dem Ziel der Verortung in der laufenden Literaturkontroverse entlang der folgenden Fragestellungen: Welchen ökonomischen Funktionen dient das Patentsystem, wenn die klassischen Funktionen sich nur bedingt belegen lassen? Erfordert dieser Wandel die Abschaffung oder Veränderung des Systems? Und, letztlich, soweit Modifikationen notwendig erscheinen, welcher Art bzw. welchen Kriterien sollen diese folgen?

## 3. Zusammenfassung und abschließende Bewertung der Ergebnisse

Sekundäre, strategische Funktionen des Patentsystems *ersetzen* vermehrt primäre, klassische Funktionen, u.a. die Anreizfunktion. Dabei besitzen die sekundären Funktionen teilweise kompensierende Wirkung (siehe Abschnitt 3.), bspw. im Rahmen der Kooperationsförderung und der Koordinationsfunktion. Neben der Studie von Blind, Cuntz und Köhler wird dies durch zahlreiche andere empirische Arbeiten zu Schutzstrategien geistigen Eigentums und der dahinterliegenden, unternehmerischen Motivation zur Nutzung dieser belegt.[36]

Geistige Eigentumsrechte dienen generell eher der *Zuschreibung* der Erfindung und Identifikation des Erfindersubjektes und liefern zugleich eine erste *Evaluation* des Wertes bzw. der Erfindungshöhe basierend auf bestehenden Eigentumsrechten. Die Aufgabe der Patentgerichtsbarkeit und der Patentinstitutionen bleibt daher bestehen; eine völlige Abschaffung des Patentsystems erscheint vorläufig nicht sinnvoll. Dennoch erscheint es in diesem Zusammenhang zumindest eine denkbare Gestaltungsoption des Systems zu sein, das Patentrecht auf eine dem Markenrecht vergleichbare Normausgestaltung im Bereich technischer Erfindung unter Verzicht auf das Patentmonopol zu reduzieren, und im Zuge dessen auch die Vergabeprozesse zu vereinfachen und zu beschleunigen – ohne dabei die oben genannte Zu-

[36] Arundel/Kabla, What percentage of innovations are patented? Empirical estimates for European firms, in: Research Policy, Vol. 27, No. 2 (June 1998), 127-141; Cohen/Nelson/Walsh, Protecting their Intellectual Assets: Appropriability Conditions and Why U.S. Manufacturing Firms Patent (or Not), in: NBER Working Paper #7552, 2000; Blind u.a., Motives to patent: Empirical evidence from Germany, in: Research Policy, 35 (2006), 655-672.

schreibungsmöglichkeit zu beschädigen. Eine rechtliche Aufrechterhaltung des Patentmonopols (als eine Facette der patentrechtlichen Normgestaltung) mit dem Ziel der Anreizfunktion *entbehrt* nach Beweislage der vergangenen zwei Jahrzehnte – wenn nicht auf sektorspezifischer Ebene so zumindest auf gesamtwirtschaftlicher Ebene – weitestgehend ökonomischer Logik bzw. zusätzlichen Nutzens. Neue wissenschaftliche und technologische Bereiche stellen das bestehende System generell vor erhebliche Herausforderungen, welche gegebenenfalls kontinuierliche Modifikationen erfordern, bspw. bei der Rechtsdurchsetzung in der ICT getriebenen Vermarktung digitaler Informationen (Datenbanken etc.). Damit einher geht auch die Verteidigung des Systems gegenüber protektionistischen Interessengruppen, z.B. im Zusammenhang mit der Ausweitung des Patentierbarkeitskriteriums, als auch die Eindämmung der missbräuchlichen, strategischen Nutzung in bestimmten Bereichen.

Unter Maßgabe des bestehenden patentrechtlichen Ordnungsrahmens ist auch eine Anpassung der Innovationspolitik und Verwendung und Entwicklung geeigneter Instrumente zugunsten der genannten Systemschwächen möglich. Dabei geht es vor allem um die Aufrechterhaltung der koordinierenden Funktionen des Patentsystems und die simultane Erreichung der Provisions- und Diffusionsziele, weniger um die klassische Schutzfunktion des Systems. Kriterien zur Verwendung bestehender oder der Weiterentwicklung der innovationspolitischen Instrumente (gegebenenfalls verbunden mit einer Ausweitung des horizontalen Ansatzes) sind u.a.: a) Instrumente, welche einen verbesserten Zugang zu neuem Wissen und den Strategie- und Vermarktungsmöglichkeiten auf Technologiemärkten ermöglichen; vorrangig für benachteiligte, aber für die Innovationsdynamik im Sinne Schumpeters unabdingbarer Akteursgruppen,[37] wie bspw. die frühe Marktteilnahme von Start-ups, welche mit positiven Implikationen für das Unternehmenswachstum verbunden sein kann,[38] b) staatliche Förderung von Intermediären auf Technologiemärkten mit dem Zweck der erhöhten Markttransparenz,[39] u.a. IPR Broker, Auktionsplattformen etc., c) Förderung der Wissensakquise und Aneignung von Wissen[40] u.a. durch Entwicklung staatliche Förderformen zur unternehmerischen Weiterentwicklung absorptiver Kapazitäten[41] und zur Erleichterung von Suchprozessen; gegebenenfalls in diesem Zusammenhang zusätzliche Förderung und Instrumentenentwicklung bezüglich alternativer (informeller), diffusionsfördernder Kodifizierungsmechanismen abseits der Gewährung von Eigentumsrechten,[42] z.B. mittels der Förderung

[37] Schumpeter (Fn.10).

[38] Cuntz, Three Axioms on Open Innovation and a (Non-) Parametric Application to the Entrepreneurial Case, in: Ewing Marion Kaufmann Foundation Research Paper Series, Vol. 2, No. 11 (2008).

[39] Guellec, Markets for technology, in: OECD working paper series, 2009.

[40] Steinmueller, Technological infrastructure in Information technology, in: Teubal et al. (Hrsg.), Technological Infrastructure Policy, Kluwer, 1996.

[41] Cohen/Levinthal, Absorptive Capacity: A new perspective on learning and innovation, in: Administrative Science Quarterly, Vol. 35 (1990), 128-152.

[42] Hicks, Published Papers, Tacit Competencies and Corporate Management of the Public/Private Character of Knowledge, in: Journal of Industrial and Corporate Change, 4 (1995), 401-424.

defensiver Publikationstrategien mit der privaten und zugleich sozialen Ertragsperspektive den unternehmerischen „freedom to operate" abzusichern, und abschließend, d) eine generell zu erhöhende Kooperationsförderung und Entwicklung strategischer Intelligenz der politischen Entscheidungsträger im Bereich der Netzwerkförderung zu erreichen.,

Abseits der regulatorischen Antwort einer innovationspolitischen Agenda auf die aktuellen Fragestellungen des Patentrechtssystems besteht ein genereller Bedarf einer wissenschaftlichen Renaissance des Distributionsmotives im Kontext öffentlicher Güter. Vor allem in der wohlfahrtstheoretischen Analyse, welche den gesamtregulatorischen und institutionellen Rahmen der Innovationsakteure berücksichtigt, bspw. die Auswirkungen des Patentrechts im Verbund mit der Marktzugangsregulierung im Pharmabereich, ist dies bisher meist vernachlässigt worden. Beispielhaft für eine umfassende Institutionenanalyse im Sinne der Regulierungseffizienz sei an dieser Stelle lediglich auf Vertinsky[43] verwiesen. Erwähnenswert sind zudem die ökonomischen Implikationen aus den Forschungsfeldern zu unvollständigen Verträgen, FuE-Produktion in Teams, Transaktions- und Koordinationskostenansätze, welche zur Weiterentwicklung der wohlfahrtstheoretischen Analyse beitragen könnten.,

Eine veränderte Priorisierung in der Innovationspolitik unter Berücksichtigung der Diffusionsziele technischen Wissens erscheint im Rahmen der in Abschnitt 2.1 beschriebenen, veränderten Umweltbedingungen hin zu mehr Komplexität, höherer Beteiligung an und Fragmentierung im Innovationsprozess ohnehin notwendig. Diese Neuordnung im Sinne der Diffusion findet zusätzliche sozio-ökonomische Legitimation in der „interpretativen Flexibilität" des Wissens, d.h. identisches Wissen kann für vielfältige Anwendungen in verschiedenen Sektoren in Frage kommen, bedarf daher aber auch der Kenntnis vieler Subjekte um vollen Nutzen zu entfalten. Zuletzt ist auch die missbräuchliche Nutzung des Patentrechtssystems der Diffusion geistigen Eigentums nicht zuträglich und ist allein deshalb schon zu verhindern. Es liegt nahe, dass verschiedene Wege zur Zielerreichung einer neuen Agenda führen können: Zum einen kann eine innovationspolitische Agenda und deren Instrumentarium die Diffusionsziele mittels Eingriffen ex post der Bereitstellung technischen Wissens auf direktem Wege erreichen (siehe u.a. die oben genannten Kriterien zur innovationspolitischen Kompensation der Patentsystemschwächen). Zum anderen kann aber bereits eine veränderte Regulation bzw. Reallokation der Fördertöpfe die Bereitstellung in open science orientierten Institutionen, bspw. Universitäten oder Einrichtungen der Grundlagenforschung, relativ erhöhen, so dass diese aus dynamischer Sicht vermehrt den dort relativ stärker ausgeprägten Wissensaustausch wahrnehmen können.

---

[43] Vertinsky, Responding to the Challenges of "Against Intellectual Monopoly", in: Review of Law & Economics, Vol. 5, No. 3 (2009), Article 8.

# Die Kultur der Innovation

## Eine Herausforderung des Innovationsbegriffes als Form gesellschaftlichen Wissens

*Marian Adolf* *

## Abstract

*Der Beitrag bietet eine kultursoziologische Betrachtung des allgegenwärtigen Innovationsbegriffes, der hier als soziales Geschehen und kulturelles Produkt entworfen wird: Aus dieser Warte entpuppt sich Innovation (1) als ein relationales Phänomen, das sich erst über seine jeweilige Zuschreibung bestimmen lässt. Anschließend wird (2) nach Gründen für die Konjunktur von Innovation in der zeitgenössischen Gesellschaft gesucht. Die Rede von Innovation wird als normativer Sprachakt begriffen, dessen allgemeine Verbreitung auf seine programmatische Bedeutung schließen lässt. Auf der Suche nach dem Bedeutungskern von Innovation folgt (3) dessen Anbindung an die Begriffe Wissen und Lernen. Schließlich wird (4) der Innovationsbegriff in den gesellschaftstheoretischen Rahmen der Wissensgesellschaft eingebettet, wodurch eine Suche nach abstrakten Möglichkeitsbedingungen innovativen Handelns erfolgen kann. Einige davon werden abschließend aufgeführt.*



* Dr. phil., Juniorprofessor für Medienkultur an der Zeppelin University in Friedrichshafen

## 1. Einleitung und Fragestellung

In einem kürzlich erschienenen Bericht der Europäischen Kommission zum 7. Rahmenprogramm ist nach einer Einführung, die die Bedeutung von Innovation – auch hinsichtlich der Strategie *Europe 2020* – hervorhebt, zu lesen: „Egal, ob eine Innovation ein Produkt, ein Prozess oder eine Marketingmethode ist, ihr muss der Charakter der Neuheit eigen sein. Eine solche Definition umfasst daher nicht nur radikal Neues, sondern auch Adaptionen externen Wissens. Unsere Fähigkeit den Innovationsprozess zu verstehen und zu messen bedarf jedoch noch einiger Arbeit."[1] Es vermag zu überraschen, dass dieser so zentrale und allgegenwärtige Begriff – der immerhin als Mantra gesamteuropäischer Politikinitiativen Verwendung findet – bisweilen einer solch eindeutig deklarierten definitorischen Unschärfe unterliegt.

Auch wenn der Titel *Herausforderung Innovation* wohl eher auf jene Zumutung abstellt, welche die Notwendigkeit steter Innovation an eine Volkswirtschaft oder gar Gesellschaft – und somit an das Rechtssystem – richtet, will ich in meinem Beitrag aufgrund seiner notorischen Unschärfe den Innovationsbegriff selbst herausfordern. Zu selbstverständlich und formelhaft scheint er heute in seiner Verwendung geworden zu sein. Gerade im Kontext einer Einladung zu einer fachfremden Perspektive möchte ich versuchen durch eine kulturwissenschaftlich-soziologische Begriffsanalyse vernachlässigte Semantiken und vergessene Spezifika des Innovationsbegriffs nachzuschärfen.[2]

So soll es zunächst (1) um eine nähere Bestimmung des Konzepts der Innovation gehen, um den Begriff einerseits einzugrenzen, andererseits zu problematisieren. Im Zuge dieses ersten Schrittes stellt sich Innovation als relationales Phänomen heraus, das sich – zumindest auf der Ebene der Theorie – substantiellen Zugriffen per se entzieht. Sodann gilt es zu fragen, welche Rolle der Innovationsdiskurs vor dem Hintergrund der wissensbasierten Ökonomie der Wissensgesellschaft[3] spielt. Auf der (2) Vorderbühne der gesellschaftlichen Debatte muss heute beinahe alles mit dem Innovationsprädikat geadelt werden, um als sozialer Diskursgegenstand legitimiert zu werden. Damit treten der soziale Gebrauch und die gesellschaftliche Funktionalität des Innovationsbegriffes zutage. Gleichsam auf der (3) Hinterbühne solcher Diskurse verortet, gilt es aufzuzeigen, dass die Metapher der Innovation gerade vor dem Hintergrund der historischen Epoche der Wissensökonomie, gleichsam *kultürlich,* entspringt. So werde ich zu klären versuchen, auf welche Art und Weise Innovation mit dem umfassenderen Begriff des Wissens in Verbindung steht, und wie

---

[1] European Commission, Innovation: Creating knowledge and jobs. Insights from European research in socio-economic sciences, 2010, 13, http://ec.europa.eu/research/research-eu. Eigene Übersetzung.

[2] Die Beschäftigung mit einer soziologischen und insbesondere kulturtheoretischen Fassung des Innovationsbegriffes ist ein gemeinsames Unterfangen des Karl Mannheim-Lehrstuhls für Kulturwissenschaften an der Zeppelin University und verdankt sich der Zusammenarbeit mit Nico Stehr und Jason Mast, für deren Diskussionsbeiträge ich an dieser Stelle danke.

[3] Siehe hierzu: Stehr, Knowledge Societies, 1994; Stehr/Moldaschl (Hrsg.), Wissenökonomie und Innovation. Beiträge zur Ökonomie der Wissensgesellschaft, 2010.

eine soziologische Fassung von Innovation – gegenüber der geläufigeren, eher materiellen und technologisch-ökonomischen Begriffsfassung – aussehen könnte. Nachdem die Fluchtpunkte einer solchen soziokulturellen Perspektive gesetzt sind, soll es abschließend darum gehen, (4) das zuvor umschriebene Konzept Innovation als soziale und individuelle Größe auf die Bedingungen seiner Ermöglichung hin zu untersuchen: Was macht soziale Akteure innovativ, und welche Gegebenheiten erhöhen die Wahrscheinlichkeit auf (soziale) Innovationen zu stoßen?

## 2. Der Innovationsbegriff als kulturelles Geschehen

### 2.1 Innovationsbegriffliche Traditionen

Häufigste Quelle von innovationstheoretischen Abhandlungen ist der österreichische Ökonom Joseph Schumpeter.[4] Seine weithin bekannten Überlegungen zur *schöpferischen Zerstörung* beziehen Innovation sowohl auf neue Produkte, neue Produktionsmethoden, neue Markt- und Ressourcenerschließungen, oder die Neuorganisation von Produktionsabläufen.[5] Innovation ist also nicht notwendig etwas Technisch-Materielles, sie ist in diesem Verständnis aber immer „eine wirtschaftlich verwertbare Neuerung".[6] Doch auch wenn es manchmal den Anschein hat, als hätte der Innovationsdiskurs mit Schumpeter begonnen, so reicht seine sozialwissenschaftliche Analyse bis ins 19. Jahrhundert zurück. Eine wichtige Quelle dafür ist der – in jüngster Zeit wiederentdeckte – französische Soziologie und Gegenspieler Émile Durkheims, Gabriel Tarde.[7] Der Rückgriff auf Tarde hilft uns, den Innovationsbegriff differenziell zu schärfen, und zugleich auf den Umstand aufmerksam zu machen, dass Innovation bis heute eher ein Sonderfall der Wissenserweiterung ist. Er fokussierte seine Studien vor allem auf die *Imitation* als zentralen Motor sozialen Lernens. Nicht grundlos meint der Innovationsforscher Moldaschl, dass „Tardes Ansatz […] heute auch ein Korrektiv sein [könnte] gegenüber der maßlosen Überschätzung von Innovation und der verbreiteten Geringschätzung von Imitation (analog zur Geschichtsschreibung der ‚großen Männer')".[8] Die im Innovationsdiskurs oft mitschwingende Semantik der Produktivitäts- oder Absatzsteigerung sollte uns also nicht vergessen lassen, dass Innovation als Begriff keine Beschränkung auf rein ökonomische oder gar betriebswirtschaftliche Aspekte beinhaltet. Innovation ist somit als allgemeines Phänomen zu begreifen, welches zwar sehr wohl grob in soziale Innovation (Neuerungen im Bereich der Sozialstruktur

---

4 Schumpeter, Theorie der wirtschaftlichen Entwicklung, 1964, 1911.

5 Schumpeter (Fn. 4), 100 ff.

6 Moldaschl, Innovation in sozialwissenschaftlichen Theorien, oder: Gibt es überhaupt Innovationstheorien?, Papers and Preprints of the Department of Innovation Research and Sustainable Resource Management (BWL IX), Chemnitz University of Technology, 8/2010, 1 (2).

7 Für Tarde (1843-1904) ist jede Erfindung letztlich kontingent, und somit nicht planbar. Die Verschränkung Innovation/Imitation wird hier zur evolutorischen Kette aller Entwicklung: Eines greift ins andere, jede Setzung wird zur Voraussetzung einer neuen Setzung. Siehe Tarde, Die Gesetze der Nachahmung, 1890, 2003.

8 Moldaschl (Fn. 6), 1 (3).

bzw. Kultur einer Gesellschaft) und technologisch-ökonomische Innovation (Prozess- oder Produktinnovationen) unterteilt werden kann; eine allzu rigide Abgrenzung dieser beiden Begriffsverwendungen macht jedoch angesichts der engen Verwobenheit von Gesellschaft, Technologie und Ökonomie nur auf rein analytischer Ebene Sinn.[9]

Aus der Perspektive der Kultur- und Sozialwissenschaft muss der Innovationsbegriff also zunächst gegenüber seiner häufigen Engführung erweitert werden. *Erstens* wird von Innovation zumeist in einem wirtschaftlichen, unternehmerischen Kontext gesprochen, so als hätte die Geschichte der Innovation erst mit der Gründung des ersten Unternehmens begonnen. Innovation jedoch ist nicht allein ein ökonomisches oder gar unternehmerisches Phänomen – auch wenn der eigenwillige *entrepreneur* bis heute eine wichtige Rolle spielt. *Zweitens*, und damit in engem Zusammenhang, wird mit Innovation zumeist auf neue Produkte oder Produktionsprozesse abgestellt – ein Schumpeter'sches Erbe. Technologie ist aber ohne ihre soziale Herkunft und ihre kulturelle Einbettung nicht zu haben, weshalb wir tiefer gehen müssen. *Drittens* wird Innovationsentstehung trotz ihrer Verankerung in Organisationen, Netzwerken und sonstigen Gemeinschaften rückblickend häufig als Narrativ des genialischen Individuums erzählt. Innovation allein daraus zu erklären greift aber zu kurz, und vergisst darüber hinaus auf das erratische Moment des tatsächlich Neuen (siehe Abschnitt 2.3).

So muss die kulturelle – und damit historische – Rückbindung des Innovationsbegriffes an soziale Rahmenbedingungen näher betrachtet werden. Die Schwierigkeit besteht dabei in der Gratwanderung, das nicht-kalkulierbare, nicht-steuerbare, nicht-greifbare Moment der Innovation zu erhalten, sie zugleich aber nicht allein dem Zufall zuzuschreiben.

## 2.2 Der Begriff Innovation und seine Verwandtschaften

Eine eindeutige Begriffstrennung zwischen Invention (Erfindung) und Innovation (Neuerung) fällt schwer, denn schließlich baut alles neue Wissen auf bestehendem Wissen auf, geht aber oft auf überraschende Weise darüber hinaus. Es wird schnell ersichtlich, dass der Innovationsbegriff eine hoch voraussetzungsvolle Größe ist. In der Folge möchte ich einigen wichtigen Bestandteilen nachgehen und einen multidimensionalen Innovationsbegriff vorschlagen. Innovation wird dabei als relationales Geschehen[10] entworfen, und zwar (a) *subjektbezogen*, also in Hinblick auf seine Entstehung und Rezeption, (b) *objektbezogen*, hinsichtlich der Substanzialität der Neuerung, (c) seine *Zeitlichkeit* betreffend, und (d) seine *Räumlichkeit* betreffend, wobei hier vor allem auf den Geltungsbereich und somit auf das Kriterium der Relevanz abgestellt wird.

---

[9] Vergleiche hierzu die Ausführungen bei Braun-Thürmann, Innovation, 2005, 28-29.

[10] Dabei handelt es sich um *konstitutive* Bestandteile des Innovationsbegriffes selbst, deren Absenz also zur Folge hätte, dass man betreffend eines Prozesses oder Artefakts nicht mehr von einer Innovation sprechen könnte.

### 2.2.1 Akteursbezogene Relationalität

Was als Innovation gilt, hängt letztlich von der Zuschreibung der handelnden Akteure ab. Was dem einen revolutionär neu anmutet, ist für den anderen ein alter Hut. Es kann hier somit auch von objektiver und subjektiver Neuheit[11] gesprochen werden. Dies gilt zudem für die beiden zentralen Akteurskategorien der Innovation, also die Innovatoren ebenso wie die Rezipienten. Aus kulturtheoretischer Sicht ist letztere Komponente dabei wohl interessanter, denn über den notwendigen Erfolg einer Innovation – und somit über deren Identität als solche – entscheiden diejenigen, auf die eine Innovation abzielt.[12] *Innovativität* ist eine rezeptionsabhängige Zuschreibung, eine Qualität die ein Gegenstand, ein Prozess oder eine Idee *im Auge des Betrachters* aufweist. Es liegt an der Beschaffenheit des Rezipienten, zumindest ebenso wie an dem des Innovationsträgers (Artefakt, Prozess, Idee), ob ein solches Geschehen Neuigkeitswert besitzt. Dies gilt sowohl für die Mikro- als auch für die Meso- und Makroebene: ob einer Firma eine Produktlinie, ein Produktionsprozess oder eine Managementmethode als innovativ erscheinen mag – anderswo, etwa in einer anderen Industriesparte, mag diese bereits seit geraumer Zeit im Einsatz sein.

Dabei gilt es einen Aspekt besonders zu bedenken, steht doch Innovation in dieser Hinsicht eng mit ihrer Zugänglichkeit in Zusammenhang. So mag man von einer Innovation sprechen, wenn ein Prozess bzw. Artefakt einer Gruppe von Personen zugänglich wird, die zuvor von dessen Nutzung ausgeschlossen waren (z.B. das Internet nach Freigabe des Quellcodes und der Verbreitung des htt-protocol). Man könnte in diesem Zusammenhangs von „Innovation qua Zugang" („access innovation") sprechen, da eigentlich bereits Bestehendes nunmehr von einer neuen Nutzergruppe genutzt werden kann.

### 2.2.2 Objektbezogene Relationalität

Von einer Innovation im *substanziellen Sinne* soll dann die Rede sein, wenn eine Artefakt oder Prozess sich von anderen Prozessen bzw. Gegenständen derselben Kategorie durch neue Funktionalität unterscheidet. Ein Beispiel wäre der Unterschied zwischen GSM-Mobiltelefonen und den Smartphones der aktuellen Generation; während beide Geräteklassen als Mobiltelefone bezeichnet werden, ist der Funktionsumfang und somit auch die Nutzung letzterer immens erweitert. Doch auch die Verwendung bereits existierender Artefakte auf eine neue Art und Weise kann Innovation implizieren – wie man auch anhand des wichtiger werdenden Feldes der „lead user" und „consumer-innovation" – Forschung sehen kann.[13]

---

11 Hübner, Integratives Innovationsmanagement, 2002.

12 Hier tritt der Umstand hinzu, dass es professionalisierte Handlungssysteme zur Hervorhebung bzw. Herstellung der Qualität „Innovativität" auf Seiten der Hersteller gibt. So kann man einen Großteil der Dienstleistung von Marketingabteilungen, Werbe- und PR-Dienstleistern darin sehen, die innovative Qualität eines Produktes oder Prozesses kommunikativ herzustellen. Darauf kann an dieser Stelle jedoch nicht näher eingegangen werden.

13 von Hippel, Lead Users: A Source of Novel Product Concepts, Management Science 32/7, 1986, 791 ff.

So hat die Qualität der Innovation auch zu ihrem Träger ein nicht unproblematisches Verhältnis. Damit ist die schwierige Begriffsabgrenzung zwischen Invention und Innovation angesprochen, eine Unterscheidung die mancherorts aufgrund von Unentscheidbarkeit gar verworfen wird.[14] Es stellt sich hier die für die Regulierung durchaus relevante Frage des notwendigen „Originalitätsgrades" zur Qualifikation einer Änderung als Innovation. Erstmaligkeit ist relativ,[15] denn ab wann die Rekombination bestehenden Wissens eine wahrhaftige Erfindung ist, scheint auf prinzipieller Ebene kaum zu entscheiden sein.

### 2.2.3 Zeitliche Relationalität

Die unter (a) und (b) besprochene relationale Qualität der Innovation hat somit zugleich eine temporale Komponente, ist sie doch an die Zeitlichkeit von (menschlichen) Akteuren und technisch-materialen Prozessen geknüpft. Eine bedenkenswerte Frage, die sich in diesem Zusammenhang stellt, ist jene, *wann* eine Innovation aufhört, innovativ zu sein? Die paradoxe Qualität einer Innovation liegt darin, dass sie sich qua Erfolg – und dies ist nach Schumpeter ja ein konstitutives Element – selbst aufzehrt. Die enge Verknüpfung von Innovation und Zeitlichkeit liegt nun eben darin begründet: Je bekannter und erfolgreicher eine Neuerung wird, desto schneller verliert sie ihren Charakter als Neuerung. Hier offenbart sich die enge Verwandtschaft von Innovativität zum Begriff der Information. Da eine Information über ihren Neuigkeitswert definiert ist, hört sie in dem Moment auf eine solche zu sein, in dem sie mitgeteilt wird.[16] Somit bedingt auch Innovation die stete Nachfrage an neuen Innovationen, und ist daher Taktgeber der eigenen Zeitlichkeit.

### 2.2.4 Räumliche Relationalität

Die räumliche Dimension ergänzt die temporale, und stellt somit den zweiten wichtigen Aspekt der Diffusion des Neuen dar. Während *räumlich* in diesem Zusammenhang also die Beobachtung einschließt, dass auch auf kleinem geographischen Raum etwa mehrere soziale oder technische Entwicklungsstufen nebeneinander bestehen können – man denke etwa an die Geräteausstattung von Haushalten, oder aber die Verbreitung von bestimmten jugendlichen Subkulturen –, verweist dies zugleich auf den Aspekt der *Skalierung*. Führt man den Umstand ein, dass eine relevante Innovation eines bestimmten organisationalen bzw. gesellschaftlichen Durchdringungsgrades bedarf – also effektiv, wirksam sein muss –, so steht die räumliche Dimension sodann für die erfolgreiche Verbreitung einer Neuerung. So stellt dieses Kriterium der Relevanz auf die notwendige Adoption von Innovationen ab.

Innovationen bedürfen, um kulturell bedeutsam zu werden, demnach einer bestimmten Dimensionierung, da erst anhand eines Geltungsbereichs Rückschlüsse auf ihre Relevanz gezogen werden können. Verlässt eine – im individuellen bzw. kleingruppenspezifischen Kontext durchaus als innovativ zu bezeichnende – Praxis

---

[14] Moldaschl (Fn. 6), 1 (6).

[15] Moldaschl (Fn. 6), 1 (5).

[16] Luhmann, Die Realität der Massenmedien, 1996.

ihren räumlich engen Zusammenhang nicht, verbleibt sie gesellschaftlich (und eben auch betriebs- bzw. volkswirtschaftlich) irrelevant.

## 2.3 Innovation als ex-post-facto Phänomen

Wie bereits angedeutet, liegt eine Besonderheit eines solchen Verständnisses von Innovation in dem Umstand begründet, dass sie angesichts des Geltungskriteriums *Erfolg*[17] immer erst *im Nachhinein bestimmbar* ist. Es handelt sich also um ein *ex-post-facto* Phänomen, welches sich von anderen prozeduralen Konzeptionen des Wandels durch seinen Effekt unterscheidet.[18] Während beispielsweise Inventionen unbemerkt bleiben können, ohne dadurch ihren Charakter als Erfindungen zu verlieren, oder etwa Kunstwerke – zumindest jene der Hochkultur – über ihre Einzigartigkeit und Originalität definiert sind, muss eine Innovation Erfolg haben, um zu einer Innovation zu werden. Es mangelt nicht an historischen Beispielen von bis zur Marktreife gediehenen Inventionen, die niemals den nötigen Erfolg aufweisen konnten, trotz dem sie einen höheren Nutzen, höhere Lebensdauer oder neue Anwendungsmöglichkeiten versprachen. Hierbei spielen natürlich auch die jeweiligen Rahmenbedingungen eine entscheidende Rolle, weshalb man zu Recht von der vernachlässigten Dimension der *Kontrolle* in der Innovationsforschung spricht.[19] Doch es ist genau dieser Umstand, dass Innovationen nämlich auf Gedeih und Verderb an ihre Adoption (wie beispielweise im Falle neuer Gesetze), ihren Erfolg (wie etwa bei neuen Produkten) geknüpft sind, die sie zu einem zutiefst kulturellen Geschehen werden lassen.

Dieser Umstand verbindet Innovation auch eng mit Konzeptionen wie etwa *Diffusion*, *Einfluss* oder *Macht* – und damit folglich mit den damit in Verbindung stehenden politischen, ökonomischen und rechtlichen Steuerungsbemühungen. Die Akzeptanz und Annahme von etwas Neuem hat zumindest zwei mögliche Antriebe: Entweder erfolgt die Verbreitung über Einfluss und davon getragene Nachahmung – womit alle jene sozialen Rollen und Institutionen in den Blick geraten, die als Avantgarde stets Innovationen hervorbringen bzw. präsentieren; oder aber über Auferlegung bzw. Macht, also jene sozialen Prozesse, in denen eine Minderheit im Stande ist, kollektiv verbindliche Normen zu setzen, sodass diese letztlich allgemein befolgt werden.

## 2.4 Fazit Innovationsbegriff

Die in diesem Abschnitt beschriebenen Eigenschaften von Innovation als relationalem Phänomen, und die damit eingeführte enge Einbettung in sozio-kulturelle Prozesse, bedingt naturgemäß, dass auch alle weiterführenden Anwendungen des Innovationsbegriffes von dieser Relativität beeinflusst sind. Man kann sodann ver-

---

[17] Schumpeter (Fn. 4), 100 f.

[18] Um nur einige, verwandte Begrifflichkeiten zu nennen, die in den Sozial- und Kulturwissenschaften eine große Rolle spielen: *Sozialer Wandel, Reform, Revolution, Evolution, (Meta-)Prozess,* etc.

[19] Moldaschl (Fn. 6), 1 (7).

suchen dem Phänomen Innovation über eine Klärung des Geltungsbereichs näher zu kommen. So mag man von einer Innovation sprechen, wenn ein Prozess (z.B. eine Kommunikationshandlung) oder ein Artefakt (z.B. ein Produkt) einen Wert bzw. Nutzen aufweist, der für den jeweiligen Rezipienten davor nicht realisierbar war. Das Problem mit dieser weiten mikroperspektivischen Einfassung liegt jedoch darin begründet, dass die Zuschreibung von Innovation nach diesem Muster hoch idiosynkratische Fälle zulässt, und kaum für eine allgemeine Definition tauglich scheint. Nach dieser Beschreibung kann in der Tat so gut wie alles den Charakter einer Innovation annehmen, weshalb es des oben eingeführten Skalierungskriteriums bedarf.

Im größeren, gesellschaftlichen Maßstab, erlangt eine Innovation erst dann hinreichende Bedeutung, sofern sie die Organisationsabläufe bzw. soziale Handlungsfelder selbst zu affizieren beginnt. Selbst wenn eine Handlungspraxis bzw. ein Produktionsprozess bereits zuvor existierte, wird diese(r) erst ab einem bestimmten Verbreitungsgrad für die Organisation bzw. das soziale System funktional. Ursache dafür kann etwa die „bottom-up“ Diffusion (beispielsweise sozialer Protest, eine subkultureller Modetrend, open-source Entwicklungen, etc.) sein. Zumeist hängt die gesamtorganisationale bzw. gesamtgesellschaftliche Verbreitung neuer Praxen jedoch von eine regulatorischen bzw. managerialen Entscheidung ab. Innovation muss Verbreitung finden, um als Phänomen überhaupt soziale Bedeutung (und so soziale Existenz!) zu erlangen. Eine Idee, eine Prozess, ein Produkt muss also diffundieren, um überhaupt eine Innovation zu konstituieren. Das, was solchermaßen erfolgreich ist, wird alsbald kopiert werden. Schon Deutsch verweist darauf, dass die beiden gewöhnlich unterschiedlichen verwendeten Begriffe – Invention und Innovation – zunächst den selben Prozess beschreiben.[20] Einmal adoptiert (weitverbreitet) und adaptiert (in konkrete Handlungspraxen übernommen) ist die Innovation auch schon keine mehr, und der Bedarf nach neuer Innovation entsteht. Der bereits erwähnte Prozess der Imitation als Normalfall gesellschaftlichen Lernens ergibt jedoch keine exakten Kopien der neuen Praxis (bzw. des neuen Artefakts), sondern lässt immer Raum für mehr oder weniger produktive Kopierfehler, an die sich neue Innovation anschließen kann.[21] Trifft diese These zu, so hat dies grundlegende Implikationen für den gesellschaftlichen Umgang mit Inventionen/Innovationen, liegt ihre gesamtgesellschaftliche Wirkung doch vor allem in der Möglichkeit weite Verbreitung zu finden, und somit den Boden für weitere inkrementelle Wissensfortschritte zu bereiten.

## 3. Der Innovationsdiskurs: Das Versprechen der Innovation

Nachdem der Innovationsbegriff bislang vor allem definitorisch untersucht wurde, soll es in der Folge um seine sprachliche Verwendung und um seinen konkreten

[20] Deutsch, in: Cole (Hrsg.), Change and the Entrepreneur, 1985, 20 (24-29).

[21] Genau diesem Prinzip folgt die open-source Bewegung. Aus einem Quellcode entstehen viele, niemals identische Produkte. Die Wertschöpfung verschiebt sich auf zusätzliche Dienstleistungsangebote.

Gebrauch gehen. Denn ein Begriff allein sagt uns nicht viel: Begriffe und die mit ihnen bezeichneten Konzepte sind der sprachliche Vordergrund, der ohne einen historischen Hintergrund und einen (aktuellen) diskursiven Rahmen nicht zu haben ist. Die Metapher des Hintergrundes verweist auf die Einbettung eines Begriffes in ein semantisches Netz, eine Begriffsgeschichte und somit in die zuvor bereits vorgestellten Denktraditionen. Diese Verbindungen sind, aus kulturtheoretischer Perspektive, weder willkürlich noch vernachlässigbar. Solche Bedeutungsnetze – selbst ein wesentlicher Bestandteil dessen, was wir Kultur nennen – sind in mehrfacher Hinsicht wichtig. So gilt es zu fragen, wann ein Begriff Verbreitung findet, wann er Prominenz erlangt, und welche gesellschaftlichen Themenkonjunkturen dafür verantwortlich sind. Kurz: Mit welchen gesellschaftlichen Werthaltungen *resoniert* der Begriff der Innovation, dass er eine solch zentrale Stellung gewinnt, und welche Bedeutung trägt er heute – in unserer Gegenwartsgesellschaft?[22] Was sind die Motive und Interessen hinter seinem Gebrauch? Aus welchen Gründen, so gilt zu fragen, ist Innovation heute so allgegenwärtig?

## 3.1 Begriffsverwendung und Konnotationen

Ein Begriff von der Omnipräsenz wie jener der Innovation, vermag manchmal mehr zu verschleiern, als er zu benennen im Stande ist. Dies ist auch auf die in diesem Zusammenhang anzutreffenden, unterschiedlichen Diskursarenen zurückzuführen. Einerseits ist da die (i) vornehmlich ökonomische Verwendung, welche mit Innovation vor allem auf wirtschaftspolitische und wirtschaftsrechtliche Steuerungsmaßnahmen beziehungsweise technisch-materiale Produktionsprozesse abstellt, und Innovation mit der Rahmung unternehmerischen Erfindergeistes, Managementmethoden und wirtschaftlichen Vorteilen versieht (technisch-ökonomisches Verständnis). Andererseits existiert ein (ii) gesamtgesellschaftliches Interesse das Neue betreffend, welches ein rein materiales beziehungsweise marktorientiertes Verständnis übersteigt (gesellschaftliche Innovation). Hierauf beziehen sich die politischen und publizistischen Debatten um die Zukunft unserer Gemeinwesen, also all jene Aushandlungsprozesse, die das Insgesamt sozialer Entwicklung betreffen – wie etwa die Debatte um neue Parameter wirtschaftlichen Wachstums, die zukünftigen Arrangements institutionalisierter gesellschaftlicher Solidarität, demokratietheoretische Auseinandersetzungen betreffend politische Partizipation, und viele mehr.

Doch egal in welchem Zusammenhang, *innovativ* ist in unseren Tagen ein adelndes Attribut. Linguistisch betrachtet handelt es sich um einen Sprachakt, der

[22] Eine umfassende wissenssoziologische Analyse – also etwa die Klärung von Fragen nach der geschichtlichen Konjunktur des Innovationsbegriffes, historischen Zyklen der Innovationsmehrung sowie die Frage, ob und warum dieselben Innovationen bisweilen zeitgleich an unterschiedlichen Orten aufzutreten scheinen – kann im Rahmen dieses kurzen Beitrags nicht geleistet werden. Dies bedürfte zudem eine weitere Begriffsbehandlung des Innovationsbegriffes als „soziale Innovation“, welche hier aber nicht im engeren Sinne Gegenstand der Ausführungen ist. Vergleiche hierzu Ogburn, Social Change. With Respect to Culture and Original Nature, 1923.

*empfiehlt* was er *beschreibt.*[23] Eine Innovation ist – einmal abgesehen von der Entwicklung der Arten – kein natürliches Geschehen, kein Ding an sich, sondern immer abhängig von ihren sozio-kulturellen und damit auch historischen Randbedingungen. Etwas, dass in einer Zeit als Innovation gilt, mag zu einem anderen Zeitpunkt als solche nicht erkannt werden. Dieser Umstand impliziert jedoch, dass im Rahmen der Diskussion von Innovation eine analytische von einer normativen (im Sinne von *wertend*) Dimension kaum getrennt werden kann. Die Zuweisung des Charakters *innovativ* hängt also letztlich davon ab, was eine bestimmte soziale Gruppe (Management, Konsumenten, Interessensverbände, „die Gesellschaft") als wünschenswert erachtet.[24] Darin liegt auch der Grund, warum heute vieles als *innovativ* gelten will, soll heißen: neuen Nutzen versprechen, neuen Absatz, neue Distinktion – für den Produzenten, wie für den Anwender. Die semantische Nähe zur *Erfindung* und *Verbesserung*, zu Genialität und Expertentum stattet die Rede vom Innovativen immer bereits mit dem Erstrebenswerten und Werthaltigen aus.

Das war nicht immer so: Geschichtlich war der *Novator* eine eher verdächtige Person.[25] Wie in anderen kulturellen Traditionen heute noch der Fall, war eine Innovation im vormodernen Europa etwas potenziell Bedrohliches, da sie stets die Gefahr mit sich brachte, die angestammte Ordnung durcheinander zu bringen.[26] Heute scheint es genau umgekehrt zu sein: Kein Supermarktjoghurt auf dem nicht ein „jetzt neu und noch besser" prangt, keine politische Sonntagsrede, in der nicht von Wettbewerbsvorteilen qua Innovation die Rede ist. Innovation ist heute in einer Weise positiv konnotiert, dass seine inflationäre Verwendung wenig überrascht. Innovativ zu sein, ist eine Auszeichnung, die sich jeder gerne auf die Fahnen schreibt.

Konstruiert man eine semantische Reihe des Innovationsbegriffs, so firmiert dieser neben *Wohlstand, Wachstum,* neben *Fortschritt und Kreativität,* neben *Genialität, Neuheit, Erleichterung und Komfort, neben Zukunft* und dem *„schönen Leben"*. Innovation bildet damit einen Bestandteil *utopischen Denkens*, und markiert einen weiteren zentralen Zusammenhang von Innovation und Kultur. Man kann diesen Zusammenhang auch als die *metaphorische Qualität* von Innovation bezeichnen, da hier Innovation mittelbar für ein Bündel an Bedürfnissen und Sehnsüchten, Wün-

---

23 Broman, Some Preliminary Considerations on Science and Civil Society, Osiris, 17/2002, 5.

24 Dazu ein aktuelles Datum: In der historischen Statistik der *New York Times* welche häufig verwendete Termin in den *State of the Union*-Ansprachen der US-Präsidenten erhebt, kommt der Wortstamm „innovate" in der Rede des Präsidenten Obama 2011 elf Mal vor, und erreicht damit seine häufigste Verwendung seit Beginn der Aufzeichnungen, http://www.nytimes.com/interactive/2011/01/25/us/politics/state-of-the-union-words-used.html?hp?src=ISMR_AP_LO_MST_FB (Stand 26.01.2011).

25 Godin, Innovation: The history of a category, Paper 1, Project on the intellectual history of innovation.

26 Domenico Scandella, genannt Menocchio, musste dies im 16. Jahrhundert am eigenen Leib erfahren. Er war einer der wenigen seiner Zeit, die der *innovativen* Kulturtechnik des Lesens mächtig waren. Und so spann er sich aus dem eklektischen Mix der damals verfügbaren Bücher eine eigene, wirre Kosmologie zusammen, in der der herrschende Klerus sofort eine Gefahr erkannte. Dafür wurde Menocchio schließlich auf dem Scheiterhaufen verbrannt. Vergleiche hierzu: Thompson, The Media and Modernity, 1995.

schen und Projektionen steht. Solche haben durchaus faktische Auswirkungen, die bis tief hinein in politische Programme und regulatorische Agenden reichen. Auf EU-Ebene waren dies zum Beispiel die Lissabon-Ziele, die ein – im Nachhinein betrachtet – utopisches Ziel formulierten. Die damit in Verbindung stehenden Reformen des Bildungs- und Wissenschaftssystems, sowie die – längst nicht abschließend ausgetragenen – politischen Verteilungskämpfe unter dem Titel der Zukunftssicherung sind jedoch nicht rein theoretische Ereignisse. Innovationsdiskurse können also durchaus realpolitische Auswirkungen haben.

Ähnlich dem Leitmotiv der Moderne – *Fortschritt* – drückt sich im Begriff der Innovation ein zentraler Wert und Desiderat der modernen Wissensgesellschaft aus. Es lässt sich beobachten, dass Innovation in unseren (spät)modernen Gesellschaften an die Stelle dieser klassischen Maxime getreten ist. Während letzterer zugleich einen telelogischen Bestandteil der Entwicklung hin auf ein letztes Ziel in sich trug, so verlagert Innovation diese Semantik auf eine andere kulturelle Ebene. Die positive Konnotation von Innovation liegt in ihrem Versprechen die Dinge besser zu machen – effizienter, profitabler, komfortabler. Doch während der Begriff *Fortschritt* diese Desiderata noch auf einer gesamtgesellschaftlichen, kollektivierenden Ebene zu erzielen trachtete (*die* Nation, *die* Menschheit), legt Innovation solche Kollektivismen ab. Sie steht für eine enger umschriebene Qualität des Neuen, und privatisiert und ökonomisiert den Fortschritt gleichsam, ohne ihr Heilsversprechen – meist gemünzt auf *das Unternehmen* oder *den Verbraucher* aufzugeben. Auch weiterhin wird Innovation gerne in politischen Reden zur Zukunft eines Landes, einer Region oder eines Unternehmens beschworen, aber ohne den ideellen Ballast von einst. Zugleich ist dieser Verwendung eine stark präskriptive Qualität zu eigen, denn Innovation ist eine Notwendigkeit, ein wesentlicher Bestandteil der Steigerung des allgemeinen Wohlstandes und eine *conditio sine qua non* des wirtschaftlichen Überlebens. Insofern bettet sich die hier beobachtete Wandlung der diskursiven Qualität von Innovation in das Bild des globalen Wettbewerbs, der neuen Mobilität und der umfassenden Vernetzung der heutigen Welt ein. Das scheinbar abgenutzte Konzept des *Fortschritts* wird zugunsten des frischeren *Innovation* abgelegt, und dient dabei im Wesentlichen demselben kommunikativen Zweck. Beider grundlegende Idee scheint ideologisch tief verwurzelt in der Moderne, die das Neue immer schon über das Alte gestellt hat.

## 3.2 Das Neue im Alten et vice versa

Doch zugleich bringt die notwendige Einbettung des Neuen im Alten den Umstand mit sich, dass die von einer Innovation in Anspruch genommenen Attribute tief in historischen, kulturellen Kategorien eingebettet liegen. Dies legt für die analytische Betrachtung von Innovation nahe, diese als besondere Form des Wissens zu entwerfen; ein Wissen geformt von den Werten und Normen einer Kultur, zugleich aber sich abhebend von den Gewissheiten und Routinen des Bestehenden. Eine jede Betrachtung von Innovation muss daher danach fragen, was denn das Neue, was ihr Mehrwert eigentlich ist, und im Rahmen welches Bewertungsschemas dieser festgestellt werden kann. Spätestens hier offenbart sich die oft nicht-explizierte Normativität von Innovation. Angesichts dieser situativen und beurteilungsabhängigen Gestalt des Innovativen, drängt sich der Verdacht auf, dass etwas *grundlegend* Neues in seiner Neuheit eventuell weder erkannt noch geschätzt werden würde, da es sich zu stark von bestehenden Bewertungs- und Zuschreibungsmustern entfernt hätte. Eine solche Innovation, die sich auf umfassende Weise dem bestehenden Korpus an Ideen, kulturellen Kategorien und Symbolsystemen entzieht, würde wohl weniger als Innovation gepriesen, denn schlicht nicht erkannt werden.[27]

Zugleich tritt eine weitere paradoxe Qualität des Innovativen hervor. Denn: eine Innovation kann ihre Identität nur dadurch gewinnen, dass sie sich vom *status quo* abhebt. Anders gefasst: *Innovation* ist von *Imitation* beziehungsweise von *Stagnation* begrifflich abhängig. Sie würde als Begriff ohne ihr semantisches Gegenteil schlicht keinen Sinn machen. Schon allein aus diesem Grund ruht das (scheinbar) Innovative immer in einem ideellen Repositorium des Bestehenden – und gewinnt sodann seine Konkrete Form in der (scheinbaren) Abweichung davon durch konkrete Schöpfungs- und Rezeptionsprozesse. Sosehr also die Identität des Neuen in der Alterität vom Vorhandenen besteht, stellt sich immer auch die Frage nach der substanziellen Originalität des Neuen.

Dass bedeutet einerseits, dass wir die Ursprünge des Neuen im Bestehenden suchen müssen, andererseits, dass sich das Bestehende – hier also Kultur im weitesten Sinne – im Neuen in ausreichendem Maße wiederfinden muss. Einer der ersten, der dies erkannte, war der bereits eingangs erwähnte französische Soziologe Gabriel Tarde, für den das zentrale Merkmal menschlichen Lernens und sozialer Organisation aus *Imitation* bestand.[28] Unsere gegenwärtige Innovationsfixierung lenkt von dem Umstand ab, dass auch unser heutiges Leben von Repetition, Routine und Imitation wesentlich umfassender bestimmt ist, als von innovatorischem Handeln. Innovation ist demgemäß immer der Sonderfall einer ansonsten recht homologen gesellschaftlichen Veranstaltung. Dass uns dieser Gedanke trifft, kann selbst wiederum als Indikator für unsere Innovationsverliebtheit gelten.

## 3.3 Innovation als kognitive Verdrängung

An dieser Stelle muss der eben aufgeworfenen Frage nachgegangen werden, wie angesichts der paradoxen Verschränkung des Alten mit dem Innovativen qualitativ *Neues* überhaupt möglich ist? Wir alle leben in einer Alltagswirklichkeit, dies sich zumeist durch die – wie auch immer variierte – Beständigkeit des Seienden auszeichnet. Alltag ist Routine – das ist seine Funktion. Alltägliches Wissen entlastet die weltoffene Natur des Menschen, und verwandelt die Vielfältigkeit der natürlichen und sozialen Erscheinungen erst in ein handhabbares Ganzes – darauf hat uns nicht zuletzt eine Vielzahl wissenssoziologischer Studien hingewiesen. In diesem Sinne steht Kultur auch für strukturelle Trägheit. Sie stellt auf Dauer, was wir zur Orientierung in der uns vertrauten Welt brauchen: wie man sich in der Familie,

---

[27] Vergleiche hierzu die Unterscheidung von inkrementeller und radikaler Innovation bei Braun-Thürmann (Fn. 9), 42. Hier ist vornehmlich letztere Gattung gemeint.

[28] Tarde (Fn. 7).

wie an öffentlichen Orten verhält; wie man mit anderen in Interaktion tritt; auf welche Weise man seine Bedürfnisse stillt, u.v.m. Vor diesem Hintergrund muss man danach fragen, wie neu eine Innovation sein darf, um Erfolg zu haben? Diese zunächst vielleicht kontra-intuitive Frage wird relevant, wenn man sie in den Kontext individuellen Lernens stellt, eines Prozesses also, dessen Schwierigkeit und Langwierigkeit weithin bekannt sind.

Innovieren bestünde dann nicht zuletzt aus einer Gratwanderung zwischen *zu viel* und *zu wenig* Neuheit, einem Balanceakt zur Sicherung eines bestimmten Grades an *Wiedererkennbarkeit*. Innovation steht also begrifflich zwischen einer Verwurzelung im Bestehenden, und dem Novum, also einem – im besten Fall – ansprechenden Mehrwert. Eine Innovation, so steht zu vermuten, muss einen bestimmten Grad an konzeptueller Wiedererkennbarkeit aufweisen, da sie sonst jenseits von Begriff und Bedarf schlicht nicht auf fruchtbaren Boden fallen kann.

Aus dieser wissenssoziologischen Perspektive kann man Innovation im Sinne Donald Schöns als *displacement of concepts* verstehen.[29] Es handelt sich dabei um einen graduellen Prozess, bei dem ein existierendes Konzept (also eine kognitiv-begriffliche Kategorie, eine Idee) zu einem metaphorischen Rahmen eines neuen Phänomens wird. Bestehendes Wissen wird durch neues gleichsam *verdrängt*, beziehungsweise ersetzt. In diesem Prozess verändern sich beide: der eingeführte, unproblematische Begriff, als auch der Charakter des Novums. Die Innovation solcher grundlegender Konzepte, die quasi als Verständnis*rahmen* für das Neue dienen, liegt somit zwischen einem glatten Bruch mit dem Bestehenden einerseits, und dem Verharren in alten Erklärungsroutinen andererseits. Auf diese Art lässt sich ein *epistemologischer Schock* vermeiden, der Individuen wie Organisationen dann heimsucht, wenn bisherige Prozeduren und Entscheidungsprogramme mit einem Mal in Frage gestellt werden. Es kommt zu einem Wechsel von alten Konzepten zu neuen Situationen, vermittelt durch unvorhergesehene Erfahrungen oder unerklärbare Phänomene. Mithilfe eines bestehenden Erklärungsmusters vermag eine solche kognitive Herausforderung metaphorisch gefasst zu werden, und dient als semantische Landungsbrücke auf dem Weg zu einem neuen Verständnis. Nach Schöns Theorie kann diese Art des Lernens als Substitutionsprozess verstanden werden, in dem ein neues Verständnis ein traditionelles ersetzt, ohne dass wir in unserem grundlegenden Verständnis der Dinge erschüttert werden. Was Schön hier beschreibt, ist ein grundlegender *Lernprozess* – auf individueller, wie auf gesellschaftlicher Ebene. In dem Maße, wie sich die Metapher verändert, wird die neue Erfahrung langsam vertrauter, behält jedoch den Charakter der Neuheit bei, während sich ihre Eigenheiten dem Betrachter Stück für Stück erschließen.

## 4. Innovation und Wissen

Angesichts der bisher erarbeiteten Aspekte von Innovationshandeln ist die gängige, heute vornehmlich betriebswirtschaftliche Literatur hinsichtlich der Möglichkeitsbedingungen von Innovation ergänzungsbedürftig. Innovation erscheint auch in

---

[29] Schön, The Displacement of Concepts, 1963.

diesem Zusammenhang als individuell wie sozial hoch voraussetzungsvoll. Dies gilt heute umso mehr, als der zwischenzeitlich vor allem ökonomisch-technische Kontext des Innovationsdiskurses sich auf alle anderen gesellschaftlichen Felder ausweitet. Arbeits- und urheberrechtliche Debatten spielen dabei ebenso eine Rolle, wie bildungspolitische Maßnahmen oder Fragen des Konsumentenschutzes. Angesichts der bislang erörterten Spezifika ist die oft angeführte doppelte Innovationsvoraussetzung der (i) technologischen Möglichkeit und der (ii) privaten Aneignung der resultierenden Einkünfte keine hinreichende Bedingung für innovatives Handeln oder innovative Produkte.[30] Dass auch im mikroökonomischen Kontext des Innovationsmanagements – an der Schnittstelle von Organisationssoziologie und Managementtheorie – der Herstellung von Rahmenbedingungen für Innovation großes Interesse geschenkt wird, verdeutlicht diesen Umstand.

Aus privatwirtschaftlicher Perspektive geht es im Zusammenhang mit neuem, inkrementellem Wissen freilich um dem Versuch, sich jene Rendite zu sichern, die aus der Entwicklung und dem Einsatz von Innovationen gewonnen werden kann. Jeder Wettbewerber trachtet danach, zumindest auf Zeit exklusiv von solchen Wissenszuwächsen zu profitieren, und die Kontrolle über dieses Wissen möglichst lange zu behalten.[31] Innovation wird ermöglicht durch die Akquisition neuen Wissens, und der Kontrolle – also auch den Schutz – desselben. Für die Hervorbringung aber auch den Erfolg von Innovationen müssen, wie angesichts der bisherigen Ausführungen deutlich geworden sein sollte, die relevanten Rahmenbedingungen jedoch weiter gesteckt werden. Der Fokus auf Anreizstrukturen muss um kulturelle sowie kognitive Voraussetzungen ergänzt werden. Auch kann Innovation nicht allein auf Basis endogener Faktoren erklärt werden – ihre Wurzeln transzendieren Grenzen zwischen Gesellschaftsbereichen (z.B. zwischen Wirtschaft, Politik und Bildung) ebenso, wie zwischen Nationalstaaten. Sofern nunmehr der Innovationsbegriff von den häufig anzutreffenden individualistischen, technizistischen und ökonomistischen Engführungen befreit wurde, stellt sich die grundlegende Frage: Welche Art von *Wissen* verkörpert sich in innovativem Handeln?

Auf Basis der kulturellen Einbettung allen Wissens, sowie des relationalen Charakters des Neuen, erwächst Innovation immer vor dem Hintergrund und in Verbindung mit bestehenden gesellschaftlichen Gegebenheiten. Wissen wird in diesem Zusammenhang in doppelter Hinsicht zu einem zentralen Bestandteil der Bestimmung und Hervorbringung von Innovation: zunächst können die zuvor besprochenen kulturellen Rahmen von Innovationshandeln selbst unter dem Begriff gesellschaftlichen Wissens subsumiert werden. Als relationales Konzept ist Innovation demnach ein Prozess auf Basis kultureller und sozialer Umgebungsvariablen (siehe Abschnitt 1).

Für unsere heutige Gesellschaft spielt dabei, mehr als in früheren Gesellschaftsformationen, die *Anwendung von Wissen auf Wissen* eine entscheidende Rolle.

---

[30] Dosi, in: OECD (Hrsg.), Employment and Growth in the Knowledge-Based Economy, 1984, 1 (88 f.).

[31] Geroski, in: Stonemann (Hrsg.), Handbook of the Economics of Innovation and Technological Change, 1995.

Diese Reflexivität des Wissens in der modernen Gesellschaft bedingt, dass die Gestaltung des individuellen Lebens wie der gesamtgesellschaftlichen Debatte heute im Bewusstsein der Kontingenz stattfindet. Gerade in diesem Rahmen des „Gemacht-seins" der modernen Welt spielt Innovation fraglos eine zentrale Rolle, ruht auf ihr doch die sich stets erneuernde Hoffnung auf die Schaffung eines besseren Lebens. Führen wir an dieser Stelle also den gesellschaftstheoretischen Hintergrund der Wissensgesellschaft[32] ins Treffen – und mit ihm jenen einer wissensbasierten Ökonomie[33] –, dann ist der Begriff des Wissens als wesentliches Merkmal der heutigen Gesellschaftsformation zentral gesetzt.

## 5. Klugheit als Quelle innovativen Handelns

In einer Wissensgesellschaft, in der Wissen insgesamt als Ordnungsprinzip der Gesellschaft bedeutend wird, gilt es jedoch eine ganze Reihe von Wissensarten zu beachten. Diese sind auf jeweils spezifische Weise mit der Entstehung einer Wissensgesellschaft und -ökonomie verbunden. Formale Bildung, naturwissenschaftliches und technisches Wissen, lebenslanges Lernen, und viele andere Konzepte deuten die heutige Zentralität von Wissen an. Im gegenständlichen Zusammenhang der gesellschaftlichen Innovationsfähigkeit scheint jedoch eine Größe besonders wichtig, der gemeinhin wenig Beachtung geschenkt wird: die Wissenheit, oder Klugheit.[34] Damit ist ein reflexives oder theoretisches Wissen gemeint, ein Wissen über Wissen. Klugheit, im hier verwendeten Sinn, bezieht sich auf ein Bündel von Kompetenzen, von denen man annehmen kann, dass sie in der Wissensgesellschaft angewachsen sind. Diese Wissenheit sollte nicht mit dem „gesunden Menschenverstand" verwechselt werden. Sie umfasst soziale und kognitive Fähigkeiten, die insgesamt das Vermögen mit sich bringen, umfassender über sein eigenes Leben zu bestimmen. Innovation erlangt somit auch aus gesellschaftstheoretischer Sicht neue Relevanz: Je unmittelbarer die Möglichkeiten auf die Beschaffenheit der sozialen und natürlichen Umwelt einzuwirken, desto wichtiger wird die Frage nach den Voraussetzungen individuellen Handelns.[35] Wissenheit ist die kognitiv-konative Entsprechung des individuellen Handlungsvermögens in einer freiheitlichen, demokratischen Gesellschaft, in der das aufklärerische Ziel eines gebildeten und informierten Staatsvolks eine stete gesellschaftliche Bemühung darstellt. Man könnte sie als die Möglichkeit von Akteuren – insbesondere von Individuen und Gruppen außerhalb der traditionellen gesellschaftlichen Institutionen – identifizieren, ihre Anliegen effektiv zu kommunizieren, sich Gehör zu verschaffen und somit nicht zuletzt Innova-

---

[32] Auf die Debatte um die Wissensgesellschaft als einem der wichtigsten zeitgenössischen Theorieangebote der Gesellschaftstheorie kann hier nicht eingegangen werden. Siehe hierzu u.a. Bell, The Coming of Post-Industrial Society: A Venture in Social Forecasting, New York, 1973; Stehr, Arbeit, Eigentum und Wissen. Zur Theorie von Wissensgesellschaften, 1994.

[33] Stehr/Moldaschl (Fn. 3).

[34] Im Englischen spricht man von *knowledgeability*.

[35] Eine klassische Studie in diesem Zusammenhang ist freilich Ulrich Becks Risikogesellschaft, 1986.

tionsprozesse anzustoßen.[36] Auch die klassische Innovationsforschung erkennt diese *bottom-up* Dynamik, wenn sie sich zum Beispiel mit der Innovationsfähigkeit von Endverbrauchern beschäftigt und die konkrete Verwendung und das Feedback direkt in Neuentwicklungen und inkrementelle Innovationen einfließen lässt.[37] Wenn man versucht dieses Bündel an Fähigkeiten zu entwirren, dann stößt man auf Befähigungen, die in bestimmten Kontexten jeweils spezifische Form annehmen. Im gegenständlichen Fall können sie als kulturelle Merkmale der Möglichkeit von Innovation in der Wissensgesellschaft gelten, die es ermöglichen, etablierte Routinen und Muster zu suspendieren, sodass neue Ideen und Handlungsweisen erst gedeihen können. Einige davon sollen hier abschließend kurz vorgestellt werden.

1. *Die Fähigkeit Handlungsspielräume zu erkennen und zu nutzen*
   Sowohl soziale als auch legale Normen und Regularien, die gewöhnliches und außergewöhnliches soziales Verhalten anleiten, lassen meist Platz für die Ausschöpfung von Interpretationsspielräumen. So erlaubt diese Fähigkeit das Auffinden und Ausnützen relativer Vorteile. Das ist z.B. im Bereich des Steuerrechts, bei Investitionen, im Bildungsbereich und Lebensunterhalt zu beobachten. Diese *Findigkeit* aus standardisierten Abläufen zu entkommen ist einer der Kernbereiche des Innovierens. Sie verweist zudem auf die Relationalität als auch die zeitliche Befristung relativer Vorteile.

2. *Die Möglichkeit zu sprechen und zur Partizipation*
   Wissenheit erstreckt sich auch auf die Fähigkeit sich und seinen Positionen Gehör zu verschaffen und wirkungsvoll an der jeweiligen Agenda mitzuwirken, sei es im Rahmen politischer Prozesse, am Arbeitsplatz oder in anderen sozialen Gruppen. Nur wer eine Stimme hat, kann durch seinen Dissens weitere Aushandlungsprozesse anregen, die wiederum dazu angetan sind, bestehende Routinen zu unterbrechen. Das gilt für das Alltagsleben ebenso, wie für die Möglichkeit von Laien, in Expertendiskursen zu partizipieren. Nur so ist es möglich die angebliche Faktizität von Diskursen herauszufordern, Diskurse, die ja immer bestimmte Praktiken sozial und politisch legitimieren.

3. *Die Fähigkeit Widerstand zu mobilisieren*
   Die Möglichkeit effektiv Paroli zu bieten ist ein weiterer wichtiger Bestandteil der stratifizierenden Eigenschaften von Klugheit. Die gewichtigen Positionen und Interpretationen der politischen Sphäre, von großen Unternehmen oder Experten zu konterkarieren ist wesentliche Voraussetzung der Unterbrechung von routinemäßigen Abläufen und der Fortschreibung des Bestehenden.

4. *Die Möglichkeit verschiedene Wissensformen zu mobilisieren*
   Die Fähigkeit sich Zugang zu verschiedenen Wissensformen und -bereichen auch anderer gesellschaftlicher Felder zu verschaffen stellt in einer hoch ar-

---

[36] Diese neuen Gestaltungsmöglichkeiten beziehen sich nicht allein auf die politisch-demokratische Teilhabe, sondern erstrecken sich auch auf die Rolle des Individuums als Wirtschaftssubjekt. Siehe Stehr, Die Moralisierung der Märkte, 2007.

[37] von Hippel (Fn. 13).

beitsteiligen Gesellschaft eine besondere Ressource dar. Hinsichtlich dieser Fähigkeit erlangen Formen der inter- oder transdisziplinären Bildung besondere Bedeutung. Die Literatur zum Innovationsmanagement spricht in diesem Zusammenhang von „communities of practice“[38] als Nukleus der Innovation, also einer temporären Gruppe, die zwischen wissenschaftlicher Forschung und Anwendungsorientierung und zwischen fachlichen Disziplingrenzen an konkreten Entwicklungen kooperiert.

Die wachsende Wissenheit der Akteure in modernen Gesellschaften, die langfristige und demokratische Ausweitung der angeführten Kompetenzen, bildet die Grundlage zur Selbstorganisation in Gruppen, sei es in ihrer Rolle als Konsumenten, Angestellte, Studenten oder Bürger, und viele mehr. Daraus erwachsen Innovationen in vielen sozialen und wirtschaftlichen Kontexten, wie etwa Selbsthilfegruppen, Privatschulen, innerbetriebliche Projektteams, Sozialunternehmen, Hilfsorganisationen, Bürgerinitiativen oder Internet-Startups. Sowohl technologisch-ökonomische als auch soziale Innovation bedarf des Handlungsfreiraums und des Austausches von objektiviertem wie personengebundenem (impliziten) Wissen.

## 6. Conclusio: Implikationen des Innovationsbegriffes

Eine Innovation stellt sich als kulturell hoch voraussetzungsvolles Phänomen dar. Denn was als Innovation gilt, verdankt sich nicht allein den Eigenschaften oder der Verwendung einer praktischen Neuerung – also einem Geschehen, welches man als *substantielle* oder *objektive* Innovation bezeichnen könnte. Ihr Erfolg ist in großem Maße von der sie umgebenden Kultur, deren Werten und Moden abhängig. Den Umstand, dass eine Innovation erfolgreich adoptiert werden muss, macht letztlich jede Innovation zu einer *subjektiven und sozialen* Innovation: Subjektiv, weil sie ein grundlegend relationales Geschehen darstellt, welches auf der Rezeptionsebene realisiert wird; und sozial, weil Innovation nur im Rahmen kultureller Wissensvoraussetzungen geschaffen werden kann. Von ihrer kulturellen Passung hängt sodann auch ihr Erfolg ab. Wenn eine Invention oder Re-Kombination nur dann als Innovation gilt, wenn Sie erfolgreich implementiert wurde, dann ist der Kern des Zusammenhanges von Innovation und Kultur in dieser Notwendigkeitsbedingung zu verorten. Diese *ex-post-facto* Verfasstheit einer Innovation ist sodann unmittelbar und untrennbar an ihre Resonanz im sozialen und kulturellen Feld gebunden. Die falsche Idee zu falschen Zeit, ein tolles Produkt ohne Käufer, eine effiziente Technologie ohne Nutzer, ein politisches Programm ohne Wähler – sind allesamt zum Scheitern verurteilt. Kultur bildet somit sowohl den *Ursprung* dessen, was als Innovation hervorgebracht werden kann, als auch den *Rahmen* des Zusammenhanges in dem sich eine Innovation als erfolgreich erweisen muss. Dieses Prinzip ist auch in konkreteren Kontexten gültig, sei es im Rahmen technisch-ökonomischer oder subkulturell-gruppenspezifischer Innovation.

[38] Wenger, Communities of Practice and Social Learning Systems, Organization 7/2, 2000, 225 ff.

Zugleich wurde argumentiert, dass unsere Gegenwartsgesellschaft, in ihrer Manifestation als Wissensgesellschaft, wie keine vor ihr Innovation als Mantra der ständigen Optimierung eines selbstgestalteten Lebens zur Notwendigkeit erhebt. Doch egal welche Art von Innovation man betrachtet, sie bleibt letztlich ein schlecht prognostizierbares, wenig steuerbares Phänomen, dem eine gewisse erratische Qualität anhaftet. Zwar kann man, wie zuvor versucht, einige Voraussetzungen für innovatives Handeln identifizieren, man kann es aber nicht erzwingen. Im größeren sozialen, wie im engeren unternehmerischen Kontext steht man vor dem Problem, dass man die notwendige *externe* Kreativität nicht managen kann.

Aus kulturwissenschaftlicher Perspektive sind diese scheinbar *erratischen* Bestandteile von Innovationen somit letztlich als wesensimmanent aufzufassen. Denn wenn in einer Innovation über das bestehende Wissen, über die traditionellen Handlungs- und Denkweisen hinausgegangen wird, dann bedeutet dies zugleich, dass wir nicht *ad hoc* über den begrifflich-konzeptionellen Apparat verfügen, das Neue kognitiv abzubilden. Das bedeutet eben auch, dass wahrhaft Neues nicht antizipiert werden kann. Insofern scheint Skepsis gegenüber Versuchen angebracht, mittels einer allgemeinen Theorie der Innovation ihren Gegenstand überzeitlich manipulierbar zu machen. Eine Theorie der Innovation ist aufgrund der Kontextualität des Geschehens immer an ihr jeweiliges Feld, an einen Phänomenbereich oder Problemzusammenhang gebunden. Eine allgemeine Theorie der Innovation, die unseren sozialen, ökonomischen oder juristischen Umgang mit Innovation überzeitlich anzuleiten vermag, scheint ebenso unwahrscheinlich wie eine generelle Theorie des (sozialen) Lebens selbst.

Was bedeutet dies für die umfassendere Perspektive der „Herausforderung Innovation"? Zwei Aspekte gilt es – gleichsam als Addendum zu den allgemeinen Betrachtungen – besonders hervorzuheben.

Trifft, erstens, der Umstand zu, dass Innovation dort gedeiht, wo Routinen und Demarkationen, in und zwischen Akteuren, Branchen und Wissensfeldern, gelockert oder aufgelöst werden, dann stellte dies ein Argument für mehr Liberalität im Umgang mit bestehendem, eben auch proprietärem Wissen dar. Nur so erwächst, angesichts des nicht zu antizipierenden Charakters des Neuen die Chance auf mehr Innovation. Ein nicht zu unterschätzender Aspekt ist hierbei die in diesen Ausführungen nicht explizit angeführte Kategorie der Anreize. Auch die Anreizstrukturen scheinen sich in unserer pluralistischen Gesellschaft zu diversifizieren, was zugleich bedeutet, dass bisher erfolgreiche Modelle eventuell ergänzt werden müssen, will man nicht jene gesellschaftlichen Felder und Akteure übersehen, die nicht mehr ausschließlich entlang von eng umschriebenen Nutzenkalkülen arbeiten.

Als zweiten Diskussionsvorschlag gilt es die zuvor erwähnte hohe Kontextspezifizität von Innovation als Prozess zu berücksichtigen. Das betrifft auch die jeweiligen Besonderheiten verschiedener Branchen, woraus man ein Gebot der differenzierten Regulierung ableiten kann. Eine solche jeweils gesonderte Bewertung bestimmter Güter gibt es ja längst (man denke an das duale Mediensystem), und diese wird in Zukunft eventuell besser im Stande sein, Innovation nach den spezifischen Kriterien des jeweiligen Feldes zu unterstützen.

Alle fachspezifische Kontemplation von Innovation kann jedoch einer grundlegenden Frage nicht zuvorkommen. Denn der Steuerungsbedarf, der sich aus der Rolle von Innovation für Wissensgesellschaft und -ökonomie ergibt, ist ein vornehmlich politischer. Letztlich ist der Gesetzgeber in der Pflicht den Rahmen einer Innovations- und Wissenspolitik zu setzen, wobei er dabei heute um dezidierte Grundsatzentscheidungen nicht umhin kommen wird.

# Innovationsrelevante Regeln des allgemeinen Zivilrechts und ihre Innovationswirkung

*Jan Eichelberger**

## Abstract

*Innovatorisches Verhalten, verstanden als Entwicklung und Einführung von Neuerungen, wird geprägt von der umgebenden Rechtsordnung. Diese kann – etwa durch die Gewährung von Ausschließlichkeitsrechten für innovatorische Leistungen – Anreize zu innovatorischem Verhalten geben; sie kann solches aber auch hemmen, beispielsweise durch Überregulierung. Nachfolgend wird der Frage nachgegangen, welchen Einfluss das allgemeine Zivilrecht auf innovatorisches Verhalten hat. Am Beispiel des Haftungsrechts wird untersucht, welche Auswirkungen bestimmte Rechtsregeln auf die Durchführung von Innovationsprozessen haben, wann diese hemmend wirken, wann fördernd. Dabei wird gezeigt, dass Haftungsregeln in Abhängigkeit von ihrer konkreten Ausgestaltung in beide Richtungen wirken können. Drohende Haftung steht einer Innovation nicht per se entgegen, sondern kann in bestimmten Konstellationen sogar Anreiz zu innovatorischem Verhalten geben.*



* Dr. iur., LL.M.oec., wissenschaftlicher Mitarbeiter am Gerd Bucerius-Lehrstuhl für Bürgerliches Recht mit deutschem und internationalem Gewerblichen Rechtsschutz an der Friedrich-Schiller-Universität Jena.

# 1. Einführung

„Innovation" ist seit einiger Zeit ein – nicht nur politisch[1] – beliebter Begriff.[2] Innovation steht im Zusammenhang mit Fortschritt, Wachstum und Wohlstand.[3] Vor diesem Hintergrund liegt es nahe, sich mit der Innovationsrelevanz und der Innovationswirkung rechtlicher Regelungen auseinander zu setzen und damit in die rechtswissenschaftliche Innovationsforschung einzutreten.

## 1.1. Innovation und Innovationsforschung

Dazu ist vorab zu klären, was Innovation und Innovationsforschung in diesem Kontext bedeuten. Dies fällt nicht leicht, da Innovationsforschung unter ganz verschiedenen Blickwinkeln betrieben wird.[4] Während beispielsweise die wirtschaftswissenschaftliche Innovationsforschung insbesondere das Ziel verfolgt, den Entstehungsprozess von Innovationen – Invention, Innovation im engeren Sinne und Diffusion –[5] näher zu beleuchten,[6] rückt die sozialwissenschaftliche Technikforschung die Technikbewertung und Technikfolgenabschätzung[7] in den Fokus ihres Interesses. Die Verwaltungswissenschaft hingegen unternimmt den Versuch, die öffentliche Verwaltung fortzuentwickeln, dort innovative Prozesse zu installieren, sie fit für die veränderten Anforderungen zu machen.[8] Dagegen ist die rechtswissenschaftliche Auseinandersetzung mit Innovationsvorgängen eine recht junge Diszi-

---

1 S. nur die verschiedenen „Innovationsräte" auf Bundes- und Landesebene und „Innovationsoffensiven". Sogar ein Ministerium trägt inzwischen „Innovation" im Namen: das Ministerium für Innovation, Wissenschaft und Forschung des Landes Nordrhein-Westfalen, erreichbar unter der Internetadresse http://www.innovation.nrw.de/.

2 Kahl, Risikosteuerung durch Verwaltungsrecht: Ermöglichung oder Begrenzung von Innovationen, DVBl. 2003, 1105 (1106); Hauschildt, Facetten des Innovationsbegriffs, in: Hoffmann-Riem/Schneider (Hrsg.), Rechtswissenschaftliche Innovationsforschung, 1998, 29 ff.; Schulze-Fielitz, Instrumente der Innovationssteuerung durch Öffentliches Rechts – insbesondere im Umweltrecht –, in: Hoffmann-Riem/Schneider (Hrsg.), Rechtswissenschaftliche Innovationsforschung, 1998, 291 (293): „Modewort".

3 Bundesbericht Forschung und Innovation 2010 des BMWF, 18, abrufbar unter http://www.bmbf.de/de/12210.php (letzter Zugriff: 30. Mai 2011).

4 Hoffmann-Riem, Rechtswissenschaftliche Innovationsforschung als Reaktion auf gesellschaftlichen Innovationsbedarf, in: Eifert/Hoffmann-Riem (Hrsg.), Innovation und rechtliche Regulierung, 2002, 26 (27 f).

5 S. dazu u. bei Fn. 17 f.

6 Gabler Wirtschaftslexikon, 15. Aufl. 2000, Stichwort: Innovationsforschung.

7 Rammert, Technik aus soziologischer Perspektive, 1993, 9 ff.; Rammert, Technik aus soziologischer Perspektive 2, 2000, 14 ff.; Dierkes, Was ist und wozu betreibt man Technologiefolgenabschätzung?, in: Dierkes (Hrsg.), Die Technisierung und ihre Folgen: Zur Biographie eines Forschungsfeldes, 1993, 95 ff.; Dierkes, Möglichkeiten der Technologiefolgenabschätzung, in: Dierkes (Hrsg.), Die Technisierung und ihre Folgen: Zur Biographie eines Forschungsfeldes, 1993, 74 ff.; Bredeweg/Kowol/Krohn, Innovationstheorien zwischen Technik und Markt, in: Rammert/Bechmann (Hrsg.), Technik und Gesellschaft, Jahrbuch 7: Konstruktion und Evolution von Technik, 1995, 187 f.

8 Benz, Innovationsforschung als Gegenstand der Verwaltungswissenschaft, in: Hoffmann-Riem/Schneider (Hrsg.), Rechtswissenschaftliche Innovationsforschung, 1998, 121 ff.; ferner die

plin, deren Forschungsfeld noch weitgehend terra incognita ist und reichlich Raum für weitere Untersuchungen lässt.[9]

Diese unterschiedlichen Zielsetzungen der Innovationsforschung bringen es fast zwangsläufig mit sich, dass ein durchweg gemeinsames Begriffsverständnis von Innovation und Innovationsforschung in den verschiedenen Wissenschaftsdisziplinen unmöglich ist.[10] So wird in der Wirtschaftswissenschaft und der politischen Diskussion unter Innovation typischerweise die Entwicklung und Einführung neuer, meist technischer Produkte und Verfahren verstanden mit dem Ziel, diese gewinnbringend zu verwerten und Wettbewerbsvorteile zu erzielen.[11] Innovationen sind aber auch auf anderen Gebieten und zu anderen Zwecken denkbar, etwa bei der Intensivierung des Umweltschutzes und der Resourcenschonung, zum Zwecke der Aggregierung von Wissen im Interesse der Informations- und Wissensgesellschaft, bei Verbesserungen im medizinischen Bereich.[12] Innovationen können sich auf sämtliche Bereiche der Gesellschaft beziehen und unterschiedlichste Gegenstände technischer, naturwissenschaftlicher, aber eben auch sozialer, kultureller, politischer, gesellschaftlicher und schließlich auch juristischer Natur haben.[13]

Gemeinsame Basis aber dürfte sein, Innovation zunächst – ausgehend von der lateinischen Wortherkunft „innovatio", „etwas Neues schaffen"[14] – schlicht als Entwicklung und Einführung von Neuerungen zu begreifen.[15] Im allgemeinen Sprachgebrauch verbindet man „Innovation" und „innovativ" freilich meist unspezifisch mit neuen Ideen oder Erfindungen und insbesondere darüber hinausgehend mit Fortschritt und Verbesserung. Für die juristische Betrachtung spielt es dagegen zunächst keine Rolle, ob die Neuerung positiv oder negativ zu bewerten ist, so dass

---

zahlreichen Beispiele bei Böhret/Klages/Reinermann/Siedentopf (Hrsg.), Herausforderungen an die Innovationskraft der Verwaltung, 1987 sowie bei Hoffmann-Riem/Schmidt-Assmann (Hrsg.), Innovation und Flexibilität des Verwaltungshandelns, 1994.

9 Ebenso Wiedekind, Innovationsforschung, Wettbewerbstheorie und Kartellrecht, in: Eifert/Hoffmann-Riem (Hrsg.), Innovation und rechtliche Regulierung, 2002, 134 (135); Hoffmann-Riem (o. Fn. 4), 26 (27); Kahl, Die Innovationsfunktion des Rechts, ZRph 2004, 1, 6 f.; Roßnagel, Innovation als Gegenstand der Rechtswissenschaft, in: Hof/Wengenroth (Hrsg.), Innovationsforschung, Ansätze, Methoden, Grenzen und Perspektiven, 2007, 9 (18 f.).

10 Hoffmann-Riem, Innovationen durch Recht und im Recht, in: Schulte (Hrsg.), Technische Innovation und Recht, 1996, 3 (6). Eingehend Hauschildt (o. Fn. 2), 29 ff. sowie Watzlawczik, Das Dilemma der Innovationsforschung – Ein begrifflicher Exkurs zum Forschungsstand in den Wirtschafts- und Sozialwissenschaften, in: Lau/Trentner/Voß/Watzlawczik (Hrsg.), Innovative Verwaltungsarbeit, 1986, 75 ff., jeweils mit zahlreichen Definitionsansätzen. – Für einen sozialwissenschaftlichen Ansatz s. den Beitrag von Adolf, Die Kultur der Innovation. Eine Herausforderung des Innovationsbegriffes als Form gesellschaftlichen Wissens (in diesem Band).

11 Ahrns/Feser, Wirtschaftspolitik, 7. Aufl. 2000, 140 f.

12 Hoffmann-Riem (o. Fn. 10), 3 (6).

13 Hoffmann-Riem (o. Fn. 10), 3 (6); Werle, Zur Interdependenz von Innovationen, in: Hof/Wengenroth (Hrsg.), Innovationsforschung, Ansätze, Methoden, Grenzen und Perspektiven, 2007, 31.

14 Statt aller Duden – Das große Fremdwörterbuch, 4. Aufl. 2007, Stichwort: „Innovation".

15 In diesem Sinne auch Hoffmann-Riem, Ermöglichung von Flexibilität und Innovationsoffenheit im Verwaltungsrecht – Einleitende Problemskizze, in: Hoffmann-Riem/Schmidt-Assmann (Hrsg.), Innovation und Flexibilität des Verwaltungshandelns, 1994, 9 (13).

der Terminus Innovation insoweit wertneutral ist.[16] Erst bei den Folgen von Innovationen muss sich zeigen, ob diese positiv oder negativ zu bewerten sind, wobei diese Bewertung in Abhängigkeit vom jeweiligen Blickwinkel (persönlich, gesellschaftlich, volkswirtschaftlich etc.) unterschiedlich ausfallen kann.

Innovation ist schließlich nicht nur das Ergebnis, sondern auch der Prozess, der zu diesem Ergebnis führt. Seit *Schumpeter*[17] differenziert die Ökonomie diesbezüglich in die Phasen der Erfindung (Invention), der Untersuchung der Invention im Hinblick auf ihre Brauchbarkeit und Durchsetzbarkeit am Markt (Innovation im engeren Sinne) und schließlich der konkreten Durchsetzung und Verbreitung am Markt (Diffusion bzw. Implementation).[18] Kurz gesagt: Innovationen sind Ideen, die Wirklichkeit werden.[19]

## 1.2. Innovationsforschung in der Rechtswissenschaft

Welche Ziele verfolgt nun die rechtswissenschaftliche Innovationsforschung? Zwei Forschungsziele lassen sich unterscheiden. Zum einen lässt sich die Frage aufwerfen, wie das Recht auf technische, wirtschaftliche, gesellschaftliche und sonstige Innovationen angemessen reagieren sollte und welche Auswirkungen solche Innovationen auf das Recht selbst haben, mit anderen Worten: die Wirkung von Innovationen *auf* das Recht. Recht kann nicht statisch verharren, sondern muss sich veränderten Bedingungen dynamisch anpassen.[20] Paradigmatisch legen die zahlreichen Gesetze zur Anpassung des Rechts an das sog. „Informationszeitalter" beredtes Zeugnis darüber ab, wie dynamisch das gegenwärtige Recht ist.[21]

Im Folgenden soll es aber um die umgekehrte Wirkrichtung und damit das zweite Forschungsziel gehen, den Einfluss des Rechts *auf* Innovation. Welche Auswirkungen haben bestimmte Rechtsregeln auf die Durchführung von Innovationsprozessen, wann wirken sie hemmend, wann fördernd? Wie ist eine Rechtsordnung zu gestalten, um innovatorische Prozesse in Gang zu bringen oder aber auch zu begrenzen?

---

16 Kahl, ZRph 2004, 1 (2).

17 Grdl. Theorie der wirtschaftlichen Entwicklung, 1. Aufl. 1912, S. 180 f., 4. Aufl. 1934, 100 f.; ferner Schumpeter, Business Cycles. A Theoretical, Historical, and Statistical Analysis of the Capitalist Process, 1939.

18 Freeman, in: The new Palgrave: a dictionary of economics, Vol. 2, 1991, 858 (Stichwort: „innovation").

19 So der Bundesbericht Forschung und Innovation 2010 des BMWF (o. Fn. 3), 17.

20 Roßnagel (o. Fn. 9), 9 (17 f.).

21 Siehe nur: Richtlinie 2000/31/EG über bestimmte rechtliche Aspekte der Dienste der Informationsgesellschaft, insbesondere des elektronischen Geschäftsverkehrs, im Binnenmarkt („Richtlinie über den elektronischen Geschäftsverkehr" – „e-commerce Richtlinie") vom 8. Juni 2000, ABl. L 178, 1 ff.; Richtlinie 2001/29/EG zur Harmonisierung bestimmter Aspekte des Urheberrechts und der verwandten Schutzrechte in der Informationsgesellschaft (Urheberrechtsrichtlinie – „InfoSoc-Richtlinie") vom 22. Mai 2001, ABl. L 167, 10 ff.; Gesetz zur Regelung des Urheberrechts in der Informationsgesellschaft („1. Korb") vom 10. September 2003, BGBl. I, 1774 ff.; Zweites Gesetz zur Regelung des Urheberrechts in der Informationsgesellschaft („2. Korb") vom 26. Oktober 2007, BGBl. I, 2513 ff.

### 1.2.1. Die innovationsfördende Wirkung des Rechts

So muss eine Rechtsordnung hinreichend Anreize dafür schaffen, dass jemand persönliche und finanzielle Anstrengungen unternimmt, um in den Innovationsprozess einzutreten und Innovationen hervorzubringen. Mag nicht selten auch eine intrinsische Motivation vorliegen[22], das Streben nach Erkenntnis und Fortschritt, ist insbesondere die gewerbliche und industrielle Forschung typischerweise zielorientiert und darauf gerichtet, Gewinne zu maximieren und Wettbewerbspositionen auszubauen. Letzteres setzt aber unter anderem voraus, dass die im Innovationsprozess generierten neuen Informationen nicht im Zeitpunkt ihrer Veröffentlichung Allgemeingut werden, das von jedermann frei benutzt werden darf. Da ungeschützte Ideen und Innovationen öffentliche Güter sind[23], deren freie Verwertung nicht verhindert werden kann (Nichtexklusivität),[24] bleibt ihre Bereitstellung ohne Intervention der Rechtsordnung hinter dem sozial wünschenswerten Ausmaß zurück.[25] In der Regel will niemand den mit der Generierung von Ideen und Innovationen verbundenen Aufwand übernehmen, wenn sich im Anschluss alle kostenlos bedienen könnten.[26] Ökonomisch betrachtet ist es sinnvoller zu warten, dass ein anderer in Vorleistung geht, um dessen Leistung anschließend zu kopieren.[27]

Erst eine Monopolisierung der Innovation in der Hand des Innovators stellt sicher, dass sich seine Investitionen in die Innovation in der Zukunft amortisieren können und damit auch zukünftig Innovationen hervorgebracht werden. Nach der zur Begründung des Patentschutzes neben anderen[28] angeführten Ansporungstheorie gibt es ein allgemeines Interesse an ständig verbesserter Bedürfnisbefriedigung durch technischen Fortschritt, der nur dadurch im wünschenswerten Umfang zustande komme, wenn mit ihm ein entsprechender Ertrag verbunden sei. Indem der

---

22 Ebenso Engel, Geistiges Eigentum als Anreiz zur Innovation – Die Grenzen des Arguments, in: Eifert/Hoffmann-Riem (Hrsg.), Geistiges Eigentum und Innovation, 2008, 43 (45). – Bezogen auf das Urheberrecht ebenso Plant, The Economic Aspects of Copyright in Books, 1 Economica 167 (168 f.) (1934); Hurt/Schuchman, The Economic Rationale of Copyright, 56 Amer. Econ. Rev. 421 (425 ff.) (1966).

23 S. nur Landes/Posner, The Economic Structure of Intellectual Property Law, 2003, 14; dies., An Economic Analysis of Copyright Law, 18 J. Legal Stud. 325 (326) (1989).

24 Gordon/Bone, Copyright, in: Bouckaert/DeGeest, Encyclopedia of Law and Economics, Vol. 2, 2000, 189 (192).

25 Landes/Posner, 18 J. Legal Stud. 325 (327 f.) (1989). S. dazu die spieltheoretische Demonstration anhand des „Gefangenendilemmas“ von Engel (o. Fn. 22), 43 (46-50), der diese freilich kritisch betrachtet (51 ff.) und das Anreizargument als schwächer als gewöhnlich angenommen ansieht (71 f).

26 Es handelt sich somit um eine Art „umgekehrte“ „Tragedy of the Commons“ (grdl. dazu Hardin, The Tragedy of the Commons, Science 162 [1968], 1243 ff.), weil es nicht zu einer Übernutzung des Gemeingutes, sondern einer Unternutzung kommt. S. dazu Osterloh/Luethi, Commons without Tragedy: Das Beispiel Open Source Software, in: Eifert/Hoffmann-Riem (Hrsg.), Geistiges Eigentum und Innovation, 2008, 145 (146 ff.).

27 Sag, Beyond Abstraction: The Law and Economics of Copyright Scope and Doctrinal Efficiency, 81 Tul. L. Rev. 187, 193 f. (2006).

28 Zu den weiteren Begründungsmodellen immer noch sehr lesenswert Machlup, Die wirtschaftlichen Grundlagen des Patentrechts – 1. Teil, GRUR Ausl. 1961, 373 (376 ff.).

Patentschutz für eine bestimmte Zeit Schutz für die Neuerung gewährt, stabilisierten sich die Ertragserwartungen des Innovators und steigere dessen Bereitschaft, für neue technische Problemlösungen und ihre Anwendung Mühe und Kapital einzusetzen.[29] Dem vergleichbar werden urheberrechtliche Ausschließlichkeitsrechte ökonomisch damit gerechtfertigt, dass sie Anreize zur Investition in die Schaffung neuer Geisteswerke bieten.[30]

Die innovationsfördernde Funktion des Rechts wird somit insbesondere – wenn auch, wie ich noch zeigen werde, nicht ausschließlich – durch immaterialgüterrechtliche Institute[31] geleistet, indem diese für innovatorische Leistungen zeitlich begrenzte Monopolrechte verleihen.

Dabei soll nicht verschwiegen werden, dass die fördernde Wirkung des Immaterialgüterrechts auf das Hervorbringen von Innovationen vor allem in der Ökonomie nicht unbestritten ist. Insbesondere der US-Ökonom und Wirtschaftsnobelpreisträger *Joseph E. Stiglitz* meint, Immaterialgüterrechte behinderten Innovationen in vielerlei Hinsicht, statt sie zu fördern.[32] Ohne dies hier vertiefen zu können, dürfte dagegen das vordringende Problem sein, Immaterialgüterrechtsschutz sinnvoll zuzuschneiden und auszugestalten.[33] Insbesondere im Patentrecht, namentlich der USA[34], sind dabei durchaus Fehlentwicklungen[35] zu beobachten, die die These *Stiglitz'* stützen, allerdings nicht als Beleg für die Abschaffung von Immaterialgüterrechtsschutz dienen können.

---

29 Kraßer, Patentrecht, 6. Aufl. 2009, § 3 II 3; aus dem ökonomischen Schrifttum Landes/Posner (o. Fn. 23), 13 f. sowie insb. 294 ff.

30 S. Gordon, Fair Use as Market Failure: A Structural and Economic Analysis of the Betamax Case and its Predecessors, 82 Colum. L. Rev. 1600 (1610 ff.) (1982) mit Nachw. aus der auf diesen Umstand hinweisenden US-amerikanischen Rechtsprechung in Fn. 63.

31 Zu nennen sind hier insbesondere die sog. technischen Schutzrechte wie namentlich das Patent und das Gebrauchsmuster, unter anderem Blickwinkel aber auch das Urheberrecht.

32 S. nur Stiglitz, Economic Foundations of Intellectual Property Rights, 57 Duke L. J. 1693 ff. (2008); zuvor bereits Plant, 1 Economica 167 ff. (1934). Überblick dazu bei Granstrand, Innovation and Intellectual Property Rights, in: Fagerberg/Mowery/Nelson (Hrsg.), The Oxford handbook of innovation, 2006, Kap. 10, insb. 10.3.

33 Ähnlich Wissenschaftlicher Beirat beim Bundesministerium für Wirtschaft und Technologie, Patentschutz und Innovation, Gutachten 1/07, 5 f., abrufbar unter http://www.bmwi.de/Dateien/Patentserver/PDF/patentschutz-und-innovation,property=pdf,bereich=bmwi,sprache=de,rwb=true.pdf (letzter Zugriff: 30. Mai 2011).

34 Beispielsweise der weitreichende Schutz für geschäftliche Methoden („business methods"): grdl. State Street Bank & Trust Co. vs. Signature Financial Group, Inc., 149 F.3d 1368 (CAFC 1998); dazu Jänich, Sonderrechtsschutz für geschäftliche Methoden, GRUR 2003, 483 ff.

35 Als Beispiel im Bereich des Urheberrechts sei auf die Diskussion um die Verlängerung des Leistungsschutzrechts für ausübende Künstler und Tonträgerhersteller von 50 auf 95 Jahre durch den Richtlinienvorschlag KOM/2008/0464 endg verwiesen. Dazu die (ablehnende) Stellungnahme des Max-Planck-Instituts für Geistiges Eigentum, Wettbewerbs- und Steuerrecht, 2008, abrufbar unter http://www.ip.mpg.de/shared/data/pdf/stellungnahme-bmj-2008-09-10-def.pdf (letzter Zugriff: 30. Mai 2011) sowie die Stellungnahmen von G. Schulze, Gerlach, Drücke und Kreile in ZUM 2009, 93-116.

### 1.2.2. Die innovationshemmende Wirkung des Rechts

Zum anderen aber gehen mit nahezu jeder Innovation fast zwangsläufig Risiken verschiedenster Art einher.[36] Dem Neuen wohnt die Ungewissheit über mögliche Gefahren und dysfunktionale Nebenwirkungen für Einzelne oder die Allgemeinheit bei der Verwendung der Innovation geradezu inne. Man denke an die unabsehbaren Spätfolgen des Anbaus gentechnisch veränderter Pflanzen oder die Markteinführung neuer Medikamente, aber auch an soziale Folgen, beispielsweise in der Arbeitswelt im Zuge der Industrialisierung und der damit verbundenen Veränderung der Arbeitsbedingungen. Da sich solche Risiken und Gefahren häufig nicht oder zumindest nicht ausschließlich beim Innovator bzw. beim Nutzer der Innovation als Kosten niederschlagen, sondern stattdessen bei einem Dritten oder gar der Allgemeinheit und damit als Externalitäten erscheinen, führt grenzenlose, das heißt, nicht angemessen regulierte und in bestimmten Bahnen geleitete Innovation zu einem Marktversagen. Volkswirtschaftlich bleiben die positiven Effekte der Innovation hinter ihren negativen Effekten zurück. Die Innovation stiftet mehr Schaden als Nutzen.

An dieser Stelle ist die innovationshemmende Funktion des Rechts gefragt. Die Rechtsordnung muss auf negative externe Effekte von Innovation mäßigend einwirken und diese ganz oder teilweise beim Innovator bzw. dem Nutzer der Innovation internalisieren. Diese Aufgabe ist freilich alles andere als trivial. Da das Recht grundsätzlich vergangenheitsorientiert ist, zugleich aber typischerweise die mit einer Innovation für die Zukunft verbundenen Risiken und Gefahren ex-ante kaum je überblickbar sind, gerät die Gesellschaft in einen „Zeitkonflikt"[37], da sie Neues regeln müsste, noch bevor dies Wirklichkeit geworden ist.[38] Die Rechtsordnung läuft hierdurch Gefahr, falsche Anreize zu setzen bzw. unerwünschte Hemmnisse zu etablieren.

Diesen Konflikt aufzulösen oder zumindest abzuschwächen, kann die rechtswissenschaftliche Innovationsforschung allein nicht leisten. Sie ist darauf angewiesen, den Dialog mit den anderen Wissenschaftsdisziplinen, den natur- und technikwissenschaftlichen sowie den wirtschafts- und sozialwissenschaftlichen zu

---

[36] Dierkes, Immer größere Risiken für Mensch und Umwelt, in: Dierkes (Hrsg.), Die Technisierung und ihre Folgen: Zur Biographie eines Forschungsfeldes, 1993, 88 ff.; Kahl, DVBl. 2003, 1105 f.; Kühn-Gerhard, Eine ökonomische Betrachtung des zivilrechtlichen Haftungsproblems „Entwicklungsrisiko", 2000, 73 ff., 79 ff.; Simonis, Die Zukunftsfähigkeit von Innovationen: das Z-Paradox, in: Sauer/Lang (Hrsg.), Paradoxien der Innovation, 1999, 149 ff.

[37] Eingehend Hiller, Der Zeitkonflikt in der Risikogesellschaft, 1993, 45 ff.

[38] Vgl. Kahl, ZRph 2004, 1, 3. Eingehend zu diesem (und anderen) „Innovationparadoxon" Roßnagel, Das Neue regeln, bevor es Wirklichkeit geworden ist – Rechtliche Regelungen als Voraussetzung technischer Innovation, in: Sauer/Lang (Hrsg.), Paradoxien der Innovation, 1999, 193 ff.; Sauer, Perspektiven sozialwissenschaftlicher Innovationsforschung – Ein Einleitung, in: Sauer/Lang (Hrsg.), Paradoxien der Innovation, 1999, 9 (14 ff.); Ortmann, Innovation als Paradoxieentfaltung – Eine Schlussbemerkung, in: Sauer/Lang (Hrsg.), Paradoxien der Innovation, 1999, 249 ff.

führen,[39] womit sich der der Kreis zum interdisziplinären Ansatz unserer heutigen Tagung schließt.

## 2. Innovationsrelevante Regeln des Zivilrechts

Im Rahmen eines einem engen Zeitplan folgenden Vortrags sämtliche innovationsrelevante Regeln des allgemeinen Zivilrechts vorstellen zu wollen, muss Wunsch bleiben – es gibt schlicht zu viele. Anerkennung, Ausgestaltung und Schutz des Privateigentums sind von ähnlich grundlegender Bedeutung für die Durchführung innovatorischer Prozesse wie ein ausgewogenes Arbeitsrecht. Ohne die Werkzeuge des Vertragsrechts wären die Ergebnisse des Innovationsprozesses nicht verkehrsfähig und wirtschaftlich nur eingeschränkt verwertbar und es fehlte ein wesentlicher Anreiz zu innovatorischem Verhalten. Auf die Bedeutung des Immaterialgüterrechts für Innovation wurde bereits hingewiesen.

Ich will mich deshalb in diesem Beitrag darauf beschränken, einige Überlegungen zum Einfluss des Haftungsrechts auf innovatorisches Verhalten anzustellen. Ich werde zeigen, dass Haftungsregeln je nach ihrer konkreten Ausgestaltung sowohl Anreiz als auch Hemmnis bei der Generierung neuer Informationen sein können. Hierzu möchte ich in einem ersten Schritt die Innovationsrelevanz des Haftungsrechts darlegen und dies im zweiten Schritt am Beispiel der Produkthaftung sowie der Haftung für Arzneimittel praktisch verdeutlichen.

## 3. Innovationsrelevanz des Haftungsrechts

Kommen wir zunächst zu der Frage, woraus sich die Innovationsrelevanz des Haftungsrechts ergibt und worin diese besteht. Dem deutschen Recht im Allgemeinen wird allenthalben recht pauschal Innovationsfeindlichkeit vorgeworfen.[40] Zu viele bürokratische Hürden, beispielsweise in Genehmigungsverfahren[41], seien zu neh-

---

[39] Vgl. Hoffmann-Riem (o. Fn. 4), 26 (37 f.); ders., Innovationsoffenheit und Innovationsverantwortung durch Recht, AöR 131 (2006), 255, 269 ff.; Kahl, ZRph 2004, 1 (7); Rammert, Die Rolle der Wissenschaft im technologischen und gesellschaftlichen Wandel – oder: Wie lässt sich die technische Innovation nachhaltig und demokratisch gestalten?, in: Fricke (Hrsg.), Innovation in Technik, Wissenschaft und Gesellschaft, 1998, 201 ff.; Scherzberg, Innovation und Recht: Zum Stand der rechtswissenschaftlichen Innovationsforschung, in: Hoffmann-Riem, Offene Rechtswissenschaft: ausgewählte Schriften von Wolfgang Hoffmann-Riem mit begleitenden Analysen, 2010, 273, 281.

[40] Dazu Roßnagel (o. Fn. 9), 9 (13); Horn, Blockieren Gesetze und Auflagen die Wettbewerbsfähigkeit der deutschen Wirtschaft?, in: Dose/Holznagel/Weber (Hrsg.), Beschleunigung von Genehmigungsverfahren. Vorschläge zur Verbesserung des Industriestandortes Deutschland, 1994, 29 ff.

[41] Hoffmann, Investitionsförderung durch flexible Genehmigungsverfahren: Zum Bericht der Expertenkommission der Bundesregierung, DÖV 1995, 237 ff.; Stich, Zum Wirtschaftsstandort Deutschland: Notwendigkeit des Abbaus von Hindernissen aus dem Planungs-, Bau- und Umweltrecht und seinem praktischen Vollzug, WiVerw 1994, 83 ff.; Beispiele bei Dose/Holznagel/Weber (Hrsg.), Beschleunigung von Genehmigungsverfahren. Vorschläge zur Verbesserung des Industriestandortes Deutschland, 1994.

men; zu unflexibel sei das Arbeitsrecht. Richtet man den Blick dann noch auf das Haftungsrecht, ist man geneigt, dem unkritisch zuzustimmen. Eine Vielzahl von Haftungstatbeständen innerhalb und außerhalb des BGB ordnen vielerlei Schadensersatzpflichten an, die den Innovator treffen können. Das Spektrum reicht hier von Verschuldenshaftungstatbeständen – paradigmatisch dafür ist die kleine deliktische Generalklausel des § 823 Abs. 1 BGB, teilweise richterrechtlich hinsichtlich der Darlegungs- und Beweislast modifiziert, so etwa bei der Produzentenhaftung[42] oder der Arzthaftung[43] oder mit einem Anscheinsbeweis ausgestattet[44] – bis hin zu Gefährdungshaftungstatbeständen, wie der Haftung des Halters für Schäden beim Betrieb eines Kraftfahrzeugs im Straßenverkehrsgesetz (§ 7 Abs. 1 StVG), der Haftung für den Betrieb einer Schienen- oder Schwebebahn (§ 1 Abs. 1 HaftPflG), der Haftung für Arzneimittel im Arzneimittelgesetz (§ 84 AMG), der Haftung für die Folgen gentechnische Arbeiten im Gentechnikgesetz (§§ 32 ff. GenTG), der Haftung für Bergschäden im Bundesberggesetz (§§ 114 ff. BBergG) oder der Haftung für die Einwirkung auf Gewässer im Wasserhaushaltsgesetz (§§ 89 f. WHG).

Innovatorisches Handeln, das, wie wir bereits gesehen haben, nahezu zwangsläufig mit Unsicherheiten in Bezug auf negative Begleiterscheinungen in der Zukunft behaftet ist, ist vor diesem engmaschigen Netz von Haftungstatbeständen nicht ungefährlich. Der Diffusions- oder Verbreitungs- und Einführungsprozess neuer Produkte oder Verfahren ist stets mit dem Risiko behaftet, negative Nebenwirkungen herbeizuführen, die im Zeitpunkt der Inverkehrgabe noch unbekannt sind. Inwieweit dies den Innovationsprozess berührt, hängt entscheidend davon ab, wer die Kosten für diese Begleitschäden zu tragen hat. Diese Frage aber beantwortet unmittelbar das Haftungsrecht. Indem es die negativen Folgen der Innovation zwischen dem Innovator[45] und dem von ihnen Betroffenen bzw. der Allgemeinheit verteilt, wirkt es hemmend oder fördernd für Innovationsprozesse. Es gilt deshalb im Folgenden die verschiedenen Haftungskonzepte auf ihre Innovationswirkung durchzusehen.

## 3.1. Innovationshemmung

### 3.1.1. Strenge Gefährdungshaftung

Denkbar wäre zunächst eine vollständige Internalisierung sämtlicher Kosten für negative Nebenwirkungen beim Innovator, auch wenn die unerwünschten Neben-

---

[42] Z.B. Umkehr der Beweislast bei fehlender Befundsicherung hinsichtlich der Fehlerfreiheit eines Produkts bei Inverkehrgabe: BGH, NJW 1988, 2611; BGH, NJW 1993, 528 (529).

[43] Z.B. Umkehr der Beweislast hinsichtlich der Ursächlichkeit für den Primärschaden bei grobem Behandlungsfehler: BGH, NJW 2004, 2011 (2012); BGH, NJW 2008, 1304 (Rn. 11). – Z.B. Umkehr der Beweislast hinsichtlich des Vorliegens eines Behandlungsfehlers bei der Verwirklichung eines sog. vollbeherrschbaren Risiko: BGHZ 171, 358 (361 f. ).

[44] Z.B. Anscheinsbeweis für die Kausalität zwischen der Verletzung einer Verkehrspflicht und der (nachweislich) eingetretenen Rechtsgutsverletzung: BGHZ 114, 273, (276); BGH, NJW 2006, 3268 (Rn. 32).

[45] Für die Zwecke dieser Untersuchung steht dem Innovator im engeren Sinne derjenige gleich, die die Innovation verwendet. Immerhin lässt sich auch dies als Innovation begreifen.

wirkungen für ihn unvorhersehbar waren und dem Innovator diesbezüglich kein Pflichtenverstoß vorgeworfen werden kann. Dies entspräche rechtstechnisch einer Gefährdungs- oder Verursachungshaftung. Danach muss derjenige, der zum eigenen Vorteil eine Gefahrenquelle eröffnet, unterhält oder nutzt, sämtliche Schäden tragen, die aus der Realisierung der Gefahr resultieren, auch und gerade ohne dass ihm insoweit ein Pflichtenverstoß vorzuwerfen ist oder die Realisierung der Gefahr bei pflichtgemäßer Sorgfalt verhindert worden wäre.[46] Anknüpfungspunkt für die Haftung ist hier somit allein die Inverkehrgabe bzw. Nutzung der Innovation und die Verwirklichung des damit verbundenen Risikos der Schadensverursachung. Der Innovator muss bei einem solchen strengen Gefährdungshaftungsregime zusätzlich zu den Kosten des Innovationsprozesses auch sämtliche noch unabsehbaren Kosten für mögliche Schäden in der Zukunft tragen. Die negativen Folgen der Innovation werden vollständig internalisiert und müssen im Entscheidungsprozess für die Innovation berücksichtigt werden. Sofern diese Kosten den zu erwartenden Nutzen übersteigen, wird der Innovator auf die Inverkehrgabe der Innovation und damit bereits auf die Innovation als solche verzichten. Der Innovationsprozess findet nicht statt, weil und solange der erwartete Nutzen hinter den Kosten zurückbleibt.[47]

Im Ergebnis findet Innovation nur noch auf eng begrenzten Gebieten statt, und zwar solchen, denen ein so hoher wirtschaftlicher Nutzen innewohnt, dass das damit einhergehende Risiko tragbar erscheint, sich also die Aktivität trotz der mit ihr einhergehenden per definitionem unkalkulierbaren Kosten immer noch lohnt. Unterhalb dieser Schwelle kommt innovatives Verhalten dagegen zum Erliegen, weil der zu erwartende Nutzen die möglichen Kosten nicht erreicht, selbst wenn letztere nur mit einer geringen Wahrscheinlichkeit eintreten.[48] Die selbst durch bestmögliche Anstrengung, insbesondere die Einhaltung anerkannter Standards, nicht zu

---

46 Wagner, in: MünchKommBGB, 5. Aufl. 2009, Vorb. zu §§ 823 ff. Rn. 17.

47 Zu dieser Wirkung von Gefährdungshaftungstatbeständen Deutsch, Das neue System der Gefährdungshaftungen: Gefährdungshaftung, erweiterte Gefährdungshaftung und Kausal-Vermutungshaftung, NJW 1992, 73 (75); Deutsch/Ahrens, Deliktsrecht, 5. Aufl. 2009, Rn. 515; diese Erkenntnis ist nicht neu, s. bereits Mataja, Das Recht des Schadensersatzes vom Standpunkt der Nationalökonomie, 1888, 41.

48 Auf eine Versicherung kann man im Regelfall hier nicht ausweichen, denn auch dort unterliegen die Versicherbarkeit des Risikos und die Versicherungsprämie einer prognostischen Bewertung des möglicherweise eintretenden Schadens, die aber gerade unmöglich ist. Aus versicherungstheoretischer Sicht setzt die Versicherbarkeit voraus, dass sich die Risiken eindeutig definieren lassen und hinsichtlich ihres Eintretens, ihrer Häufigkeit und ihrer Höhe zufallsabhängig und zugleich schätzbar sind, s. Schradin, in: MünchKommVVG, Band 1, 2010, Betriebswirtschaftslehre der Versicherung, Einführung Rn. 10. Der Einwand, die Deckungssumme der Versicherung müsse nicht den gesamten möglichen Schaden umfassen, so dass auf diese Weise die Versicherbarkeit ermöglicht werden könne (Wetzel-Omansen, Verteilungsgerechtigkeit im Rahmen der Gefährdungshaftung nach dem Arzneimittelgesetz, 1998, 75 m.w.N.) trägt nicht, denn damit würde das unbegrenzte Haftungsrisiko lediglich um die Deckungssumme vermindert, bliebe jenseits dessen aber weiterhin unbegrenzt. Gerade dieser Umstand kann aber weiter innovationsfeindlich wirken.

vermeidende Haftungsdrohung verhindert innovatives Verhalten. Das Ausmaß innovatorischen Verhaltens, das sog. Aktivitätsniveau, wird abgesenkt.[49]

Einer strengen Gefährdungshaftung wohnt demnach tendenziell eine stark innovationshemmende Wirkung inne. Sie sollte deshalb nur im Ausnahmefall etabliert werden, namentlich, wenn die drohenden Schäden besonders hoch und/oder der volkswirtschaftliche Nutzen der Innovation gering sind. Im Regelfall dagegen bleibt unter Geltung einer Gefährdungshaftung das Maß innovatorischen Verhaltens deutlich hinter dem volkswirtschaftlich Wünschenswerten zurück.

### 3.1.2. Eingeschränkte Gefährdungshaftung

In der gegenwärtigen deutschen Rechtswirklichkeit findet man deshalb auch fast ausschließlich Gefahrdungshaftungstatbestände, die mehr oder weniger stark eingeschränkt sind.[50] So ist typischerweise die Haftung betragsmäßig begrenzt.[51] Beispielsweise etabliert § 7 Abs. 1 StVG eine Gefährdungshaftung des Fahrzeughalters für Schäden bei dem Betrieb eines Kraftfahrzeuges, die aber je Schadensfall auf fünf Millionen Euro für Personenschäden und eine Million Euro für Sachschäden begrenzt ist (§ 12 Abs. 1 StVG). § 84 Arzneimittelgesetz (AMG) sieht eine Gefährdungshaftung für Schäden im Zusammenhang mit dem Gebrauch von Arzneimitteln vor, begrenzt diese jedoch in § 88 AMG auf einen Gesamtbetrag von 120 Mio. Euro für sämtliche durch das Medikament geschädigten Personen. Die Haftung für Bergschäden ist auf lediglich 600.000 Euro[52] bei der Tötung oder Verletzung einer Person beschränkt (§ 117 Abs. 1 Nr. 1 BBergG). Und schließlich haftet der Betreiber von gentechnischen Anlagen und Verfahren nach § 32 Gentechnikgesetz (GenTG) für daraus resultierende Personen- oder Sachschäden, jedoch begrenzt auf 85 Mio. Euro. Auch finden sich zahlreiche sachliche Ausnahmen, beispielsweise

[49] Allg. zu dieser Wirkung von Gefährdungshaftungstatbeständen Wagner, in: Münchener Kommentar zum BGB, 5. Aufl. 2009, Vorb. §§ 823 ff. Rn. 51. – Diese Wirkung beruht auf der Annahme, dass bei vollständiger Internalisierung sämtlicher negativer Auswirkungen durch eine strenge Gefährdungshaftung eine Aktivität nur bis maximal zu dem Ausmaß ausgeübt wird, wie der zu erwartende Schaden höchstens den Nutzen erreicht. Das Aktivitätsniveau erreicht ein volkswirtschaftlich gerade noch sinnvolles Maß. Dagegen wird unter Geltung einer Verschuldenshaftung die Aktivität über das volkswirtschaftlich wünschenswerte Niveau ausgedehnt, weil diejenigen Schäden, die trotz Einhaltung der geforderten Sorgfalt eingetreten sind (sog. Residualschäden), bei Dritten bzw. der Allgemeinheit verbleiben und nicht in die Bilanz des Handelnden einfließen. S. dazu Shavell, Strict Liability versus Negligence, 9 J. Legal Stud. 1 (1980); ders., Economic Analysis of Accident Law, 1987, 21 ff.

[50] Vgl. Brüggemeier, Prinzipien des Haftungsrechts, 1999, 82; Deutsch/Ahrens (o. Fn. 47), Rn. 531.

[51] Kritisch dazu Dietz, Technische Risiken und Gefährdungshaftung, 2006, 205 ff. Ebenso aus Sicht der ökonomischen Analyse des Rechts Schäfer/Ott, Ökonomische Analyse des Rechts, 4. Aufl. 2005, 5. Kapitel, Nr. 18: Haftungsobergrenzen vermittelten Anreize, ein an sich effizientes Haftungsregime partiell unwirksam zu machen.

[52] Diese Summe galt bis Ende 2008 auch für Ansprüche nach § 7 Abs. 1 StVG, musste dort jedoch aufgrund gemeinschaftsrechtlicher Vorgaben durch die Richtlinie 2000/26/EG über die Kraftfahrzeug-Haftpflichtversicherung, ABl.EG L 149, 14, drastisch auf die nunmehr geltenden Beträge erhöht werden, s. BT-Drs. 16/5551, 18.

bei „höherer Gewalt“ (§ 7 Abs. 2 StVG; §§ 1 Abs. 2, 2 Abs. 3 Nr. 3 HaftPflG; § 4 UmweltHG; § 89 Abs. 2 S. 3 WHG) bzw. einem unabwendbaren Ereignis (§ 26 Abs. 1 S. 2 AtG; § 7 Abs. 2 StVG a.F.), oder die Haftung ist auf bestimmte Schadensarten begrenzt.

Der Sinn derartiger Haftungsobergrenzen[53] liegt nicht zuletzt darin, die mit der erlaubten und gegebenenfalls sogar ausdrücklich erwünschten Tätigkeit verbundenen Haftungsrisiken kalkulierbar (und damit letztlich versicherbar) zu machen.[54] Die Kalkulierbarkeit und Versicherbarkeit von unvorhersehbar oder (noch) nicht beherrschbaren Risiken wirkt sich unmittelbar auf die Innovationsbereitschaft aus. Wer sich im Falle der Risikoverwirklichung höchstens einer bereits jetzt feststehenden Haftungssumme ausgesetzt sieht, kann diese in seine Abwägung über die Vornahme der Innovation einstellen und – sofern er das Risiko nicht selbst tragen will oder kann – entsprechende Maßnahmen zur Absicherung des Risikos ergreifen. So ist die Bereitschaft, ein neues Medikament zu entwickeln und zu vermarkten ungleich höher, wenn die Haftung für den Fall eines unvorhergesehenen Schadens auf einen Betrag von höchstens 120 Mio. Euro beschränkt ist, als wenn eine betragsmäßig unbeschränkte Haftung droht. Dagegen birgt eine unbegrenzte Haftung stets die Gefahr, dass grundsätzlich erwünschte Innovationen unterbleiben, weil niemand das damit verbundene Schadensrisiko übernehmen will oder kann.[55]

Derartige Überlegungen waren mehrfach Triebfeder für die höhenmäßige Begrenzung der Haftung. So sollte die Einführung von Haftungshöchstbeträgen bei der Kraftfahrzeughalterhaftung im Jahre 1909 zur Anschaffung und Benutzung von Automobilen, die damals eine große Innovation darstellten, dienen.[56] Ähnliche Überlegungen fanden sich im Zusammenhang mit der Einführung einer Haftung für Atomanlagen.[57] Und schließlich scheint auch bei der betragsmäßigen Begrenzung der Arzneimittelhaftung die Sicherung und Ermöglichung des technischen Fortschritts mitmotivierend gewesen sein.[58]

Die Innovationsbereitschaft liegt somit bei Geltung einer betragsmäßig begrenzten Gefährdungshaftung höher als bei Geltung eines strengen Gefährdungs-

---

[53] Eingehend Wetzel-Omansen (o. Fn. 48), 62 ff.

[54] Z.B. Begr. zum Reg.-Entwurf des Zweiten Gesetzes zur Änderung schadensersatzrechtlicher Vorschriften, BT-Drs. 14/7752, 17; Begr. zum Reg.-Entwurf des ProdHaftG, BT-Drs. 11/2447, 12; Stoll, Haftungsfolgen, 1993, 21; Larenz, Die Schadenshaftung nach dem Wasserhaushaltsgesetz im System der zivilrechtlichen Haftungstatbestände, VersR 1963, 593 (605): anderenfalls drohe eine „ruinöse Unglückszurechnung“. – Diese Erwägung spielte bereits bei der Einführung von Höchstsummen bei der Haftung des Fahrzeugshalters im Jahre 1909 eine zentrale Rolle (s. Verhandlungen d. Reichstages, XI. Legislaturperiode, Stenogr. Ber. 1905/1906, 4. Anlagenband Nr. 264, 3245; XII. Legislaturperiode, Stenogr. Ber. Bd. 248 Nr. 988, 5593; dazu Hohloch, Gleichbehandlung im Haftungsrecht als Verfassungsgebot?, VersR 1979, 199 (206 f).

[55] S. o. 3.1.1.

[56] Verhandlungen d. Reichstages, XI. Legislaturperiode, Stenogr. Ber. 1905/1906, 4. Anlagenband Nr. 264, 3245; XII. Legislaturperiode, Stenogr. Ber. Bd. 248 Nr. 988, 5593; dazu Hohloch, VersR 1979, 199 (206 f.).

[57] Dazu Pelzer, Begrenzte und unbegrenzte Haftung im deutschen Atomrecht, 1982, 12 ff, 35. – Seit 1985 sind die Haftungshöchstgrenzen weitgehend aufgehoben.

[58] So Wetzel-Omansen (o. Fn. 48), 81, der dies allerdings für nicht überzeugend hält.

haftungsregimes. Gegenüber diesem ist die innovationshemmende Wirkung bei der betragsmäßig eingeschränkten Gefährdungshaftung geringer. Das Aktivitätsniveau liegt hier höher, als bei der unbeschränkten Gefährdungshaftung, jedoch werden gleichwohl Schäden bis zur Haftungsobergrenze internalisiert und so die möglichen Schadensrisiken zumindest teilweise in den Entscheidungsprozess über die Innovation einbezogen und berücksichtigt. Eine beschränkte Gefährdungshaftung empfiehlt sich bei besonders schadensträchtigen Aktivitäten, die jedoch gesellschaftlich erwünscht sind, wie etwa die Pharmaforschung.

### 3.1.3. Verschuldenshaftung

Die geringsten Auswirkungen auf die Bereitschaft zu Innovationen hat ein Haftungsrecht, das auf dem Verschuldensprinzip basiert. Eine Haftung kommt hier nur dann in Betracht, wenn dem Innovator ein Verschulden vorzuwerfen ist. Sofern man dabei keinen Sorgfaltsmaßstab wählt, den einzuhalten niemand in der Lage ist[59] und damit de facto ein Gefährdungshaftungsdelikt durch die Hintertür einführt[60], kann der Innovator bei sorgfaltsgemäßem Verhalten eine Haftung vollständig vermeiden. Er muss also lediglich lege artis agieren, um für gleichwohl eintretende Schäden nicht verantwortlich zu sein. *Ex ante* unvorhersehbare Schäden durch innovatorisches Verhalten bzw. die Verwendung der Innovation fallen dem Innovator resp. dem Verwender hingegen nicht zur Last, da er insoweit nicht pflichtwidrig handeln kann. Er hat die aus solchen Schäden resultierenden Kosten nicht zu tragen und muss diese deshalb bei seiner Entscheidung über den Eintritt in den Innovationsprozess bzw. bei der Verwendung der Innovation nicht berücksichtigen. Dem erwarteten Nutzen der Innovation stehen lediglich die Kosten des Innovationsprozesses selbst, zuzüglich der Kosten für kaum jemals vollständig vermeidbare Sorgfaltspflichtverstöße im Rahmen des Innovationsprozesses gegenüber. Sämtliche weiteren Kosten fallen Dritten bzw. der Allgemeinheit zur Last, werden externalisiert.

Insgesamt ist die innovationshemmende Wirkung des Haftungsrechts unter Geltung eines Verschuldenshaftungsregimes deshalb am geringsten ausgeprägt. Problematisch dabei ist jedoch, dass dadurch unter Umständen ein zu hohes Aktivitätsniveau erreicht wird, das wohlfahrtsökonomisch ineffizient ist, weil volkswirtschaftlich der Nutzen hinter den Kosten zurückbleibt.

### 3.1.4. Erprobung am Beispiel der Produkthaftung

Als Beispiel für das Vorgenannte mag das Produkthaftungsrecht dienen. Die Haftung für Schäden durch fehlerhafte Produkte ruht in Deutschland bekanntlich auf zwei Säulen: der Produkt- oder auch Produzentenhaftung im Rahmen des § 823 Abs. 1 BGB sowie der Produkthaftung nach dem Produkthaftungsgesetz (ProdHaftG). Die deliktische Produkthaftung ist dabei eine reine Verschuldenshaftung

---

[59] Dazu Will, Quellen erhöhter Gefahr, 1980, 59 ff.

[60] Esser/Weyers, Gesetzliche Schuldverhältnisse, Bd. 2, Teildb 2, 8. Aufl. 2000, § 54 II, § 55 V 2 c); Laufs, Deliktische Haftung ohne Verschulden? – eine Skizze, in: Lange/Norr/Westermann (Hrsg.), FS Gernhuber, 1993, 245 (250 ff.).

für einen Sorgfaltspflichtverstoß[61], bei der jedoch zu Lasten des Herstellers die Darlegungs- und Beweislast modifiziert ist. Die Produkthaftung nach dem Produkthaftungsgesetz ist dagegen eine Kombination aus Gefährdungs- und Verschuldenshaftung.[62]

In beiden Fällen haftet der Hersteller eines Produktes (und neben ihm weitere Personen) für durch Produktfehler verursachte Sach- und Personenschäden. Relevant sind dabei Fehler bei der Konstruktion oder Fabrikation eines Produktes, aber auch Versäumnisse bei der Instruktion der Verwender sowie bei der Produktbeobachtung nach dem Inverkehrbringen. Dagegen haftet der Hersteller in beiden Fällen nicht für sog. Entwicklungsrisiken.[63] Diese zeichnen sich dadurch aus, dass im Zeitpunkt der Konstruktion und Fabrikation des Produkts Produktfehler, die erst später offenbar wurden, nicht erkenn- und vermeidbar waren.[64] Das Produkt entsprach mithin dem Stand von Wissenschaft und Technik, war aus ex-ante-Sicht also vermeintlich fehlerfrei, gleichwohl aber nach späterer Kenntnis objektiv fehlerhaft. Den Hersteller gleichwohl für diesen nicht erkennbaren Fehler und die daraus entstehenden Schäden haften zu lassen, hieße, ihn insoweit einer strengen Gefährdungshaftung zu unterwerfen mit den oben dargestellten Konsequenzen auf die Innovationsbereitschaft.[65]

Tatsächlich sah der erste Vorschlag für die Produkthaftungsrichtlinie der Kommission eine unbeschränkte Haftung (auch) für Entwicklungsrisiken vor.[66] Die Hersteller sollten das Produkthaftungsrisiko, einschließlich der Entwicklungsrisiken, versichern, die dafür aufzuwendenden Kosten auf die Käufer der Produkte umlegen und damit die wirtschaftliche Belastung über alle Käufer gleich verteilen.[67] Gegen diesen Richtlinienvorschlag wurde eingewandt, eine Haftung für Entwicklungsrisiken behindere Innovation und verschlechtere die wettbewerblichen Rahmenbedingungen der europäischen Wirtschaft im Weltvergleich.[68] Da auch das Europäische Parlament einer Haftung für Entwicklungsrisiken kritisch gegenüber stand,[69] sieht die Richtlinie dies nunmehr nur noch optional vor. Die Sorge um die Innovations-

---

[61] J. Hager, in: Staudinger, 2009, § 823 Rn. F 5.

[62] Wagner, in: Münchener Kommentar zum BGB, 5. Aufl. 2009, Einl. ProdHaftG Rn. 19; Oechsler, in: Staudinger, 13. Aufl. Neubearb. 2009, Einl. ProdHaftG Rn. 27.

[63] Im ProdHaftG findet sich ein ausdrücklicher Ausschluss der Haftung für Entwicklungsrisiken in § 1 Abs. 2 Nr. 5; bei der deliktischen Produkthaftung ergibt sich der Ausschluss daraus, dass dort stets nur für pflichtwidriges Verhalten gehaftet wird und die Sorgfaltspflichten des Herstellers auf die Handlungssituation und den Erkenntnisstand ex ante beschränkt sind (Wagner, in: Münchener Kommentar zum BGB, 5. Aufl. 2009, § 823 Rn. 626).

[64] BGHZ 51, 91 (105); 80, 186 (197); 129, 353 (358 f.); BGH, NJW 2005, 2614 (2618); Oechsler, in: Staudinger, 2009, § 1 ProdHaftG Rn. 111.

[65] Diese These ist freilich nicht unbestritten. So soll die Haftung für Entwicklungsrisiken gerade Anreiz zu vermehrter Forschungstätigkeit bieten (Hirsch/Schmidt-Didczuhn, GenTG, § 32 Rn. 13; Schäfer/Ott (o. Fn. 51), 356 f.; G. Hager, Das neue Umwelthaftungsgesetz, NJW 1991, 134 [137]).

[66] S. ABl.EG 1976 C 241/9.

[67] S. ABl.EG 1976 C 241/9 Begr. Abs. 5.

[68] Vgl. Hollmann, Die EG-Produkthaftungsrichtlinie (I), DB 1985, 2389 (2395).

[69] ABl.EG 1979 C 127/61, 62.

bereitschaft der Industrie war dann auch ein Grund dafür, dass der deutsche Gesetzgeber bei der Umsetzung der Produkthaftungsrichtlinie nicht von der dort eingeräumten Option Gebrauch gemacht hat, Entwicklungsrisiken ebenfalls der verschuldensunabhängigen Produkthaftung zu unterwerfen.[70] Viele andere Mitgliedstaaten verhielten sich ebenso.[71] Eine Studie zur Umsetzung der „Development Risk Clause" der Produkthaftungsrichtlinie kam zum Ergebnis, dass eine Haftung für Entwicklungsfehler die Innovationsbereitschaft in Bezug auf *neue* Produkte senken würde.[72] Stattdessen käme es zu verstärkten Anstrengungen, bereits etablierte Produkte, für deren Entwicklungsrisiken ebenfalls gehaftet werde, sicherer zu machen. Es käme folglich zu einem Anstieg bei den Prozessinnovationen und der Weiterentwicklung bekannter Techniken, jedoch zu einem Einbruch bei Produktinnovationen und damit bei der Produktvielfalt sowie bei der Grundlagenforschung.[73] Außerdem stiegen die Versicherungskosten für die Unternehmen bzw. sei Versicherungsschutz gänzlich ausgeschlossen.[74] Die Development Risk Clause sei deshalb unverzichtbar für einen angemessenen Ausgleich zwischen den Zielen sicherere Produkte und Innovationen.[75]

Der Innovator muss aus Sicht des deutschen Produkthaftungsrechts[76] also lediglich den Stand von Wissenschaft und Technik kennen und beachten und davon ausgehend mögliche Schadensrisiken seiner Innovation erkennen und ausschließen. Nach der Gesetzesbegründung maßgeblich ist dabei der „Inbegriff der Sachkunde, die im wissenschaftlichen und technischen Bereich vorhanden ist, also die Summe an Wissen und Technik, die allgemein anerkannt ist und allgemein zur Verfügung steht"[77]. Dagegen haftet er nicht für *ex ante* (noch) unbekannte Risiken, die sich später verwirklichen. Ein derartiges Haftungsregime hat positive Auswirkungen auf die Innovationsbereitschaft.

---

[70] S. Beschlussempfehlung u. Bericht des Rechtsausschusses zum Entwurf des ProdHaftG, BT-Drs. 11/5520, 13; Wagner, in: Münchener Kommentar zum BGB, 5. Aufl. 2009, § 1 ProdHaftG Rn. 49; zum Einfluss der Haftung für Entwicklungsrisiken auf die Innovationsbereitschaft s. von Caemmerer, „Products Liability", in: von Caemmerer/Mentschikoff/Zweigert (Hrsg.), Ius Privatum Gentium, FS Max Rheinstein, Bd. II, 1969, 659 (669 f.); Hollmann, DB 1995, 2395; einschränkend Schrupkowski, Die Haftung für Entwicklungsrisiken in Wissenschaft und Technik, 1995, 211 f.

[71] Zur unterschiedlichen mitgliedstaatlichen Ausgestaltung s. Fondazione Rosselli (Hrsg.), Analysis of the Economic Impact of the Development Risk Clause as provided by Directive 85/374/EEC on Liability for Defective Products – Final Report, 131, abrufbar unter http://ec.europa.eu/enterprise/policies/single-market-goods/files/goods/docs/liability/2004-06-dev-risk-clause-study_en.pdf (letzter Zugriff: 30. Mai 2011).

[72] Final Report (o. Fn. 71), 132 f.

[73] Final Report (o. Fn. 71), 132 f.

[74] Final Report (o. Fn. 71), 133.

[75] Final Report (o. Fn. 71), 132.

[76] Im Anwendungsbereich des Arzneimittelrechts besteht dagegen zumindest teilweise eine Haftung für Entwicklungsrisien (s. Wagner, in: Münchener Kommentar zum BGB, 5. Aufl. 2009, § 823 Rn. 597; s. dazu bei Fn. 64). – Gleiches gilt partiell für das AtomG, das GenTG und das UmwelthaftungsG.

[77] Begr. RegE zum Produkthaftungsgesetz, BT-Drucks. 11/2447, 15.

### 3.1.5. Zwischenergebnis

Der Grad der Innovationshemmung hängt also entscheidend von der konkreten Ausgestaltung der Haftungsregeln ab. Wer bei der Frage der Haftung des Innovators für negative Auswirkungen von Innovationen zu strenge Maßstäbe ansetzt, behindert erwünschte und volkswirtschaftlich unabdingbare Innovation. Innovation braucht einen gewissen Freiraum, unter Umständen sogar ein „Recht auf Irrtum". Ein zu strenges Haftungsrecht wirkte hier zwangsläufig hemmend auf den Innovationsprozess. Insbesondere eine strenge Gefährdungshaftung tendiert dazu, Innovationsprozesse stark zu behindern, gegebenenfalls sogar zu verhindern. Die Innovationskraft einer Volkswirtschaft aber ist ein entscheidender Parameter für ihre Überlebensfähigkeit im internationalen Wettbewerb und bei der Sicherung eines angemessenen Wirtschaftswachstums, gerade in rohstoffarmen Staaten wie der Bundesrepublik.[78] Sollte man vor diesem Hintergrund im Interesse größtmöglicher Innovationsanreize also für eine Abschaffung sämtlicher Gefährdungshaftungstatbestände plädieren?

Sicher nicht. Die Folge wäre zügellose Innovation um jeden Preis. Weil der Innovator nicht mehr gezwungen wäre, die negativen Drittwirkungen seiner Aktivitäten mitzubedenken, bestünde die nahe liegende Gefahr, dass zwar er einen Nutzen aus der Innovation zieht, jedoch der volkswirtschaftliche Gesamtnutzen hinter den volkswirtschaftlichen Gesamtkosten zurückbliebe, mit anderen Worten: die Innovation mehr Schaden als Nutzung stiftet. Wohlfahrtsökonomisch ist das ein ineffizienter Zustand. Jede Aktivität sollte nur soweit betrieben und ausgebaut werden, wie die Gesamtbilanz aus Nutzen und Kosten positiv bleibt. Die ökonomische Analyse des Haftungsrechts geht nun davon aus, dass sich gerade mit Hilfe von Gefährdungshaftungstatbeständen ein optimales Aktivitätsniveau einstellt. Wer haftungsrechtlich gezwungen wird, sämtliche Kosten einer Aktivität zu internalisieren, wird diese Aktivität nur in dem Umfang betreiben, wie die Gesamtbilanz positiv bleibt. Bezogen auf den Innovationsprozess heißt das, eine Innovation unterbleibt, wenn sie weniger nützt als schadet.

Dieses Konzept funktioniert indes nur so lange, wie nicht nur sämtliche Kosten, sondern auch sämtlicher Nutzen internalisiert wird. So ist es durchaus denkbar, dass eine Aktivität, eine Innovation, gesamtwirtschaftlich mehr Nutzen stiftet als Kosten, dass jedoch der beim Innovator individuell eintretende Nutzen kleiner ist als die von ihm zu tragenden Kosten. In diesem Fall unterbleibt die Innovation, obwohl

[78] S. Scherer/Ross, Industrial Market Structure and Economic Performance, 3. Aufl. 1990, 613 f.; Witt, Wann kommt es eigentlich zu wirtschaftlichem Fortschritt?, in: Wagner, A. (Hrsg.), Dezentrale Entscheidungsfindung bei externen Effekten: Innovation, Integration und internationaler Handel, 1993, 19 ff.; Bievert/Held, Das Evolutorische in der Ökonomik: Neuerungen, Normen, Institutionen – Eine Einführung, in: Bievert/Held (Hrsg.), Das Evolutorische in der Ökonomik: Neuerungen, Normen, Institutionen, 1992, 7 (17); Cohen, Empirical Studies of Innovative Activity, in: Stoneman (Hrsg.), Handbook of the Economics of Innovation and Technological Change, 1995, 182 ff. auf empirischer Basis; grdl. bereits Schumpeter, Capitalism, Socialism and Democracy, 1942, Kapitel 7 und 8. S. auch die Beschlussempfehlung u. Bericht des Rechtsausschusses zum Entwurf des ProdHaftG, BT-Drs. 11/5520, 13.

sie eigentlich erwünscht ist, das Aktivitätsniveau ist zu niedrig. Dem kann durch innovationstimulierende Maßnahmen, aber auch und gerade durch eine sinnvolle Einschränkung der Gefährdungshaftung begegnet werden.

### 3.2. Innovationsförderung

Es leuchtet unmittelbar ein, dass Haftungsrecht innovationshemmend wirken kann. Die dem Innovator bei der Verwirklichung eines innovationsimmanenten Risikos drohenden Schadensersatzpflichten müssen als Kosten in die Entscheidung über die Innovation einbezogen werden und können die Innovation letztlich unwirtschaftlich machen. Kann Haftungsrecht aber auch innovationsfördernd wirken? Kann also allein die Existenz von Haftungsregeln Anreize zu innovatorischem Verhalten geben und wie müssten diese Haftungsregeln ausgestaltet sein? Innovationsfördernde Wirkung misst man typischerweise zunächst dem Immaterialgüterrecht zu. Indem dieses dem Innovator ein zeitlich beschränktes Monopol auf die Nutzung seiner Innovation gewährt, schafft es Anreize zu innovatorischem Verhalten. Doch auch das Haftungsrecht kann innovationsfördernd wirken, und zwar unter dem Aspekt der Haftungsvermeidung.

Wer aufgrund von Haftungstatbeständen für Schäden durch seine Aktivität verantwortlich ist, wird Anstrengungen unternehmen, der drohenden Haftung zu entgehen, um die daraus fließenden Kosten zu minimieren. Er kann dazu organisatorische, insbesondere personelle Maßnahmen ergreifen, beispielsweise um einem bestimmten Sorgfaltsstandard zu genügen und damit zumindest eine Verschuldenshaftung auszuschließen. Der Unternehmer kann aber auch – und bei der Gefährdungshaftung ist dies neben der Aufgabe oder Reduzierung der Aktivität die einzige Möglichkeit – innovatorische Maßnahmen ergreifen, um die Aktivität sicherer zu machen und damit die Wahrscheinlichkeit eines Schadenseintritts zu senken. Im Kern geht es also darum, dass die für eine auszuübende Aktivität bestehende Haftungsandrohung Anreize liefert, nach Verbesserungen der Aktivität Ausschau zu halten, die deren Gefährlichkeit und damit das mit ihr verbundene Haftungsrisiko vermindern.[79] Über diesen Umweg der angestrebten Haftungsvermeidung wirkt Haftungsrecht mittelbar innovationsfördernd. Interessanterweise ist es gerade die (eingeschränkte) Gefährdungshaftung, die in bestimmten Konstellationen Innovationen geradezu herausfordert.[80]

Zwei Beispiele mögen das verdeutlichen:

**3.2.1.** Wer eine Eisenbahn betreibt, haftet für die bei ihrem Betrieb entstandenen Personen- und Sachschäden, § 1 Haftpflichtgesetz. Es handelt sich dabei um eine Gefährdungshaftung, das heißt, die Haftung ist nicht an eine Pflichtverletzung des Eisenbahnbetreibers gekoppelt. Eine Haftung lässt sich folglich auch nicht durch

---

[79] G. Hager, Umwelthaftung und Produkthaftung, JZ 1990, 397 (399); ders., NJW 1991, 134 (137); Panther, Zivilrecht und Umweltschutz, in: Ott/Schäfer (Hrsg.), Ökonomische Probleme des Zivilrechts, 1991, 267 (275).

[80] S. Panther (o. Fn. 79), 267 (280).

einen höheren Sorgfaltsstandard vermeiden. Der Eisenbahnbetreiber hat deshalb die Wahl zwischen drei Verhaltensoptionen: (1) er trägt das Risiko der Haftung für die Schäden, (2) er gibt den Betrieb der Eisenbahn auf oder (3) er versucht, den Betrieb der Eisenbahn sicherer zu machen. Letzteres würde die Wahrscheinlichkeit des Eintritts eines Schadens minimieren und damit seiner Inanspruchnahme entgegen wirken bzw. zumindest die dafür zu kalkulierenden Kosten senken. Die drohende Haftung, die auch durch Einhaltung größtmöglicher Sorgfalt nicht vermeidbar ist, birgt hier einen ökonomischen Anreiz, Verbesserungen – Innovationen – vorzunehmen, wenn das Aktivitätsniveau der Unternehmung selbst beibehalten werden soll.

Ohne die drohende Haftung wäre beispielsweise die fortwährende Erhöhung von Sicherheitsstandards durch neue Sicherungsmaßnahmen unter ökonomischem Blickwinkel nicht sinnvoll, weil ab einem bestimmten Punkt der Grenznutzen hinter den Grenzkosten für eine zusätzliche Einheit Sicherheit zurückbleibt. Damit bliebe aber auch der jeweilige Sicherheitsstandard hinter dem technisch machbaren und gesellschaftlich möglicherweise wünschenswerten Niveau zurück.

Wie bereits erwähnt, führt eine Gefährdungshaftung zu einem optimalen Aktivitätsniveau. Um dieses im Interesse einer Nutzenmaximierung anzuheben, das heißt in unserem Beispiel, mehr Eisenbahnfahrten durchzuführen, bedarf es weiterer Maßnahmen, um die Schadenswahrscheinlichkeit zu senken. Dazu sind ebenfalls Innovationen nötig, um deren Generierung sich der Betreiber der Eisenbahn bemühen wird.

**3.2.2.** Das Gleiche lässt sich im Pharmasektor demonstrieren. Dort unterliegt der Hersteller von Arzneimitteln einer eingeschränkten Gefährdungshaftung, die aber – im Gegensatz zum Produkthaftungsrecht – teilweise auch Entwicklungsrisiken umfasst.[81] So haftet der Hersteller, wenn das Arzneimittel bei bestimmungsgemäßem Gebrauch schädliche Wirkungen hat, die über ein nach den Erkenntnissen der medizinischen Wissenschaft vertretbares Maß hinausgehen (§ 84 Absatz 1 Nr. 1 AMG). Maßgeblich ist dabei nach herrschender Ansicht der Kenntnisstand im Zeitpunkt der Entscheidung über den Anspruch und nicht des Inverkehrbringens.[82] Die Haftung tritt also grundsätzlich[83] auch dann ein, wenn die schädigende Nebenwirkung zum damaligen Zeitpunkt objektiv noch nicht erkennbar war.[84] Anders als im Produkthaftungsrecht kann sich der Arzneimittelhersteller nicht mit dem Hinweis auf *lege artis* durchgeführte Forschung und Entwicklung berufen. Diese besondere

---

[81] Deutsch, in: Deutsch/Lippert (Hrsg.), Kommentar zum Arzneimittelgesetz, 3. Aufl. 2010, § 84 Rn. 1.

[82] Rehmann, AMG, 2. Aufl. 2003, § 84 Rn. 5; Deutsch/Spickhoff, Medizinrecht, 6. Aufl. 2008, Rn. 1494; Deutsch, in: Deutsch/Lippert (Hrsg.), § 84 Rn. 16; a.A. (Zeitpunkt des Inverkehrbringens) Sander, Arzneimittelrecht, § 84 Anm. 14.

[83] Zu den Ausnahmen s. Jenke, Haftung für fehlerhafte Arzneimittel und Medizinprodukte, 2004, 50.

[84] Jenke (o. Fn. 80), 49; Flatten, Die Haftung nach dem Arzneimittelgesetz, MedR 1993, 463 (465); Vogeler, Die speziellen Haftungsvoraussetzungen des § 84 Satz 2 AMG, MedR 1984, 132 (134).

Haftungssituation zwingt ihn geradezu zu fortwährenden Innovationsanstrengungen, um mögliche Nebenwirkungen seiner Produkte auch nach Markteinführung zu erforschen und zu eliminieren oder zumindest in letzter Konsequenz das Medikament vom Markt zu nehmen bzw. durch ein nebenwirkungsärmeres Mittel zu ersetzen. Angesichts der hier drohenden Gefahren für die Patienten erscheint dies auch durchaus sachgerecht.

Die beiden Beispiele dürfen freilich nicht als Plädoyer missverstanden werden, Innovationsanreize zukünftig allein dem Haftungsrecht zu überantworten. Dafür sind in vielen Fällen andere Mechanismen weit besser geeignet, indem sie Innovationen direkt stimulieren und nicht nur mittelbar über den Aspekt der Haftungsvermeidung. Außerdem fördert das Haftungsrecht primär Prozessinnovationen, d. h. Innovationen, die sich auf ein bereits bestehendes Produkt beziehen und lediglich dessen Weiterentwicklung und Verbesserung betreffen. Das bestehende Produkt wird dadurch zwar sicherer, jedoch werden tendenziell keine neuen Produkte hervorgebracht, da diesen ein zu großes, weil noch unbekanntes Haftungsrisiko anhängt.[85] Es kann sich deshalb empfehlen, bestimmte Entwicklungsrisiken aus der Gefährdungshaftung auszunehmen. Der Innovator erhielte dadurch genügend Freiraum für Produktinnovationen, ist aber zugleich gehalten, bereits eingeführte Innovationen auf dem aktuellen Stand zu halten.

Jedenfalls sollte man sich der positiven Innovationsrelevanz des Haftungsrechts bewusst sein, um Haftungsregeln nicht von vornherein als per se innovationsfeindlich anzusehen. Selbst Gefährdungshaftungstatbestände können unter bestimmten Voraussetzungen Anreize zu Innovationen liefern. In einer Abwägung über die Einführung, Ausgestaltung oder Abschaffung von Haftungstatbeständen sind diese positiven Effekte zumindest zu berücksichtigen.

## 4. Fazit

Die vorstehenden Überlegungen haben gezeigt, dass Innovationsrelevanz nicht nur dem Immaterialgüterrecht zukommt, sondern auch auf den ersten Blick in dieser Hinsicht ganz unverdächtigen Normen des allgemeinen Zivilrechts. Insbesondere das Haftungsrecht hat einen erheblichen Einfluss auf innovatorisches Verhalten. Abhängig von ihrer Ausgestaltung können Haftungstatbestände sowohl innovationshemmend als auch innovationsfördernd wirken. Die Schwierigkeit besteht nun darin, das richtige Maß bei der Einführung und Ausgestaltung von Haftungstatbeständen zu finden, um optimale Handlungsanreize zu geben, zugleich aber die mit Innovationen zwangsläufig verbundenen Risiken sachgerecht zu begrenzen und negative Nebenwirkungen angemessen zu verteilen. Parameter sind dabei insbesondere der volkswirtschaftliche Nutzen der Innovation, das gesellschaftliche Interesse an ihr und die durch sie drohenden Schäden bei Dritten und der Allgemeinheit.

Haftungsregeln dürfen dabei nicht vorschnell ausschließlich mit Innovationshemmung in Verbindung gebracht werden. Wie oben dargelegt, wirkt sich beispielsweise die Verschuldenshaftung kaum auf innovatorisches Verhalten aus, weil

---

[85] S. Final Report (o. Fn. 71), 132 f.

hier bereits die Einhaltung der gebotenen Sorgfalt im Innovationsprozess die Haftung für später eintretende, *ex ante* nicht vorhersehbare Schäden ausschließt. Dagegen tendiert die strenge Gefährdungshaftung dazu, das innovatorische Aktionsniveau unter das gesellschaftlich und volkswirtschaftlich wünschenswerte Maß abzusenken. In bestimmten Konstellation vermag die eingeschränkte Gefährdungshaftung allerdings auch Anreize zu innovativem Verhalten geben.

# Innovationsförderung durch Schutz der Vertragsfreiheit in § 1 GWB

*Andreas Neef* *

## Abstract

*Das Kartellverbot ist ein der Rechtfertigung bedürftiger Eingriff in die grundrechtlich geschützte Vertragsfreiheit der im Kartell verbundenen Unternehmen. Auch wenn der Begriff des Wettbewerbs nicht in einem einheitlich definiert werden kann, so ist dennoch eine auf den Bereich des Rechts begrenzte Definition notwendig. Anderenfalls würde die Rechtfertigung des Kartellverbots bereits an der Benennung eines verfassungsrechtlich legitimen Ziels des Grundrechtseingriffs scheitern. Dieses Ziel – und damit der „Wettbewerb" selbst – ist der Schutz der materiellen Vertragsfreiheit der Marktgegenseite. Durch diese ist eine Auswahlfreiheit zwischen verschiedenen sich anbietenden Optionen zur Befriedigung eines Bedürfnisses gewährleistet. Diese Auswahlfreiheit führt letztlich zur bestmöglichen Güterverteilung und damit zu Innovation.*



---

* Dr. iur. Andreas Neef, LL.M., M.A, Wissenschaftlicher Assistent, für Bürg. Recht und Gew. Rechtsschutz, Heinrich-Heine-Universität Düsseldorf; DAAD-Fachlektor, Deutsches und Europäisches Wirtschaftsrecht, Universität Szeged (Ungarn)

## 1. Einführung – Kartellverbot und Innovation

Das Kartellverbot im engeren Sinne bezeichnet das an Unternehmen gerichtete Verbot, wettbewerbsbeschränkende Vereinbarungen zu treffen. Für Vereinbarungen mit grenzüberschreitender Wirkung innerhalb Europas findet sich das Verbot in der ersten der drei Varianten des Art. 101 Abs. 1 AEUV, für lediglich auf Deutschland bezogene Vereinbarungen in der ersten Variante des wortlautgleichen[1] § 1 GWB. Das Kartellverbot im weiteren Sinne beinhaltet daneben die in denselben Vorschriften zu findenden Verbote wettbewerbsbeschränkender abgestimmter Verhaltensweisen sowie entsprechender Beschlüsse von Unternehmensvereinigungen.

Soweit im Folgenden vom Kartellverbot die Rede ist, ist damit zum Zwecke der Exemplifikation des in diesem Beitrag herauszuarbeitenden Verhältnisses von Kartell- und Verfassungsrecht stets das Kartellverbot im engeren Sinne gemeint, also das Verbot wettbewerbsbeschränkender Vereinbarungen. Die maßgeblichen Gedanken lassen sich jedoch – freilich unter leichter Abwandlung der normativen Anknüpfungen[2] – auch auf die beiden anderen Varianten des § 1 GWB übertragen, also auf die Verbote wettbewerbsbeschränkender Beschlüsse und abgestimmter Verhaltensweisen.

Außer Betracht bleibt in diesem Beitrag das europäische Kartellverbot des Art. 101 Abs. 1 AEUV. Es wird nämlich zu zeigen sein, dass es für die Legitimation des nationalen Kartellverbotes eines Rückgriffs auf gewisse, dem einfachen Gesetzesrecht vorgehende verfassungsrechtliche Grundlagen bedarf. Diese nationalen Verfassungsvorgaben können für das europäische Gemeinschaftsrecht nicht als normhierarchisch übergeordnete Vorgaben in Ansatz gebracht werden.[3] Die Frage, wie unter Zugrundelegung des hier darzustellenden Wettbewerbsverständnisses im nationalen Sinne das Verhältnis von europäischem und deutschem Kartellverbot zu bewerten ist, ist insbesondere im Hinblick auf die Friktionen der jeweils zugrunde liegenden Vorstellungen über das geschützte Rechtsgut „Wettbewerb" eine weiterführende Problematik, für deren Erörterung bei Weitem mehr Zeit und Platz von Nöten ist, als im Rahmen dieses Beitrags zur Verfügung steht, und die daher an anderer Stelle zu diskutieren sein wird.

---

[1] Wortlautgleich sind § 1 GWB und Art. 101 Abs. 1 AEUV freilich nur bis auf die Zwischenstaatlichkeitsklausel, die im nationalen Kartellverbot keinen Platz hat. Sie ist es, die die Abgrenzung der Anwendungsbereiche des rein nationalen und des europäischen Kartellverbots leistet.

[2] Als Maßstab der verfassungsrechtlichen Rechtfertigung müssen für die Einschränkung der Tätigkeit von Unternehmensvereinigungen oder der nicht vertragsbezogenen Tätigkeit von Unternehmen u.U. andere Grundrechte herangezogen werden als die im Falle des die verfassungsrechtlich geschützte Vertragsfreiheit einschränkenden Verbots wettbewerbsbeschränkender Vereinbarungen.

[3] Dies gilt jedenfalls insoweit, als die „Solange"-Rechtsprechung des BVerfG (grundlegend BVerfGE 89, 155 ff.) nicht etwas anderes geböte. Diese Frage ist jedoch eine nachrangige, der die Klärung des nationalen Legitimationsbedürfnisses vorauszugehen hat. Lediglich um Letztere geht es hier.

## 1.1 Tatbestand und Zweck des § 1 GWB

§ 1 GWB verbietet es Unternehmen, Vereinbarungen zu treffen, die eine Einschränkung, Verfälschung oder Verhinderung des Wettbewerbs bezwecken oder bewirken. Unmittelbarer Schutzgegenstand des Kartellverbots ist also der Wettbewerb, wobei die drei Varianten des Angriffs auf diesen einheitlich als „Beschränkung" des Wettbewerbs zusammengefasst werden.[4]

Dass gewisse Vereinbarungen zwischen Unternehmen verboten sind, ist – auch in einem marktwirtschaftlichen System der Güterverteilung – keineswegs eine Selbstverständlichkeit. Noch im 19. Jahrhundert und in der ersten Hälfte des 20. Jahrhunderts war Deutschland ein Land der Kartelle[5], gebilligt von Politik und Justiz[6]. Der Gedanke dahinter war: Wenn die Güterverteilung privatautonom von Unternehmen an Abnehmer geschieht, so ist es in erster Linie notwendig, die die Produkte herstellenden und vertreibenden Unternehmen von Eingriffen in ihre unternehmerische Freiheit freizuhalten, um den jederzeitigen Bestand ihrer Produkte zu gewährleisten. Also mussten diese Unternehmen auch die Freiheit haben, gegenseitige Vereinbarungen mit wettbewerbsbeschränkender Wirkung zu schließen. Zwar waren die maßgeblichen Gedanken der marktwirtschaftlichen Ordnung bereits lange vorher bekannt.[7] Außer einer diese Ordnung kaum schützenden weil weitgehend wirkungslosen Kartellverordnung aus dem Jahre 1923 gab es jedoch kein spezielles Marktstrukturrecht. Die Fälle des heutigen § 1 GWB mussten über die allgemeine Norm des § 138 Abs. 1 BGB gelöst werden[8], da der Gedanke des Vorrangs der Gewerbefreiheit der Unternehmen und damit auch deren Freiheit zum Kartellvertragsschluss aufrecht erhalten wurde.

Diese Sichtweise änderte sich dann jedoch, angefangen von den gedanklichen Grundlegungen der neo-liberalen ORDO-Vertreter – insbesondere zu nennen sind hier *Franz Böhm*[9] und *Werner Eucken*[10] – in der ersten Hälfte des 20. Jahrhunderts über die Dekartellierungsgesetze der Allierten nach dem Ende des 2. Weltkrieges und schließlich bis hin zum Inkrafttreten des GWB im Jahre 1958. Die hinter dem seit dem Inkrafttreten des GWB im deutschen Kartellrecht etablierten Kartellverbot stehenden Gedanken sind die folgenden.

Erstens: Die bekannteste Funktion, die die Marktwirtschaft und damit auch der Wettbewerb erfüllen sollen, ist die Befriedigung der Bedürfnisse des Einzelnen durch Güterallokation. Grundsätzlich haben sich zwei Systeme hierfür ausgebildet. Zum einen die zentrale Zuweisung von Waren und Dienstleistungen an den Bedürf-

---

[4] Näher – auch zum europäischen Verständnisses des Begriffs der Wettbewerbsbeschränkung – Neef, Kartellrecht, 2008, Rn. 39.

[5] Emmerich, Kartellrecht, 11. Auflage 2008, § 2, Rn. 5.

[6] Z.B. RGZ 38, 155, 158 ff.

[7] Vgl. Smith, An Inquiry into the Nature and Causes of the Wealth of Nations, Chicago u.a. 1952, Neuauflage des Werks aus dem Jahre 1776.

[8] Vgl. MünchKommGWB/Säcker, Einleitung Rn. 1.

[9] Böhm, Wettbewerb und Monopolkampf, 1933, S. 187 ff.; ders. in: Kartelle und Monopole im modernen Recht, Band I 1961, S. 3 ff.

[10] Eucken, Die Grundlagen der Nationalökonomie, 6. Auflage 1950.

tigen durch den Staat (Zentral- oder Planwirtschaft) und zum anderen die autonome Bedürfnisbefriedigung des Einzelnen durch vertraglich abgesicherten Austausch mit anderen (Marktwirtschaft).[11]

Die Vorzüge der Marktwirtschaft liegen in zweierlei begründet, zum einen in normativer Hinsicht, zum anderen hinsichtlich der tatsächlichen Befriedigung des Produktbedarfs. Dem Menschenbild der Selbstbestimmtheit, wie es sich in Fortführung aufklärerischer Tendenzen herausgebildet und in Deutschland zum Verfassungsgut entwickelt hat, entspricht normativ die privatautonome Güterallokation als zentraler Teil der Lebensführung mehr als die heteronom-staatliche Festlegung der Bedürfnisse und ihrer Befriedigung. Zudem gelingt es in einem dezentralen System der Güterverteilung bei Weitem besser, die tatsächlich bestehenden Bedürfnisse zu eruieren und zu bedienen, während es sich in einem zentralwirtschaftlichen System stets um normativ festgelegte Bedürfnisse handelt, die mit der Lebenswirklichkeit des Einzelnen nicht unbedingt etwas zu tun haben müssen.

Diese Funktion der Güterallokation wird als wirtschaftspolitische Funktion des Wettbewerbs bezeichnet.

Zweitens: Wettbewerb führt zu einer mehrfachen Entmachtung von Unternehmen. Zum einen werden Unternehmen im Verhältnis zur Marktgegenseite entmachtet, wenn sie nicht einseitig über Vertragskonditionen entscheiden können, sondern sich im Vergleich mit anderen Unternehmen um den Vertragsabschluss mit der Marktgegenseite bewerben müssen. Zum anderen werden Unternehmen im Hinblick auf die Einflussnahme auf gesellschaftliche Prozesse, namentlich hinsichtlich des Einflusses auf politische Entscheidungen, entmachtet, wenn sie sich nicht in einer beherrschenden Position – allein oder im Verbund – wiederfinden. Dies ist in einem demokratischen System, in dem jede Stimme das gleiche Gewicht haben sollte, unverzichtbar. Durch die so herbeigeführte Entmachtung der Unternehmen im Verhältnis zueinander und im Verhältnis zur Allgemeinheit gelingt zudem eine möglichst gerechte Einkommensverteilung.

Diese Funktionen des Wettbewerbs werden als gesellschaftspolitische Funktionen bezeichnet.[12] Sie sind zwar bei Weitem nicht so bekannt wie die Funktion der Güterallokation durch Wettbewerb, ihre Erfüllung ist wirtschafts- und staatstheoretisch jedoch mindestens so wichtig wie diese, solange in einem dezentralen System den privaten Mächten die Strukturierung der Gesellschaft im Sinne der Gerechtigkeit in die Hände gegeben wird.

Drittens: Private Macht kann jedoch ebenso die Freiheit anderer beeinträchtigen wie staatliche Macht und damit die Funktionalität des Wettbewerbs außer Kraft setzen.[13] Daher bedarf es in einem System der Privatautonomie ebenso wie für die Begrenzung staatlicher Macht durch Grundrechte einer Begrenzung privater Wirt-

---

[11] Diese beiden Systeme werden freilich nie vollkommen umgesetzt. So gibt es etwa auch im deutschen System der Marktwirtschaft zu Gunsten höherrangiger Rechtsgüter Elemente staatlicher Güterzuweisung, z.B. im Bereich der sozialen Absicherung. Daher handelt es sich eben nicht um „freie“ sondern um „soziale“ Marktwirtschaft.

[12] Vgl. Neef, (Fn. 4), Rn. 4.

[13] Vgl. MünchKommGWB/Säcker, Einleitung Rn. 12.

schaftsmacht, die einerseits dadurch erreicht werden soll, dass der Zusammenschluss von Unternehmen – sei es im technischen Sinne einer Fusion oder durch Verträge im Kartell – und damit das Entstehen derartiger Machtkumulationen von vornherein erschwert und unter Kontrolle gestellt wird, andererseits dadurch, dass bereits marktmächtig gewordenen Unternehmen[14] im Rahmen einer Machtmissbrauchskontrolle[15] rücksichtsvolleres Verhalten die Marktstruktur betreffend abverlangt wird als anderen Unternehmen. Die beschränkte Freiheit anderer, das sei an dieser Stelle bereits erwähnt, ist in allererster Linie die Freiheit zum Vertragsschluss und die Freiheit der Wahl des Vertragsinhalts. Denn wenn ein Unternehmen einem anderen durch bloß eigene oder im Verbund mit anderen Unternehmen kumulierte Wirtschaftsmacht Vertragsschluss und –inhalt diktieren kann, so ist die Vertragsparität offensichtlich in großer Gefahr. Gerade sie ist es aber, die vertragtheoretisch die sogenannte Vertragsgerechtigkeit herstellt, deren Erreichung in einer Gesellschaft der privatautonomen Güterallokation unabdingbar ist.

Dies – die wirtschaftspolitische und die gesellschaftspolitische Funktion – sollen „Wettbewerb" und dessen Schutz durch § 1 GWB erfüllen.

## 1.2 Die innovationsfördernde Wirkung des Kartellverbots

Nicht genannt wurde bisher die Innovation als Zweck des Wettbewerbs und damit des Kartellverbots. Das hat seinen Grund. Innovation muss nicht als eigener Zweck des Kartellverbots ausgestaltet sein, was mit dem Zusammenhang des Begriffs der Innovation und der Funktion der Güterallokation zusammenhängt. Dies sei im Folgenden erläutert.

### 1.2.1 Die Position der am Kartell beteiligten Unternehmen

Schließen Unternehmen ein Kartell, so geschieht das zu dem Zweck der Risikominimierung. Unternehmensträger sind zunächst einmal nicht an der Verwirklichung der wettbewerblichen Funktionen, sondern an Umsatz und Gewinn interessiert. Konkurrenz bedeutet Kampf um den Abschluss von Verträgen mit der Marktgegenseite. Ein Kampf jedoch kann verloren werden. Das Kartell dient – kurz gesagt – dazu, das Verlustrisiko zu minimieren, indem der angesetzte Kampf zwischen den Konkurrenten einvernehmlich abgesagt wird. Jedes Unternehmen erbringt als Gegenleistung den Verzicht auf die Chance, den Kampf zu gewinnen, und begnügt sich statt dessen mit einem kleineren Teil des bei einem Gesamtsieg möglichen Gewinns, der dafür jedoch sicher ist.

Besonders deutlich wird dieser Mechanismus bei Gebietsabsprachen. Vereinbaren zwei Marktführer in einer Kartellabsprache, dass der eine nur in Süd- und der andere nur in Norddeutschland seine Waren verkaufen wird, so ist das die einvernehmliche Absage des Kampfes zwischen diesen beiden Unternehmen um Ver-

---

[14] Da es gerade Zweck der Marktwirtschaft ist, dass Unternehmen um die Vormachtsstellung auf einem Markt kämpfen, kann internes Wachstum eines Unternehmens nicht an sich verboten werden, auch nicht im Falle einer daraus resultierenden marktbeherrschenden Stellung.

[15] Für Deutschland: §§ 19, 20 GWB; für Europa: Art. 102 AEUV.

tragsabschlüsse mit der Marktgegenseite im gesamten Bundesgebiet. Statt dessen begnügen sich beide mit dem Gewinn, den sie jeweils in einem kleineren Territorium erzielen können, für den Vorteil, dort gegen den je anderen auch nicht mehr verlieren zu können. Im Falle der Gebietsabsprache wird der Zweck des Kartell besonders deutlich und geradezu räumlich fassbar: Man kommt sich nicht in die Quere.

### 1.2.2 Die Position der Marktgegenseite eines kartellierten Unternehmens

Die Marktgegenseite der kartellierten Unternehmen verspürt zunächst einmal durch das Kartell keine unmittelbare Beeinträchtigung. Denn für sie kommt es regelmäßig primär darauf an, das Bedürfnis nach einem bestimmten Produkt befriedigen zu können. Dies ist weiterhin der Fall, das Produkt ist – im Falle etwa einer Gebietsabsprache beim jeweiligen für das Gebiet nach der Kartellabsprache zuständigen Unternehmen – weiterhin zu beziehen. Problematisch ist für die Marktgegenseite nicht das, was zur Deckung des Bedarfs zur Verfügung steht. Problematisch ist für die Marktgegenseite und für das gesamte System des oben beschriebenen Wettbewerbs ein mittelbarer Nachteil: nicht das Optimum der Bedarfsdeckung zu erhalten. Ohne die Absprache der Unternehmen müssten diese nämlich im Kampf um Vertragsabschlüsse mit der Marktgegenseite stets versuchen, dieser das im Vergleich mit der Konkurrenz bessere, günstigere oder mit attraktiveren Zusatzdienstleistungen versehene Produkt anbieten zu können. Dies entfällt durch das Kartell. Die ursprünglich getrennt zu betrachtenden Unternehmen treten nunmehr als Einheit auf, die einem einheitlichen Plan folgt. Dieser Plan bewirkt zum einen die Manifestation einer gemeinsamen Machtkumulation der beteiligten Unternehmen und dadurch bedingt zum anderen das Versagen der dem wettbewerblichen Konkurrenzdenken immanenten wirtschaftlichen und gesellschaftlichen Funktionen.

### 1.2.3 Die Folge des Kartellverbots: Innovation durch Wettbewerbsdruck

Das Kartellverbot besteht zu dem Zweck, genau dieses Versagen des Wettbewerbs aufgrund von Absprachen gerade der in Konkurrenz zueinander stehenden Unternehmen selbst zu verhindern. Dass die Erreichung der gesellschaftspolitischen Funktion des Wettbewerbs hierdurch befördert wird, bedarf keiner näheren Erläuterung – hier geht es vor allem um die Vermeidung von wirtschaftlichen Machtkumulationen zur Vermeidung von einseitigem Einfluss Einzelner. Zugleich werden aber auch, und zwar zusammenhängend, die Funktion der Güterverteilung erfüllt – auch dies ist wenig überraschend – und Innovation gefördert. Zur Erläuterung der innovationsfördernden Wirkung der wirtschaftlichen Konkurrenz und ihres Zusammenhangs mit der Güterallokation ist es notwendig, den Blick darauf zu lenken, was „Innovation" eigentlich ist und wie sie zustande kommt.

Innovation ist nichts, das von vornherein feststeht und das lediglich noch aufgefunden werden müsste. Innovation stellt sich letztlich als Ergebnis des Wettbewerbsprozesses ein. Indem die Mehrheit der Marktgegenseite als Empfänger eines Produktes oder eines Absatzweges eine bestimmte Lösung zur Befriedigung ihres Bedarfs als die – unter Berücksichtigung aller Begleitumstände – beste anerkennt, wird diese Lösung zur Innovation. Die Lösung zur Bedarfsdeckung, die sich am

Ende als die am meisten akzeptierte herausstellt, mag von denjenigen, die ihr diese Akzeptanz entgegenbringen, zuvor überhaupt nicht in den Blick genommen worden sein. Daher kann Innovation niemals als etwas schon Feststehendes, sondern immer nur als etwas angesehen werden, das im Verlauf eines Prozesses sich als solche offenbart. Dies drückt nichts anderes aus als das, was *von Hayek* mit dem Begriff „Wettbewerb als Entdeckungsverfahren"[16] gemeint hat. Innovation ist also in der Funktion des Wettbewerbs zur bestmöglichen Güterverteilung bereits mit enthalten. Denn was bestmöglich ist, bestimmt sich nicht absolut sondern danach, was die Marktgegenseite als bestens und damit in Abgrenzung zu bisherigen Lösungsvorschlägen als innovativ anerkennt. Es wird bereits hier deutlich, dass es hierzu eine gewisse, materiell bestehende Auswahlmöglichkeit zwischen verschiedenen Angeboten geben muss.

## 2. Normative Probleme des Wettbewerbsschutzes

### 2.1 Das Problem einer Definition des Wettbewerbs

Das größte Problem bei der Erfassung des Tatbestandes des § 1 GWB stellt das Merkmal des „Wettbewerbs" dar. Klar ist, dass es sich um wirtschaftlichen Wettbewerb handeln muss, da ansonsten die Beschränkung des Verbots auf Unternehmen keinen Sinn ergäbe. Damit allerdings ist die Grenze des Bereichs, über den weitgehend Einigkeit herrscht, bereits erreicht. Während zunächst noch versucht wurde, eine Definition des Wettbewerbsbegriffs vorzuschlagen, herrscht in der neueren Literatur[17] die Auffassung vor, dass dieser Begriff nicht definierbar sei. Die Rechtsprechung hat sich dieses Problems, soweit ersichtlich, nicht angenommen, sondern stellt in aller Regel auf gewisse Wettbewerbsfunktionen ab, deren Beeinträchtigung es zu vermeiden gelte – ein Vorgehen freilich, welches ein gewisses unausgesprochenes Vorverständnis des Wettbewerbs voraussetzt.

Richtig ist, dass „Wettbewerb" kein einheitlich auftretendes Phänomen ist. Sportlicher Wettbewerb ist etwas anderes als wirtschaftlicher Wettbewerb, der Wettbewerb der Rechtssysteme ist etwas anderes als ein Schönheitswettbewerb. Eine einheitliche Definition des Begriffs wird daher kaum gelingen können. Es stellt sich aber die Frage, ob nicht jeweils eine Definition möglich ist, eingeschränkt auf den Bereich, welcher eben gerade im Fokus der Betrachtung steht – also hier: ob eine (und zwar nur!) für die Rechtsordnung gültige Benennung dessen möglich ist, was § 1 GWB mit „Wettbewerb" bezeichnet. Da es sich beim Recht um ein normatives Konstrukt handelt, liegt es bei diesem Vorgehen nahe, auch die Definition des Wettbewerbs normativ vorzunehmen.[18]

---

[16] Von Hayek, Der Wettbewerb als Entdeckungsverfahren, in: Freiburger Studien, Tübingen 1969.

[17] Vgl. Neef (Fn. 4), Rn. 36.

[18] Daraus folgt dann zugleich, dass der Rechtsbegriff des Wettbewerbs in verschiedenen normativen Systemen jeweils anders zu verstehen sein kann, so etwa der deutsche und der europäische Begriff in Art. 101 AEUV und § 1 GWB.

## 2.2 Die Grundrechtsrelevanz des Kartellverbots

Klarheit über den Begriff „Wettbewerb" im Sinne des § 1 GWB ist nicht nur aus systemästhetischen Gründen wünschenswert. § 1 GWB richtet an Unternehmen das Verbot des Abschlusses bestimmter Verträge. Die Grundrechtsrelevanz dieses gesetzgeberischen Vorgehens liegt dem Grunde nach auf der Hand. Wenn auch im Rahmen dieses Beitrags konkrete vertiefende grundrechtsdogmatische Ausführungen weder zwingend noch geboten sind, so ist doch offenbar, dass sich Unternehmen nach Art. 19 Abs. 3 GG auf wirtschaftlich relevante Grundrechtspositionen berufen können. Der Vertragsschluss als Ausdruck der Unternehmenspolitik stellt ein Verhalten dar, auf das der Schutz der Vertragsfreiheit Anwendung findet, sei es unter Heranziehung der allgemeinen Handlungsfreiheit oder auf der Grundlage spezieller wirtschaftlich ausgerichteter Grundrechte. Verfolgt der Gesetzgeber, wie in § 1 GWB, das Ziel des Wettbewerbsschutzes durch ein Vertragsverbot, so bedarf es dafür einer verfassungsrechtlichen Rechtfertigung, die mit der Definition des Schutzgutes beginnen muss.

## 2.3 Die Notwendigkeit einer zumindest begrenzten Wettbewerbsdefinition nach der 7. GWB-Novelle

Einer zumindest normativ auf den Bereich des Rechts begrenzten positiven Definition des Wettbewerbsbegriffs bedarf es umso dringender, als mit der 7. GWB-Novelle im Jahre 2005 die Freistellungstatbestände der §§ 2-8 GWB a.F. weggefallen sind. Aus diesen war vielfach im Umkehrschluss gefolgert worden, was Bestandteile des Wettbewerbs waren. Durch den Wegfall dieser Tatbestände fehlt es nunmehr an einer Anknüpfung für derartige Umkehrschlüsse im nationalen Recht.[19] Gerade im grundrechtsrelevanten Bereich ist es aber unabdingbar, den Gegenstand, zu dessen Gunsten eine Einschränkung von Grundrechten erfolgt, klar zu bestimmen. Gelingt dies nicht, so scheitert die verfassungsrechtliche Rechtfertigung bereits an der Geeignetheit, da kein Ziel benannt werden kann, anhand dessen die Eignung des Eingriffs überprüft werden könnte. Zwar könnten auf den ersten Blick die über § 2 Abs. 2 GWB in nationalen Bezug genommenen Gruppenfreistellungsverordnungen des Rates und der Kommission zu Art. 101 Abs. 3 AEUV einen Ansatzpunkt für entsprechende Rückschlüsse darstellen, wie sie zuvor mit Blick auf die §§ 2-8 GWB a.F. gezogen wurden. Dies würde jedoch verkennen, dass den europäischen Regelungen, wie bereits eingangs erwähnt[20], die dem nationalen Kartellverbot normhierarchisch übergeordneten Vorschriften, insbesondere der Verfassung, nicht in gleicher Weise übergeordnet sind wie dem nationalen einfachen Gesetzesrecht. Für das rein nationale Kartellverbot bedarf es daher einer autonomen Bestimmung des Wettbewerbsbegriffes unabhängig davon, welches Konzept der europäische Gesetzgeber in Art. 101 AEUV verfolgt.

---

[19] Die §§ 3, 28 und 30 GWB stellen zwar Ausnahmetatbestände zu § 1 GWB dar, sind allerdings durch außerwettbewerbliche Erwägungen geprägt und stellen daher Ausnahmeerscheinungen, jedoch keinen geeigneten Anhaltspunkt zur Bestimmung des „Normalfalls Wettbewerb" dar.

[20] Oben S. 1 f.

Mit diesem Problem eng verbunden ist naturgemäß dasjenige der verfassungsrechtlich gebotenen Bestimmtheit einer in Grundrechte eingreifenden Vorschrift. Denn wenn nicht klar ist, zu welchem Zweck – i.e.: „Wettbewerb“ – Grundrechte beschränkt werden, so vermag kein betroffenes Unternehmen in verlässlicher Weise zu prognostizieren, was ihm verboten, weil den „Wettbewerb“ beschränkend ist.

## 3. Vertragsfreiheit durch Vertragsverbot – ein Paradoxon?

Der Titel dieses Beitrags zielt auf den innovationsfördernden Schutz der Vertragsfreiheit durch das Kartellverbot. Und da das Kartellverbot nichts anderes als ein Vertragsverbot ist, läuft die These auf den Schutz der Vertrags*freiheit* durch ein Vertrags*verbot* hinaus. Dies ist erklärungsbedürftig:

### 3.1 Zur Vertragsfreiheit der am Kartell beteiligten Unternehmen

Ein erster und auch nicht fernliegender Gedanke ist der, dass durch das Kartellverbot die am Kartellvertrag beteiligten Unternehmen von ihren kartellvertraglichen Pflichten entbunden werden und so ohne Rücksicht auf derartige Bindungen, etwa Vertriebsbeschränkungen oder Wettbewerbsverbote, mit Dritten Verträge schließen können. Durch das Kartellverbot des § 1 GWB und die mit ihm einhergehende Nichtigkeit des Kartellvertrags nach § 134 BGB[21] wird den Unternehmen also diejenige wirtschaftliche Betätigungsfreiheit zurückgegeben – genauer: aufrechterhalten –, die ihnen durch den Kartellvertrag genommen werden sollte. Diesen Ansatz verfolgt wohl nach wie vor die europäische Kartellrechtspraxis der Kommission und des EuGH.[22] Im Hinblick auf die Realisierung des Binnenmarktes und als Flankierung der Grundfreiheiten mag diese Sichtweise auf europäischer Ebene durchaus ihre Berechtigung haben; Allerdings ist diese Frage hier nicht zu vertiefen. Jedoch begegnet der Gedanke des Schutzes der Vertragsfreiheit der am Kartell beteiligten Unternehmen auf nationaler Ebene durchgreifenden Bedenken.[23]

#### 3.1.1 Erster Ansatzpunkt: Schutz der beteiligten Unternehmen vor sich selbst

Der hinter dem Schutz der beteiligten Unternehmen stehende Gedanke ist, wie gesagt, recht einfach: durch den Kartellvertrag gehen die beteiligten Unternehmen gegenseitige Verpflichtungen ein, deren Erfüllung dazu führt, dass es ein freies, selbstbestimmtes Agieren am Markt nicht mehr gibt. Durch die Eingehung solcher Verpflichtungen im Kartellvertrag wird also dem einzelnen Unternehmen eine freiheitsbeschränkende Bindung an dessen Pflichtenprogramm auferlegt. Da diese Freiheitsbeschränkung aber nicht vereinbar ist mit dem wettbewerblichen Grund-

---

[21] MünchKommGWB/Säcker, § 1 R. 5.

[22] Z.B. EuGH, Slg. 1981, 2021 – Gerhard Züchner/Bayerische Vereinsbank AG, wo das Selbständigkeitspostulat als maßgebliches Kriterium der Wettbewerbsbeschränkung herausgestellt wird.

[23] A.A. die ganz allgemeine Meinung, die (auch) das europäische Wettbewerbskonzept national anwenden will; z.B. MünchKommGWB/Säcker, § 1 Rn. 2.

gedanken autonom handelnder Unternehmen, die letztlich zu bestmöglicher Güterallokation, zu Innovationen und zur Erfüllung der gesellschaftspolitischen Funktionen des Wettbewerbs führen, muss sie unterbunden werden. Dies geschieht durch § 1 GWB.

### *3.1.1.1 Der Grundsatz verfassungsrechtlich gesicherter Vertragsfreiheit*

Was zunächst vielversprechend für die Bestimmung des Begriffs des Wettbewerbs klingt, erweist sich bei näherer Betrachtung jedoch als durchaus problematisch. Die verfassungsrechtlich geschützte[24] Vertragfreiheit wurde bereits angesprochen. Sie besagt, dass jeder über das „Ob" eines Vertragsschlusses mit einem bestimmten Vertragspartner in Abstimmung mit diesem ebenso frei entscheiden kann wie über den Inhalt des zu schließenden Vertrags[25] und dass eine Einschränkung dieser Freiheiten einer von der Verfassung akzeptierten Begründung bedarf.

Würde man die Freihaltung der kartellierten Unternehmen von vertraglichen Verpflichtungen jedoch als Begründung zur Einschränkung ihrer eigenen Vertragfreiheit heranziehen, so widerspräche dies dem System der Vertragsfreiheit selbst. Denn das liefe darauf hinaus, einen Vertragpartner vor der Eingehung freiheitsbeschränkender Verpflichtungen zu „bewahren", in dem man ihm den Vertragsschluss untersagt. Das widerspricht jedoch ganz offensichtlich dem Ausgangspunkt, dass es einem jeden selbst überlassen sein soll, ob und mit welchem Inhalt er einen Vertrag schließt.

Richtigerweise ist davon auszugehen, dass die Eingehung vertraglicher Pflichten nicht als Freiheitsbeschränkung anzusehen ist, die bekämpft werden muss, sondern dass es sich hierbei gerade um die Ausübung von Freiheit handelt – nämlich um die Ausübung der Vertragsfreiheit selbst. Wollte man den Schutz der kartellierten Unternehmen als Ausgangspunkt zur Rechtfertigung des Vertragsverbots in 1 GWB nehmen, so müsste diese Argumentation darüber hinaus wohl auf jeden Vertragsschluss angewandt werden: Jeder, der sich in irgendeiner Hinsicht vertraglich bindet, gibt insoweit einen Teil seiner Freiheit her und müsste dann vor dem Verlust dieser Freiheit durch ein Kontrahierungsverbot geschützt werden. Dies ist ein offensichtlich nicht tragfähiges Konzept der Vertragsfreiheit und der Möglichkeiten ihrer Einschränkung.

### *3.1.1.2 Konkretisierung in § 138 Abs. 1 BGB*

Zu dem zuvor Gesagten passt die bereits angesprochene Beziehung zwischen § 1 GWB und § 138 Abs. 1 BGB. Wie schon gesagt ist die spezielle Kartellrechtsnorm aus der allgemeinen Zivilrechtsnorm hervorgegangen; bis zur Einführung des § 1 GWB mussten kartellrechtliche Fragen über § 138 Abs. 1 BGB gelöst werden.[26] Es lohnt sich daher, zum Verständnis des § 1 GWB einen kurzen Blick auf die Dogmatik des § 138 Abs. 1 BGB zu werfen.

---

[24] Vgl. Brox/Walker, Allgemeiner Teil des BGB, 34. Auflage 2010, Rn. 74.

[25] Brox/Walker (Fn. 24), Rn. 75 f.

[26] Ekey, Grundriss des Wettbewerbs- und Kartellrechts, Rn. 18.

§ 138 Abs. 1 BGB bestimmt, dass ein Rechtsgeschäft unwirksam ist, das gegen die guten Sitten verstößt. Bei allen Problemen und Streitpunkten, die eine solch konkretisierungsbedürftige Vorschrift naturgemäß mit sich bringt, war und ist man sich im Grundsatz jedoch über eines einig: Beide an einem zweiseitigen Vertrag beteiligten Partner müssen sittenwidrig handeln, damit die Nichtigkeitsfolge eingreift.[27] Geschützt werden durch § 138 Abs. 1 BGB zum einen Dritte, gegen die sich das sittenwidrige Verhalten richtet. So verhält es sich etwa bei der Gläubigergefährdung. Zum anderen kann die Nichtigkeit eines Vertrags im Interesse übergeordneter Rechte oder Rechtsgüter angeordnet werden, so z.B. im Falle der Nichtigkeit eines Vertrags über den Verkauf von Betäubungsmitteln. § 138 Abs. 1 BGB schützt hingegen grundsätzlich nicht die am Vertrag Beteiligten vor ihrem eigenen Handeln.

Dies bestätigt das oben entwickelte Verständnis der Vertragfreiheit. Das allgemeine Zivilrecht geht davon aus, dass der Einzelne selbstbestimmt sein Leben organisieren soll und kann. Er muss im Grundsatz daher nicht vor seinen eigenen Entscheidungen geschützt werden.[28] Der Abschluss eines Vertrags stellt für den Einzelnen die Ausübung seiner Vertragsfreiheit dar, durch die er selbstbestimmt in vertragliche Pflichten genommen werden kann. Die Tatsache, dass vertragliche Verpflichtungen die Freiheit der Vertragspartner einschränken, kann für sich genommen grundsätzlich nicht zur Sittenwidrigkeit nach § 138 Abs. 1 BGB und damit auch nicht zu einem Verstoß gegen die aus dieser Vorschrift entwickelte Norm des § 1 GWB führen.

#### *3.1.1.3 Bestätigung durch die Ausnahme § 138 Abs. 2 BGB*

Das gewonnene und auf § 1 GWB übertragbare Verständnis des § 138 Abs. 1 BGB wird gestützt durch den Wuchertatbestand des § 138 Abs. 2 BGB. Diese Vorschrift ist insofern eine Ausnahme vom Grundsatz des § 138 Abs. 1 BGB, als dass hier die Nichtigkeit des Rechtsgeschäfts in der Tat zum Schutz eines Vertragspartners angeordnet wird. Der Ausnahmecharakter läßt sich leicht daran ablesen, dass es sich bei den Varianten des Wuchertatbestandes – Zwangslage, Unerfahrenheit, mangelndes Urteilsvermögen sowie erhebliche Willenschwäche einer Partei – gerade um solche Konstellationen handelt, die nicht dem der Rechtsordnung normalerweise zugrunde liegenden Bild eines Menschen entsprechen, der seine Angelegenheiten selbstbestimmt – souverän – zu regeln vermag. Dass für derartige Fälle des Schutzes einer Vertragspartei vor sich selbst oder der Übermacht eines anderen eine eigenständige Norm geschaffen wurde, zeigt, dass dies nicht dem Normalfall entspricht, den § 138 Abs. 1 BGB regelt. Der Normalfall, von dem das Gesetz ausgeht, ist der, dass beide Vertragsparteien sich in jeweiliger souveräner Selbstbestimmung gegenübertreten und die Nichtigkeit des Rechtsgeschäftes nicht zum Schutz eines autonom handelnden Vertragspartners, sondern zum Schutz Dritter oder höherrangiger Rechte oder Rechtsgüter angeordnet wird.

---

[27] Brox/Walker (Fn. 24), Rn. 331.

[28] Brox/Walker (Fn. 24), Rn. 25.

### 3.1.2 Zweiter Ansatzpunkt: Schutz vor der überlegenen Macht anderer Unternehmen

Eine weitere Möglichkeit, die durch § 1 GWB geschützte „Wettbewerbsfreiheit" als die Aufrechterhaltung der wirtschaftlichen Betätigungsfreiheit eines kartellierten Unternehmens zu verstehen, besteht in der Annahme, das Gesetz schütze mit dem Kartellverbot nicht etwa das kartellvertraglich gebundene Unternehmen vor seiner eigenen Entscheidung zum Vertragsschluss sondern vor der Übermacht des Vertragspartners. Durch diese – so könnte der Gedankengang aussehen – wird das unterlegene Unternehmen aus wirtschaftlichen Zwängen heraus genötigt, einem Vertragsschluss zuzustimmen, gleichgültig ob es diesen selbst will oder nicht.

Ein solcher Ansatz entspräche dem Leitbild der Autonomie der Akteure im Ausgangspunkt bei Weitem mehr als der zuvor dargestellte Ansatz. Eine Situation, in der eine Entscheidung nicht selbstbestimmt getroffen wird, sondern durch einen anderen diktiert wird, kann nicht mehr als Ausdruck der Wahrnehmung von Freiheit, im Fall des Kartells: der Vertragsfreiheit, gedeutet werden. Eine solche Situation entspricht denen, die auch § 138 Abs. 2 BGB im Blick hat.

Nun entspricht jedoch § 138 Abs. 2 BGB in seinen Varianten nicht der Situation, die beim Kartellvertragsschluss vorzufinden ist. Grundsätzlich ist das aber unschädlich, da § 138 Abs. 2 BGB lediglich aussagt, was „insbesondere" zur Nichtigkeit des Rechtsgeschäftes führt. Ein vergleichbarer Fall könnte also als weitere Ausnahme zum Grundsatz des § 138 Abs. 1 BGB in diesen inkorporiert werden, und dann bestünde auch die Möglichkeit eines Transfers dieses Ergebnisses in § 1 GWB.

#### *3.1.2.1 Die Ausnahme zu § 138 Abs. 1 BGB als Vorbild*

Derartige Korrekturen einer gestörten Vertragsparität sind im Rahmen des § 138 Abs. 1 BGB nicht unbekannt. Bis hin zum BVerfG hatten sich die Gerichte etwa im Fall der krass überfordernden Bürgschaft zu Gunsten naher Angehöriger[29] mit dieser Problematik auseinanderzusetzen. Entscheidendes Merkmal ist neben weiteren Voraussetzungen für die Nichtigkeit derartiger Rechtsgeschäfte ein strukturelles Missverhältnis zwischen den Vertragparteien, und zwar entweder in wirtschaftlicher oder in intellektueller Hinsicht. Liegt ein solches Mißverhältnis vor, so fehlt es an der Parität der Vertragspartner und damit auch an der dem Vertrag grundsätzlich innewohnenden Vertragsgerechtigkeit. Die Nichtigkeitsfolge ist daher sachgerecht, weil der Vertrag nicht von autonomer Ausübung der Vertragfreiheit getragen ist.

#### *3.1.2.2 Übertragbarkeit auf § 1 GWB*

Bereits an dieser Stelle wird deutlich, dass es sich bei diesem Ansatz kaum um denjenigen handeln kann, der § 1 GWB zugrunde liegt. § 1 GWB ist nicht auf den Bereich beschränkt, in dem ein wirtschaftlich mächtiges Unternehmen einem anderen Unternehmen aufgrund eines strukturellen Ungleichgewichts den Kartellvertrag aufoktroyiert. Erstens passt dies offensichtlich nicht zu den Voraussetzungen einer

[29] BVerfGE 89, 214 ff.

Freistellung vom Kartellverbot nach § 2 Abs. 1 GWB, wonach u.a. der Verbraucher am durch das Kartell entstehenden Gewinn angemessen beteiligt werden muss. Die Beteiligung Dritter an einer Vertragsungerechtigkeit wie der Ausnutzung wirtschaftlicher Überlegenheit lässt sich nicht als Rechtfertigung für das Absehen von der Nichtigkeitsfolge anführen. Zweitens würde dies den Anwendungsbereich des Kartellverbots in einer nicht hinzunehmenden Weise einschränken, da gerade diejenigen marktschädlichen Vereinbarungen nicht verboten wären, die von zwei marktmächtigen Unternehmen getroffen würden. Denn diese beiden Unternehmen stünden in keinem Verhältnis des Ungleichgewichts zueinander. Drittens spricht gegen die Annahme, das Kartellverbot schütze ein an dem Kartell beteiligtes Unternehmen vor struktureller Unterlegenheit gegenüber einem anderen Unternehmen, die Tatsache, dass im Falle eines verbotenen Kartells sämtliche kartellierten Unternehmen im Sinne des Ordnungswidrigkeitenrechts zur Verantwortung gezogen werden. Schützte das Kartellverbot das schwächere Unternehmen vor dem stärkeren, so dürfte in der Konsequenz nur das unsittlich handelnde stärkere Unternehmen mit einem Bußgeld belegt werden.

#### *3.1.2.3 Das Verhältnis des § 1 GWB zu den §§ 19, 20 GWB*

Ein Weiteres spricht gegen dieses enge Verständnis des Kartellverbots. Das Kartellrecht kennt nämlich durchaus den Schutz eines Unternehmens vor dem Missbrauch einer marktbeherrschenden Stellung durch ein anderes Unternehmen. Dieser Schutz findet sich in § 19 Abs. 1 und Abs. 4 GWB niedergelegt. Er wird zudem noch ausgeweitet auf den Schutz vor marktstarken Unternehmen in § 20 GWB. Neben diesen Vorschriften verlöre § 1 GWB seine eigenständige Bedeutung völlig. Denn die Fälle eines wirtschaftlichen Ungleichgewichtes sind gerade diejenigen der §§ 19, 20 GWB. Wollte man § 1 GWB gerade auf diese Fälle beschränken, so hätte die Vorschrift lediglich flankierenden Charakter ohne einen eigenen Normgehalt. Auch dies ist offensichtlich aber nicht gewollt.

#### *3.1.2.4 Zwischenergebnis*

Als Zwischenergebnis lässt sich also festhalten, dass es sich bei der von § 1 GWB geschützten „Wettbewerbsfreiheit" unter keinem Gesichtspunkt um die Freiheit eines oder mehrerer an dem Kartell beteiligten Unternehmen handelt. Der Schutz eines Unternehmens vor seiner eigenen Entscheidung zum Vertragsschluss widerspricht dem Gedanken der Vertragsfreiheit selbst, während die Beschränkung des § 1 GWB auf den Schutz eines Unternehmens vor einem anderen der Systematik des gesamten Kartellrechts entgegenliefe. Vielmehr ist § 1 GWB als Fortführung des Normalfalles im Rahmen des § 138 Abs. 1 BGB zu sehen; d.h. die Nichtigkeitsfolge wird zu Gunsten Dritter oder eines höherrangigen Rechtes oder Rechtsgutes angeordnet. Dies ist im Folgenden zu erörtern.

## 3.2 Die Vertragsfreiheit der Marktgegenseite: ein vertragstheoretischer Wettbewerbsansatz

Um zu verstehen, wie die „Wettbewerbsfreiheit" als Vertragsfreiheit verstanden werden kann, ohne dass sich dies auf die kartellierten Unternehmen bezieht, muss ein dritter Akteur mit in den Blick genommen werden, dessen Schutz das Kartellverbot des § 1 GWB bezweckt. Dies ist die Marktgegenseite, beim Angebotswettbewerb also die Abnehmer und beim Nachfragewettbewerb die Anbieter, ferner bei horizontalen Kartellabsprachen zwischen Konkurrenten dieselbe Marktgegenseite, bei vertikalen Kartellabsprachen jeweils eine Marktgegenseite der beiden Kartellanten. Deren Vertragsfreiheit zu gewährleisten, ist die Aufgabe des Vertragsverbots in Form des § 1 GWB.

### 3.2.1 Die Funktion der Marktgegenseite im Wettbewerb

Um die Innovationswirkung ebenso wie ein Optimum an Bedürfnisbefriedigung durch Güterallokation und die Erfüllung der gesellschaftspolitischen Funktion des Wettbewerbs zu erreichen, bedarf es der Marktgegenseite. Durch deren Auswahl der angebotenen Produkte bzw. der verschiedenen Absatzwege wird bestimmt, welches Angebot ein Bedürfnis besser zu befriedigen imstande ist als andere, mit Blick auf zurückliegende dementsprechende Versuche also: was sich nachträglich als innovativ herausstellt.[30] Zugleich wird durch die Versuche der verschiedenen Akteure auf der Marktgegenseite, bei unterschiedlichen Anbietern auf unterschiedliche Weise und zu unterschiedlichen Konditionen Bedürfnisbefriedigung zu erlangen, eine möglichst gerechte Einkommensverteilung erzielt. Solange also die Marktgegenseite die Freiheit hat, zwischen verschiedenen Produkten – entsprechendes gilt freilich stets auch für den Nachfragewettbewerb – zur Deckung desselben Bedarfs zu wählen, funktioniert das auf Konkurrenz aufgebaute System „Wettbewerb". Die Innovationswirkung ergibt sich dann daraus, dass verschiedene Anbieter unabhängig voneinander versuchen müssen, ihr Angebot das attraktivere sein zu lassen als diejenigen Angebote, die ihre Konkurrenten feil bieten. Die jeweiligen Konkurrenten müssen sich also mit ihrem Lösungsvorschlag bei der Marktgegenseite bewerben und werden hierdurch zu Mitbewerbern.

### 3.2.2 Formale und materielle Vertragsfreiheit

Die Möglichkeit, zwischen verschiedenen Angeboten zur Deckung eines Bedarfs wählen zu können, ist also Voraussetzung für das Funktionieren einer marktwirtschaftlichen Ordnung. Und ebendiese Möglichkeit lässt sich zugleich vertragstheoretisch im Konzept der Vertragsfreiheit wiederfinden. Hierzu muss zwischen zwei Modi unterschieden werden: der bloß formalen und der materiellen Vertragsfreiheit.

Vertragsfreiheit bedeutet, wie gesagt, sich privatautonom für oder gegen den Abschluss eines Vertrages bestimmten Inhalts mit einem konkreten Vertragspartner entscheiden zu können. Diese Freiheit kann jedoch ebenso wie durch den Staat –

[30] Oben S. 7.

hiergegen schützt die Verfassung – auch durch privates Handeln anderer Personen oder durch einen faktisch bestehenden Zustand beeinträchtigt werden. Letzteres ist z.B. dann der Fall, wenn es überhaupt nur einen Anbieter eines Produktes gibt, die Marktstruktur also monopolistisch geprägt ist. In diesem Fall kann sich der Interessent zwar noch formal entscheiden, ob er das Produkt des Monopolisten zu dessen Konditionen erwerben möchte oder nicht; besteht jedoch der Wunsch nach Befriedigung des entsprechenden Bedürfnisses, so hat der Interessent materiell keine Wahl: Er muss beim Monopolisten zu dessen Konditionen erwerben, er hat schlicht keine alternative Bezugsmöglichkeit, an der sich der Monopolist messen lassen müsste. Gegen derartige Zustände ist die Beschränkung der Vertragsfreiheit der Marktgegenseite nur schwach geschützt. Lediglich die gröbsten Auswüchse des Missbrauchs einer solch marktbeherrschenden Stellung und damit durch Hinzutreten weiterer Umstände besonders krasse Beschränkungen der Vertragsfreiheit werden durch die §§ 19, 20 GWB untersagt. Dies ist auch gerechtfertigt, denn es ist weder Aufgabe des Staates, Monopolstellungen zu verhindern – diese können im Falle von Newcomerprodukten sogar erwünscht sein oder auf die wirtschaftliche Tüchtigkeit des Monopolisten zurückgehen –, noch die materielle Vertragsfreiheit der Marktgegenseite herzustellen. Letzteres würde darauf hinauslaufen, Konkurrenten des Monopolisten künstlich am Markt zu platzieren – ein offensichtlich unsinniges, insbesondere weil vielfach schon unmögliches Unterfangen. Zugleich wird man die wirtschaftliche Entfaltungsfreiheit eines Unternehmens nicht deshalb einschränken oder gar verbieten können, nur weil es keinen Konkurrenten hat. Vorgefundene Marktstrukturen müssen daher von allen Akteuren hingenommen werden[31]; es ist, wie gesagt, nicht Aufgabe des Staates, von vornherein nicht bestehende materielle Vertragsfreiheit herzustellen, sondern es ist seine Aufgabe, ihre unsachgemäße Einschränkung zu bekämpfen. Genau dies geschieht durch § 1 GWB.

„Wettbewerb" im Sinne des § 1 GWB bedeutet nichts anderes als die materielle Vertragsfreiheit der Marktgegenseite. Nur wenn nämlich eine echte Auswahlfreiheit der Marktgegenseite besteht, vermag der so erzeugte Druck auf die Mitbewerber eine im oben beschriebenen Sinne innovationsfördernde Güterverteilung, eine möglichst gerechte Einkommensverteilung und die durch ein dezentrales System der Güterverteilung anzustrebende Entmachtung von Unternehmen zu gewährleisten. Die Konsequenz daraus ist, dass es nicht um irgendeine Form der „Wettbewerbsfreiheit" geht – „Wettbewerb" *ist* vielmehr die Freiheit, um die es geht!

### 3.2.3 Verfassungsrechtliche Stimmigkeit

Das so gewonnene Ergebnis ist in verfassungsrechtlicher Hinsicht stimmig:

Mit der Vertragsfreiheit der Marktgegenseite ist ein Schutzgut gefunden, das den Anforderungen an ein zu verfolgendes verfassungsrechtlich konformes Ziel im Falle eines Grundrechtseingriffs genügt. Die Vertragsfreiheit von Unternehmen ist zugunsten der Vertragsfreiheit der Marktgegenseite einzuschränken. Voraussetzung dafür ist lediglich, dass Letztere als materielle, nicht bloß formale Vertragsfreiheit

---

[31] MünchKommGWB/Säcker, § 1 Rn. 7.

verstanden wird. Dann lassen sich sämtliche Funktionen eines wettbewerblichen Systems erreichen, die ganz überwiegend in der Machtlosigkeit von Unternehmen gegenüber der Auswahlmöglichkeit der Marktgegenseite zwischen verschiedenen sich inhaltlich – materiell – unterscheidenden Optionen zusammenlaufen. Das Kartellverbot ist unter diesem Gesichtspunkt nichts anderes als eine durch den einfachen Gesetzgeber herbeigeführte praktische Konkordanz zwischen der Vertragsfreiheit von kartellwilligen Unternehmen und der Vertragsfreiheit der Markgegenseite derer. Vertragsfreiheit ist eben nicht einpolig zu denken, sondern sie bedeutet, dass beide – bzw. alle – Parteien auf das „Ob" und das „Wie" eines Vertrages unter Abwägung der allseitigen Interessen größtmöglichen Einfluss nehmen können.

## 4. Fazit

Das Kartellverbot im engeren Sinne ist ein Eingriff in die grundrechtlich geschützte Vertragsfreiheit der im Kartell verbundenen Unternehmen. Dieser Eingriff bedarf verfassungsrechtlicher Rechtfertigung. Auch wenn der Begriff des Wettbewerbs, den das Kartellverbot zu schützen bestimmt ist, nicht in einem einheitlichen und umfassenden Sinne definiert werden kann, so ist dennoch eine normative, auf den Bereich des Rechts begrenzte positive Definition gerade nach dem Wegfall der Ausnahmetatbestände der §§ 2-8 GWB a.F. notwendig. Anderenfalls würde die Rechtfertigung des Kartellverbots bereits an der Benennung eines verfassungsrechtlich legitimen Ziels des Grundrechtseingriffs scheitern.

Dieses Ziel – und damit der „Wettbewerb" selbst – ist der Schutz der materiellen Vertragsfreiheit der Marktgegenseite potentiell kartellierter Unternehmen. Durch diese ist eine Auswahlfreiheit zwischen verschiedenen sich anbietenden Optionen zur Befriedigung eines Bedürfnisses gewährleistet. Diese Auswahlfreiheit führt letztlich zur bestmöglichen Güterverteilung und damit zu Innovation.

# Neue Technologien als Herausforderung für die Rechtfertigung des Immaterialgüterrechtsschutzes

*Herbert Zech**

## Abstract

*Neue Technologien haben die Produktion und Nutzung unkörperlicher Güter auf vielfache Weise verändert. Damit entstehen auch Friktionen beim rechtlichen Schutz dieser Güter. Vor allem die Rechtfertigung immaterialgüterrechtlichen Schutzes und seine ökonomische Funktion werden herausgefordert. Zentrale Aspekte sind dabei erstens das Entstehen neuer Innovationsfelder, wobei Grundlageninnovationen durch zahlreiche kleinteilige Folgeinnovationen weiterentwickelt werden. Zweitens treten komplementäre Innovationen auf, bei denen sich in einem Produkt eine Vielzahl von Innovationen vereinigt. Drittens vernetzen sich Innovatoren als Teams, in Forschungsverbünden oder kollektiven Innovationsverbünden und viertens treten auch Innovationen ohne geistige Schöpfung auf. Diese Aspekte führen dazu, dass Grundannahmen des Immaterialgüterrechts – ein Schöpfer, eine Schöpfung, ein Produkt – zu Ausnahmen werden. Sie stellen nicht nur das klassische Anreizkalkül, sondern auch den Personenbezug von Schöpfungen als Begründung für die Gewährung von Ausschließlichkeitsrechten in Frage.*



* Dr. jur., Dipl.-Biol., Akademischer Rat auf Zeit am Lehrstuhl für Bürgerliches Recht, Patent-, Urheber- und Wettbewerbsrecht der Universität Bayreuth.

# 1. Einführung

## 1.1 Neue Technologien: absolut und relativ

Der Begriff „neue Technologien" erlaubt ein zweifaches Verständnis, zum einen Technologien, die relativ zu ihrer jeweiligen Zeit neu sind oder waren, zum anderen Technologien, die heute als neu bezeichnet werden können. Zu ihrer Zeit konnte man Farbstoffchemie, Datenverarbeitung (Informationstechnologie) und Gentechnik als neu begreifen. Auf Heute bezogen ist eher an Bioinformatik, Nanotechnologie, Nanobiotechnologie und synthetische Biologie zu denken. Umgangssprachlich würde man von „Hightech" oder „cutting edge technology" sprechen.

Neue Technologien können ganz allgemein als Technologien am Beginn eines Innovationszyklus, der ein komplettes Technikfeld umfasst, definiert werden. Innovationszyklen, verstanden als Zyklen von Invention, Innovation und Diffusion,[1] beziehen sich zunächst nur auf einzelne Innovationen. Sie lassen sich aber auch auf ganze Technologiefelder anwenden. Mit dem Begriff der Innovation wird hier eine güterbezogene Sichtweise verbunden, d.h. Innovation wird als Schaffung neuer (unkörperlicher) Güter verstanden. Wegen des noch darzustellenden kumulativen, inkrementellen und komplementären Charakters von Innovationen in neuen Technologien lassen sich häufig gar keine einzelnen einem bestimmten Gut oder Produkt zuzuordnenden Innovationszyklen mehr bestimmen. Neue Technologien haben dadurch Innovationsprozesse verändert. Ein wichtiges rechtliches Instrument zur Steuerung von Innovationsprozessen ist das Immaterialgüterrecht. Das Entstehen neuer Technologien hat deshalb auch neue Aufgaben für das Immaterialgüterrecht bewirkt. Im Folgenden sollen diese systematisiert werden.

## 1.2 Herausforderungen für das Immaterialgüterrecht

Neue Technologien stellen das Immaterialgüterrecht immer wieder vor Schwierigkeiten. Veränderungen bei der Produktion und Nutzung immaterieller Güter wirken sich auch auf deren rechtliche Zuweisung aus. Dabei sind zwei Blickrichtungen zu unterscheiden: Zum einen erzeugt jede neue Technologie spezifische Probleme bei ihrer rechtlichen Behandlung. So haben Datenverarbeitung und Gentechnik hinsichtlich des rechtlichen Schutzes ihrer Innovationen zahlreiche Fragen aufgeworfen, die jeweils eine eigene Untersuchung rechtfertigen.[2] Als aktuelles Beispiel sind

---

[1] Vgl. Schumpeter, Business Cycles, 1939, 84 ff., wo *Invention* und *Innovation* unterschieden werden.

[2] Dazu aus der jüngsten Literatur Kamlah, Softwareschutz durch Patent- und Urheberrecht CR, (Computer und Recht) 2010, 485 ff.; Teufel, Aktuelles aus dem Bereich Softwarepatentierung, Neues (?) zur Patentierbarkeit von computerimplementierten Erfindungen und Geschäftsmethoden in Europa und USA, Mitt. 2010, 405 ff. bzw. Uhrich, Stoffschutz, 2010, 215 ff. jeweils mit weiteren Nachweisen.

patentrechtliche Implikationen der Nanotechnologie zu nennen.[3] Zum anderen weisen neue Technologien aber übergreifende Merkmale auf, die im Folgenden näher analysiert werden sollen. Dabei gilt das Hauptaugenmerk der Veränderung von Innovationsprozessen.

Aufgrund der geschilderten Zielsetzung müssen einige Charakteristika neuer Technologien unberücksichtigt bleiben: *Beschleunigung* und *Miniaturisierung* sind zwar beobachtbare Trends bestimmter neuer Technologien (IT, Nanotechnologie), sollen aber ausgeblendet bleiben, da ihre allgemeine Gültigkeit unklar ist.[4] So kann man im Bereich der Pharmazie schwerlich von einer Beschleunigung sprechen, wobei allerdings die lange Dauer der dortigen Innovationszyklen eher auf gesetzliche Vorgaben wie die arzneimittelrechtliche Zulassung zurückzuführen ist, als auf die Technologie selbst. Interessante Aspekte neuer Technologien, die aber aus einem technologiespezifischen Blickwinkel zu untersuchen wären, sind die *Technisierung bislang untechnischer Gebiete* (Datenverarbeitung, Biotechnologie) und die *Verschmelzung unterschiedlicher Technologiebereiche* (Bioinformatik, Nanotechnologie als Querschnitt aus Physik, Chemie und Biologie).

Zu den übergreifenden Charakteristika neuer Technologien, die zugleich die Art und Weise von Innovationsprozessen beeinflussen, lässt sich die *Erschließung eines bislang unbekannten Gebiets für weitere Innovationen* zählen. Grundlageninnovationen bzw. -inventionen[5] bilden das Fundament für eine Vielzahl kleinteiliger Folgeinnovationen. Als über den gesamten Zeitraum der Technikgeschichte auszumachender Trend fällt die zunehmende Komplexität neuer Technologien ins Auge. Diese hat eine *Erhöhung des finanziellen und personellen Aufwands* bei Innovation und Güterproduktion[6] zur Folge. Neue Produkte vereinigen eine Vielzahl von Innovationen auf sich (insbesondere technische Geräte wie etwa ein Mobiltelefon).[7] Durch die Vernetzung der Akteure (Einzelpersonen, Industrie, staatliche Forschung) wird der Aufwand in zunehmendem Maße verteilt. Schließlich entstehen auch *neuartige (unkörperliche) Güter*, deren Produktion im Wesentlichen durch technische Mittel geleistet wird. Die genannten Charakteristika verändern Innovationsprozesse und wirken sich so auf die Rechtfertigung immaterialgüterrechtlichen Schutzes aus. Auf diese soll nun genauer eingegangen werden.

---

[3] Huebner, Zur Neuheit von Erfindungen aus der Nanotechnologie, GRUR 2007, 839 ff.; Uhrich/Zech, Patentierung von Nanomaschinen – Stoffschutz versus Vorrichtungsschutz, GRUR 2008, 768 ff.; Schauwecker, Nanotechnologische Erfindungen im U.S.-amerikanischen Patentrecht, GRUR Int 2009, 27 ff.; Zech, Nanotechnology – New Challenges for Patent Law?, SCRIPTed 2009, 147 ff.

[4] Nicht behandelt werden neben der Beschleunigung von Innovationszyklen auch andere IT-spezifische Effekte wie die Entwertung von Information (und damit bestimmter Immaterialgüter) sowie die leichtere Verletzbarkeit und erschwerte Durchsetzbarkeit geistigen Eigentums.

[5] Im Folgenden wird nicht mehr zwischen *Invention* und *Innovation* getrennt, sondern unabhängig von der Vermarktbarkeit von *Grundlageninnovationen* gesprochen.

[6] Da unkörperliche Güter betrachtet werden, sind hier die Entwicklungskosten gemeint. Die Grenzkosten gehen gegen Null.

[7] Ohly, „Patenttrolle" oder: Der patentrechtliche Unterlassungsanspruch unter Verhältnismäßigkeitsvorbehalt?, Aktuelle Entwicklungen im US-Patentrecht und ihre Bedeutung für das deutsche und europäische Patentsystem, GRUR Int 2008, 787 (791).

### 1.3 Rechtfertigung des Immaterialgüterrechts

Immaterialgüter werden durch verschiedene Rechte geschützt, die ihren Inhabern ausschließliche Befugnisse zuweisen: Neben der Ausführung bestimmter technischer Lehren im Patentrecht ist dabei vor allem die Wiedergabe persönlicher geistiger Schöpfungen im Urheberrecht zu nennen. Mit den verwandten Schutzrechten des Urheberrechts hat aber auch der Schutz anderer Leistungsergebnisse wie Tonträger oder Datenbanken im Immaterialgüterrecht Einzug gehalten. Die Zuweisung ausschließlicher Befugnisse schränkt Dritte in ihrer Handlungsfreiheit ein. Sie bedarf daher der Rechtfertigung. Während nichtökonomische Gründe nur einen Teil des immaterialgüterrechtlichen Schutzes zu begründen vermögen, gewinnt die ökonomische Analyse der Immaterialgüterrechte nicht nur an Bedeutung, sondern wird auch laufend verfeinert.[8] Bei den Gründen für den Immaterialgüterrechtsschutz setzt auch die Herausforderung durch neue Technologien an.

Bei den nichtökonomischen Gründen für den Schutz von Immaterialgütern ist vor allem die auf *Locke* fußende Arbeitstheorie zu nennen: Durch Arbeit wird der Gegenstand der Bearbeitung mit der Persönlichkeit des Bearbeitenden vermischt. Dadurch wird das Recht an der eigenen Person auf den Gegenstand der Bearbeitung ausgedehnt. Anders als die nicht weiter begründbare Belohnungstheorie, der zu Folge jedem der Lohn der eigenen Arbeit gebühren solle, hat die Arbeitstheorie bis heute großen Einfluss.[9] Im deutschen Urheberrecht, das nach der monistischen Theorie sowohl durch wirtschaftliche Aspekte als auch durch den Persönlichkeitsgehalt persönlicher geistiger Schöpfungen gespeist wird, kommt dem Persönlichkeitsbezug besondere Bedeutung zu. Er ist auch der Grund für die besonders lange Schutzdauer des Urheberrechts.

Die wesentliche Funktion von Immaterialgüterrechten ist jedoch ökonomischer Natur. Immaterialgüterrechte dienen der Behebung von Marktversagen hinsichtlich der Schaffung (Erzeugung) und Nutzung (Verbreitung) unkörperlicher Güter. Das klassische Anreizparadigma geht davon aus, dass die Gewährung von Ausschließlichkeitsrechten Anreize für die Schaffung neuer Immaterialgüter setzt. Zwar wird

---

[8] Siehe aus der jüngeren Literatur zum Immaterialgüterrecht allgemein Menell/Scotchmer, in: Mitchell/Shavell, Handbook of law and economics, 2007, 1473 ff.; Ohly, in: Ohly/Klippel (Hrsg.), Geistiges Eigentum und Gemeinfreiheit, 2007, 1 (3 ff.); Bechthold, Zur rechtsökonomischen Analyse im Immaterialgüterrecht, GRUR Int 2008, 484 ff.; zum Patentrecht Haedicke, Patentrecht, 2009, 8 ff.; Uhrich (Fn. 2), 98 ff.; zum Urheberrecht Ohly, in: Depenheuer/Peifer (Hrsg.), Geistiges Eigentum: Schutzrecht oder Ausbeutungstitel?, Zustand und Entwicklungen im Zeitalter von Digitalisierung und Globalisierung, 2008, 141 ff.; Schack, in: Depenheuer/Peifer (Hrsg.), Geistiges Eigentum: Schutzrecht oder Ausbeutungstitel?, Zustand und Entwicklungen im Zeitalter von Digitalisierung und Globalisierung, 2008, 123 ff.; Leistner, Der Beitrag ökonomischer Forschung zum Urheberrecht, Bestandsaufnahme und interdisziplinäre Ideenskizze, ZGE / IPJ 1 (2009), 403 ff.

[9] Vgl. Hettinger, Justifying Intellectual Property, Philosophy & Public Affairs 18 (1989), 31 (43 ff.); Brocker, Arbeit und Eigentum, Der Paradigmenwechsel in der neuzeitlichen Arbeitstheorie, 1992, 292 ff.; Moore, in: Moore (Hrsg.), Intellectual property, moral, legal, and international dilemmas, 1997, 81 (81); Oberndörfer, Die philosophische Grundlage des Urheberrechts, 2005, 63 ff.; Schack (Fn. 8), 123 ff.

dadurch die Nutzung vorhandener Güter erschwert.[10] Die verringerte statische Effizienz soll aber bei entsprechender Gestaltung der Ausschließlichkeitsrechte durch erhöhte dynamische Effizienz (verstärkte Erzeugung neuer Güter) überkompensiert werden. Neben den Anreiz zur Schaffung neuer Immaterialgüter tritt die effizientere Verbreitung vorhandener: Das Patentrecht schafft einen Anreiz zur Offenbarung geheimer Erfindungen. Urheber- und Patentrecht überwinden das Informationsparadox und machen so Information als Immaterialgut handelbar.

Die geschilderten ökonomischen Theorien haben den Nachteil, dass sie keine weiteren Innovationen in den Blick nehmen, die auf der geschützten aufbauen (*sequentielle* oder *kumulative Innovationen*).[11] EDMUND KITCH geht mit seiner *prospect theory* davon aus, dass Immaterialgüterrechte der effizienteren Steuerung weiterer Innovationen durch den Erstinnovator dienen.[12] Daneben steht aber die Erkenntnis, dass Schutzrechte auch negative Anreize für Folgeinnovationen setzen. Berücksichtigt man daher die Folgeinnovationen, so können Schutzrechte sogar dynamische Ineffizienz erzeugen. Letzten Endes kommt es darauf an, ob über alle Innovationsgenerationen hinweg eine Innovationssteigerung bewirkt wird. Für bestimmte Bereiche, wie die Entwicklung von Software, wird dies bezweifelt.[13]

## 1.4 Rechtfertigung und neue Technologien

Die Rechtfertigung des Immaterialgüterrechts wird durch neue Technologien in besonderem Maße herausgefordert. Wie gezeigt, bedürfen Immaterialgüterrechte der Rechtfertigung. Entweder es liegt ein Marktversagen vor, das durch die Gewährung von Ausschließlichkeitsrechten behoben werden kann, oder es gibt nichtökonomische Gründe, ein solches Recht zu gewähren. Die aufgezeigten Besonderheiten neuer Technologien – die Entstehung neuer Technologiefelder, die Komplexität neuer Technologien und die Entstehung neuer Güter – wirken sich auf beide Ansätze aus. Vier wichtige Tendenzen sollen dabei näher untersucht werden:

---

[10] Posner, Economic analysis of law, 7. Aufl. (2007), 42 nennt tracing costs (werden geringer durch IT), negotiating costs (werden geringer durch liability rules), allocative costs (werden höher durch Grundlagencharakter).

[11] Scotchmer, Standing on the Shoulders of Giants: Cumulative Research and the Patent Law, Journal of Economic Perspectives 5 (1991), 29 ff.; Green/Scotchmer, On the division of profit in sequential innovation, RAND Journal of Economics 26 (1995), 20 ff.; Scotchmer, Innovation and incentives, 2004, 127 ff.; Menell/Scotchmer (Fn. 8), 1473 (1499 ff.); Bessen/Maskin, Sequential innovation, patents, and imitation, RAND Journal of Economics 40 (2009), 611 ff.; Uhrich (Fn. 2), 122 ff.

[12] Kitch, The Nature and Function of the Patent System, J.L.E. 20 (1977), 265 ff.

[13] Bessen/Maskin, Sequential innovation, patents, and imitation, RAND Journal of Economics 40 (2009), 611 (611); Nuvolari, Open Source Software Development: Some Historical Perspectives, http://opensource.mit.edu/papers/nuvolari.pdf (Stand: 17.11.2010). Während Bessen/Maskin dies darauf zurückführen, dass Innovation in diesem Bereich kumulativ und komplementär (im Sinne von vielen parallelen Forschungsansätzen) verläuft, sieht Nuvolari den Grund in der Kombination von kumulativem und inkrementellem (kleinteiligem) Charakter. Die zusätzliche Kleinteiligkeit der Folgeerfindungen unterscheidet gerade kumulative Innovation bei neuen Technologien, wie etwa Software, von derjenigen in klassischen Technikbereichen.

Erstens gestaltet sich das Ziel der Innovationsförderung bei der *Entstehung neuer Technologiefelder* schwieriger, als wenn man die klassische Einzelinnovation betrachtet. Bei der Entstehung neuer Technologiefelder ermöglichen wenige nicht vermarktbare Grundlageninnovationen zahlreiche kleinteilige marktreife Folgeinnovationen.[14] Durch diese Abhängigkeit erweist sich das einfache Anreizkalkül auf beiden Stufen (Grundlagen- und Folgeinnovationen) als zu vereinfachend. Die ökonomische Funktion wandelt sich vom Anreiz für einzelne Innovationen zur Maximierung der Gesamtinnovation in einem Technologiefeld über die gesamte Zeit seiner Entwicklung. Unökonomisch gesprochen geht es nicht um die Belohnung für einzelne Innovationen, sondern um die gerechte Verteilung der Wertschöpfung über die gesamte sich verzweigende Innovationskette.

Zweitens führt eine *Vielzahl von Innovationen bei marktreifen neuen Technologien* dazu, dass einzelne Produkte auf einer großen Zahl einzelner Innovationen beruhen. Diese Komplementarität[15] von Innovationen stellt ebenfalls eine Herausforderung für die ökonomische Funktion von Immaterialgüterrechten dar. Sofern die Einzelinnovationen geschützt sind, führt sie dazu, dass an einzelnen Produkten eine Vielzahl von Schutzrechten besteht. Dadurch kann es zu Ineffizienzen in der Phase der Diffusion kommen, die im Patentrecht als *Trolling* bekannt sind.

Die Komplexität neuer Technologien äußert sich drittens auch in der *Vernetzung von Innovatoren*. An die Stelle Einzelner treten Teams, Institutionen und Entwicklungsverbünde. Auch die Vernetzung stellt das Immaterialgüterrecht vor neue Aufgaben. Die Ermöglichung des Transfers von Innovationen erhält als ökonomische Funktion neues Gewicht. Die personelle Zuordnung von Ausschließlichkeitsrechten zu einzelnen Schöpfern wird in Frage gestellt.

Diese Tendenz bekommt viertens Unterstützung durch das Auftreten neuer unkörperlicher Güter, die nicht mehr auf einer geistigen Schöpfung beruhen (*Innovation ohne Schöpfung*). Lichtbilder und Datenbanken sind Beispiele für Güter, deren Schutz durch Leistungsschutzrechte zwar ökonomisch sinnvoll, gleichzeitig aber auch zu begrenzen ist. Mangels Persönlichkeitsbezugs lassen sich derartige Rechte auch nicht nach dem Vorbild des Urheberrechts begründen.

---

[14] Merges/Nelson, On the Complex Economics of Patent Scope, Colum. L. Rev. 90 (1990), 839 (880): „In industries like those producing automobiles, aircraft, electric light systems, semiconductors and computers, technical advance is cumulative, in the sense that today's advances build on and interact with many other features of existing technology." Menell/Scotchmer (Fn. 8), 1499: „Cumulative technologies tend to involve multiple components, serve as building blocks for further incremental innovation, and often spur wide-ranging applications. Automobiles, aircraft, electric light systems, semiconductors, and computers fall within this category. Some chemical technologies are hybrids of discrete and cumulative models. [...] The biotechnology field reflects several cumulative features."

[15] Vgl. den Begriff in anderer, wenn auch ähnlicher Bedeutung bei Bessen/Maskin, Sequential innovation, patents, and imitation, RAND Journal of Economics 40 (2009), 611 (611): „We argue that when innovation is "sequential" (so that each successive invention builds in an essential way on its predecessors) and "complementary" (so that each potential innovator takes a different research line), patent protection is not as useful for encouraging innovation as in a static setting." Wie hier Hübner, in: Eifert/Hoffmann-Riem (Hrsg.), Geistiges.

## 2. Entstehung und Weiterentwicklung von Innovationsfeldern

Neue Technologien zeichnen sich dadurch aus, dass sie ganze Bereiche weiterer Innovation neu erschließen. Dies geschieht durch wenige Grundlageninnovationen zu Beginn, die dann eine Vielzahl von Folgeinnovationen ermöglichen. Bei neuen Technologien findet sich deshalb ein besonders hoher Anteil sequentieller bzw. kumulativer, d.h. aufeinander aufbauender, Innovationen.[16] Prominentes Beispiel ist der künstliche Transfer einzelner Gene, dessen Entwicklung zur Grundlage der gesamten Gentechnik wurde.[17] Hinzu kommt, dass Folgeinnovationen häufig kleinteiligen (inkrementellen) Charakter haben. Vor allem das Patentrecht muss auf den Unterschied zwischen Grundlagen- und Folgeinnovationen reagieren.[18] Ein Blick auf das bestehende Recht zeigt aber, dass entsprechende Mechanismen bereits vorhanden sind. Im Urheberrecht stellt sich das Problem in weniger gravierender Weise.

### 2.1 Ökonomische Funktion von Immaterialgüterrechten bei sequentieller (kumulativer) Innovation

Durch den hohen Anteil kumulativer Innovationen wird das klassische Anreizparadigma, das nur einzelne Erfindungsgenerationen betrachtet, in Frage gestellt. Der Anreiz für Grundlageninnovationen muss erweitert werden um die mögliche Blockadewirkung für die folgenden Erfindungsgenerationen.[19] Dagegen gewinnt die effiziente Nutzung vorhandener Innovationen, insbesondere die Förderung ihrer Verbreitung, besondere Bedeutung.

---

[16] Scotchmer (Fn. 11), 127 für Biotechnologie, Computer-Software und Computer-Hardware; Haedicke, in: Depenheuer/Peifer (Hrsg.), Geistiges Eigentum: Schutzrecht oder Ausbeutungstitel?, Zustand und Entwicklungen im Zeitalter von Digitalisierung und Globalisierung, 2008, 111 (114 f.) und Moufang, in: Depenheuer/Peifer (Hrsg.), Geistiges Eigentum: Schutzrecht oder Ausbeutungstitel?, Zustand und Entwicklungen im Zeitalter von Digitalisierung und Globalisierung, 2008, 89 (108) für die Biotechnologie; Bessen/Maskin, Sequential innovation, patents, and imitation, RAND Journal of Economics 40 (2009), 611 (612) für die Software- und Computerindustrie.

[17] Zum patentrechtlichen Schutz dieser Innovation in den USA: Bera, The story of the Cohen–Boyer patents, Current Science 96 (2009), 760 ff.

[18] Thurow, Needed: A New System of Intellectual Property Rights, Harvard Business Review 1997, 95 (98) bringt das Problem für den Patentschutz auf folgende griffige Formel: „We also need to differentiate between fundamental advances in knowledge and logical extensions of existing knowledge. Each deserves a different kind of patent.“.

[19] Vgl. Scotchmer, Standing on the Shoulders of Giants: Cumulative Research and the Patent Law, Journal of Economic Perspectives 5 (1991), 29 ff.; Scotchmer (Fn. 11), 127 ff.; Green/Scotchmer, On the division of profit in sequential innovation, RAND Journal of Economics 26 (1995), 20 ff.; Mackenrodt, in: Drexl (Hrsg.), Research handbook on intellectual property and competition law, 2008, 80 (93); Bessen/Maskin, Sequential innovation, patents, and imitation, RAND Journal of Economics 40 (2009), 611 ff.; Uhrich (Fn. 2), 122 ff.; Früh/Lichtenegger, Immaterialgüterrecht und „Schlüsselgegenstände“, Zur schutzrechtsübergreifenden Behandlung von Gegenständen von erhöhter Relevanz für die Allgemeinheit, ZGE / IPJ 2 (2010), 119 (128).

### 2.1.1 Effiziente Produktion immaterieller Güter (dynamische Effizienz, Anreizwirkung für Grundlagen- und Folgeinnovationen)

Gewährt man Grundlageninnovationen starken Schutz, besteht die Gefahr einer Blockade für die Folgeinnovationen. Gewährt man schwachen oder gar keinen Schutz, kann ein mangelnder Anreiz für die Entwicklung und Offenbarung solcher Erfindungen ebenfalls das gesamte Technologiefeld in seiner Weiterentwicklung behindern. Umgekehrt stellt sich auch die Frage, wie mit – möglicherweise nur geringfügigen – Weiterentwicklungen umgegangen werden soll, die unter Umständen eine Technologie erst vermarktbar machen. Gewährt man ihnen zu starken Schutz, schreckt man Grundlageninnovatoren ab. Zu schwacher Schutz könnte dagegen die Weiterentwicklung durch andere Innovatoren unattraktiv machen.[20]

Je nach Autor wird einer der beiden Aspekte betont[21]: Entweder steht die Gefahr fehlender Anreize für frühe Innovationen bei fehlender Amortisationsmöglichkeit im Vordergrund[22] oder aber es wird das Blockadepotential für Folgeinnovationen als vorrangiges Problem gesehen.[23] Als zentrales Problem gilt der richtige Schutz für Grundlageninnovationen: Grundlagenforschung ist besonders kostenintensiv bei zunächst fehlender Vermarktungsmöglichkeit (Inventionsphase). Es entstehen hohe versunkene Kosten, deren Amortisation besonders riskant ist. Andererseits stehen Grundlageninnovationen am Anfang der Entwicklung ganzer Technologiefelder, so dass ihr Schutz zu einem Flaschenhalseffekt führen kann. Für Weiterentwicklungen durch Mitbewerber bestünde dann kein Anreiz mehr. Damit gibt es auf dieser Stufe einerseits ein besonderes Anreiz-, andererseits aber auch ein besonderes Freihaltebedürfnis. Eine Lösung könnte darin bestehen, Grundlageninnovationen nicht generell schutzlos zu stellen, den Umfang des Schutzes aber zu begrenzen. Neben der Diskussion um die angemessene Breite vor allem des Patentschutzes gehören hierher auch bestimmte Schranken, wie § 11 Nr. 2 PatG oder § 24 UrhG, und Zwangslizenzen, wie etwa § 24 Abs. 2 PatG. Durch sie wird das Tätigen

---

20 Nach der prospect theory wäre dies unproblematisch, da sie den Grundlageninnovator für den effizientesten Weiterentwickler hält. Kumulative Innovation zeichnet sich aber gerade dadurch aus, dass sie durch eine Vielzahl von Folgeinnovatoren effektiver vollzogen wird; hierzu Burk/ Lemley, Policy Levers in Patent Law, Va. L. Rev. 89 (2003), 1575 (1619 f.). Damit bliebe nur die Lizenzierung als Lösung, die aber Transaktionskosten verursacht.

21 Menell/Scotchmer (Fn. 8), 1473 (1499).

22 Scotchmer, Standing on the Shoulder of Giants: Cumulative Research and the Patent Law, Journal of Economic Perspectives 5 (1991), 29 (31); Green/ Scotchmer, On the division of profit in sequential innovation, RAND Journal of Economics 26 (1995), 20 (20 f.); Scotchmer (Fn. 11), 129.

23 Merges/Nelson, On the Complex Economics of Patent Scope, Colum. L. Rev. 90 (1990), 839 (843 f. et passim); Nuvolari, Open Source Software Development: Some Historical Perspectives, http://opensource.mit.edu/papers/nuvolari.pdf (Stand: 17.11.2010); Bessen, Holdup and licensing of cumulative innovations with private information, Economics Letters 82 (2004), 321 ff.; Bessen/Maskin, Sequential innovation, patents, and imitation, RAND Journal of Economics 40 (2009), 611 ff.; Blair/Cotter, Intellectual property, Economic and legal dimensions of rights an remedies, 2005, 17 f.; Schäfer/Ott, Lehrbuch der ökonomischen Analyse des Zivilrechts, 4. Aufl. (2005), 625 f.

und gegebenenfalls auch Vermarkten von Folgeinnovationen vom Schutz der Grundlageninnovationen ausgenommen. Als dritter Hebel können auch die Voraussetzungen für den Schutz von Folgeinnovationen so angepasst werden, dass auf sämtlichen Stufen kumulativer Innovation eine ausreichende Anreizwirkung vorhanden ist.

### 2.1.2 Effiziente Allokation immaterieller Güter (statische Effizienz)

Neben der Anreizwirkung rücken zunehmend auch Funktionen des geistigen Eigentums in den Fokus, die sich nicht auf die Schaffung immaterieller Güter, sondern auf die effiziente Verwendung, insbesondere Verbreitung, vorhandener Güter beziehen (*ex-post-* statt *ex-ante*-Betrachtung[24]). Nach der *prospect theory*[25] wird eine effiziente Allokation gerade durch die Verleihung von Ausschließlichkeitsrechten gefördert, da sie dem Rechteinhaber die Steuerung der Weiterentwicklung ermöglichen. In kumulativen Innovationsfeldern wird aber die effiziente Weiterentwicklung gerade durch eine Vielzahl von Folgeinnovatoren gewährleistet. Zwar besteht für diese die Möglichkeit der Lizenznahme, die aber immer mit Transaktionskosten verbunden ist. Die Gewährung eigener Schutzrechte für Folgeinnovatoren gibt diesen zwar einen Hebel bei Lizenzverhandlungen.[26] Bei zu starken Rechten der Grundlageninnovatoren werden jene aber zunächst ihre Monopolrendite schöpfen und an der Vermarktung von Weiterentwicklungen kein Interesse haben.[27]

Als Grundsatz ist in kumulativen Innovationsfeldern davon auszugehen, dass maximale Effizienz der Verwendung vorhandener Innovationen (also von Gütern, die sich durch fehlende Rivalität auszeichnen) durch maximale Verbreitung erzielt wird. Die Verbreitung geheimen Wissens oder anderer öffentlich nicht zugänglicher nicht-rivaler Immaterialgüter wird durch die Verleihung von Schutzrechten gefördert, weil sie deren Offenbarung bzw. öffentliche Verbreitung fördern. Dies setzt nicht notwendig voraus, dass entsprechende Rechte nur bei Offenbarung verliehen werden, wie es im Patentrecht der Fall ist. Ganz allgemein machen Immaterialgüterrechte ihren Schutzgegenstand handelbar, indem sie das Informationsparadox auflösen.[28] Immaterialgüter können am Markt angeboten werden, ohne dass deren unkontrollierte Verbreitung mit der Folge fehlender Amortisationsmöglichkeiten befürchtet werden muss.

Anders als der klassische Anreizgedanke behalten Immaterialgüterrechte ihre Rolle als Motor der Verbreitung von Innovationen auch in kumulativen Innovationsfeldern unverändert bei. Der Verbreitung kommt hier sogar eine besonders

---

[24] Uhrich (Fn. 2), 113.

[25] Kitch, The Nature and Function of the Patent System, J.L.E. 20 (1977), 265 ff.

[26] Blair/Cotter (Fn. 23), 19 f. Voraussetzung ist zudem, dass zumindest das Tätigen von Folgeinnovationen vom Schutz der Grundlageninnovationen nicht erfasst wird. Paradebeispiel dafür ist das Versuchsprivileg des § 11 Nr. 2 PatG.

[27] So nach Bessen/Maskin, Sequential innovation, patents, and imitation, RAND Journal of Economics 40 (2009), 611 (612), die als Beispiel die US-amerikanische Softwareindustrie unter dem Regime eines starken patentrechtlichen Softwareschutzes anführen.

[28] Merges, Transactional View of Property Rights, Berkeley Tech. L. J. 20 (2005), 1477 (1487 ff.); Haedicke (Fn. 8), 10 f.; Uhrich (Fn. 2), 114.

große Bedeutung zu, da sie kumulative Innovationen erst ermöglicht. Allerdings zeigen empirische Studien, dass die Verbreitung nicht zwingend auf die Gewährung von Schutzrechten angewiesen ist.[29] Offene Innovation[30] ist offenbar auch ohne Schutzrechte möglich. Das Beispiel von Softwareentwicklernetzwerken zeigt aber, dass Schutzrechte dazu dienen können, Entwicklungsfelder offen zu halten, d.h. eine einseitige Verwertung durch Folgeinnovatoren zu verhindern.[31] Dies könnte eine der zentralen Funktionen von Schutzrechten darstellen. Ob das auch für Schutzrechte gilt, deren Erlangung mit hohen Kosten verbunden ist, wie etwa Patente, bleibt abzuwarten. Im Bereich der synthetischen Biologie gibt es zumindest Ansätze für *commons*-Patente.[32]

## 2.2 Schutz von Grundlageninnovationen

Der Schutz von Grundlageninnovationen wird im Patentrecht auch als *upstream patenting* bezeichnet.[33] In das Bewusstsein der Öffentlichkeit ist dieses Phänomen durch die Diskussion um „Genpatente" gelangt.[34] Für den Bereich der Biomedizin wurde auch der Begriff der *anticommons* geprägt, die durch eine Patentierung grundlegender Innovationen entstehen und zu einer Verringerung der Gesamtinnovation führen kann.[35] Ein beispielhaftes Technikgebiet, das insgesamt noch in einem frühen Stadium steckt und viele Grundlagenerfindungen hervorbringt, ist die Nanotechnologie.

Die erste Stellschraube, um eine effiziente Verteilung zwischen Grundlagen- und Folgeinnovatoren herzustellen, ist die Schutzfähigkeit von Grundlageninnovationen. Hier bietet das Patentrecht mehrere Voraussetzungen, die eine zu weite Ausdehnung des patentrechtlichen Schutzes in den Grundlagenbereich verhin-

---

29 Nuvolari, Open Source Software Development: Some Historical Perspectives, http://opensource.mit.edu/papers/nuvolari.pdf (Stand: 17.11.2010); Nuvolari, Collective invention during the British Industrial Revolution: the case of the Cornish pumping engine, Cambridge Journal of Economics 28 (2004), 347 ff; Bessen/Maskin, Sequential innovation, patents, and imitation, RAND Journal of Economics 40 (2009), 611 (612).

30 Zum Begriff s.u. unter 4.2.

31 Näher dazu s.u. unter 4.2.2.

32 Haedicke, in: Leible/Ohly/Zech (Hrsg.), Wissen – Märkte – Geistiges Eigentum, 2010, 93 (103 f.); Henkel/Maurer, Parts, property and sharing, Synthetic biology should look to other industries' models for ownership and open sharing, Nature Biotechnology 27 (2009), 1095 (1097).

33 Haedicke (Fn. 16), 115; Moufang (FN. 16), 107 verwendet den Begriff „frühe Erfindungen". Lemley, Patenting Nanotechnology, Stanford Law Review 58 (2005), 601 (606 ff.) bezeichnet Grundlageninnovationen als „building blocks" bzw. „basic building blocks". Nach der Einteilung von Früh/Lichtenegger, Immaterialgüterrecht und „Schlüsselgegenstände", Zur schutzrechtsübergreifenden Behandlung von Gegenständen von erhöhter Relevanz für die Allgemeinheit, ZGE / IPJ 2 (2010), 119 (123 f., 138 f.) handelt es sich um „wissenschaftliche Schlüsselgegenstände".

34 Zu den Voraussetzungen und der Reichweite des Schutzes von Stoffen, die als Träger genetischer Information fungieren, siehe Uhrich (Fn. 2), 215 ff. m.w.N.

35 Heller/Eisenberg, Can Patents Deter Innovation?, Science 280 (1998), 698 ff. Dazu Haedicke (Fn. 16), 115 f.; Uhrich (Fn. 2), 117 ff.

dern:[36] Neben der Abgrenzung von Erfindung und nicht patentierbarer Entdeckung sind diese die Ausführbarkeit,[37] die gewerbliche Anwendbarkeit und – als formelles Gegenstück zur Ausführbarkeit – die hinreichende Offenbarung. Die Verschärfung des Ausführbarkeits- und Offenbarungserfordernisses durch den Plausibilitätstest des Europäischen Patentamts dient als besonders scharfe „Waffe zur Abwehr unfertiger oder spekulativer Erfindungen".[38] Damit wird aber auch verhindert, dass Innovationen, die eine zu große Zahl von Folgeinnovationen blockieren könnten, geschützt werden. Bei der Patentierung von Gensequenzen bzw. von DNA wurde mit dem Erfordernis einer Funktionsangabe in der Anmeldung (§ 1a Abs. 3 PatG) die gewerbliche Anwendbarkeit als entsprechendes Regulativ herangezogen.

Im Urheberrecht stellt der Schutz von Grundlageninnovationen ein geringeres Problem dar. Zum einen sind Grundlageninnovationen seltener, da nur *persönliche* geistige Schöpfungen geschützt werden, was auf jeder Innovationsstufe einen hohen Grad an Eigenständigkeit voraussetzt.[39] Zum anderen – und dies ist der entscheidende Grund – ist der Schutzbereich des Urheberrechts enger, da der Inhalt eines Werkes nicht geschützt wird. Als gutes Beispiel lässt sich der Schutz von Software heranziehen: Ein Behinderungspotenzial geht hier (trotz der geringen Schutzvoraussetzungen nach § 69a Abs. 3 UrhG) nicht vom urheberrechtlichen Schutz aus, der nur die konkrete Programmierung schützt, sondern vor allem von einem möglichen patentrechtlichen Schutz des abstrakten Algorithmus.

## 2.3 Schranken für Folgeinnovationen (innerhalb und außerhalb des Immaterialgüterrechts)

Neben der Schutzfähigkeit von Grundlageninnovationen bietet sich auch der Schutzumfang zur Abstimmung des Immaterialgüterrechtsschutzes auf den verschiedenen Stufen kumulativer Innovation an. Durch schutzrechtsimmanente oder schutzrechtsexterne Beschränkungen des Schutzumfangs kann das Tätigen oder auch das Vermarkten von Folgeinnovationen vom Ausschließlichkeitsrecht des Grundlageninnovators ausgenommen werden.

---

[36] Haedicke (Fn. 16), 115 ff.; Guellec, in: Guellec/van Pottelsberghe (Hrsg.), The economics of the European patent system, IP policy for innovation and competition, 2007, 114 (118); Moufang (Fn. 16), 107 f.; Zech, Noch nicht ausführbare Erfindungen? – Patentschutz für Zukunftstechnologien, ZGE / IPJ 2 (2010), 314 (321 f.).

[37] Beispiele für nicht ausführbare Erfindungen, insbesondere im Bereich der Nanotechnologie bei Zech, Noch nicht ausführbare Erfindungen – Patentschutz für Zukunftstechnologien?, ZGE / IPJ 2 (2010), 314 (314 f.).

[38] Moufang (Fn. 16), 108.

[39] Gerade für den wirtschaftlich bedeutenden Bereich des Schutzes von Software ist aber nach § 69a Abs. 3 UrhG (bzw. Art. 1 Abs. 3 Richtlinie 2009/24/EG über den Rechtsschutz von Computerprogrammen) nur eine eigene geistige Schöpfung erforderlich. Die ursprünglich nach der Inkassoprogramm-Entscheidung des BGH, GRUR 1985, 1041 bestehenden Anforderungen, die auch den Schutz der „kleinen Münze" ausschlossen, wären für eine Förderung von Weiterentwicklungen vorzugswürdig. Dies kann nur durch eine enge Auslegung des Schutzbereichs ausgeglichen werden.

Im Patentrecht findet sich eine entsprechende Schranke im Versuchsprivileg des § 11 Nr. 2 PatG. Die Vermarktung von Folgeerfindungen kann jedoch nur durch eine Zwangslizenz nach § 24 Abs. 2 PatG erzwungen werden. Obwohl die Voraussetzungen dafür mit Blick auf Gensequenzpatente gesenkt worden sind und nun nur noch erforderlich ist, dass die Folgeerfindung einen wichtigen technischen Fortschritt von erheblicher wirtschaftlicher Bedeutung aufweist, scheint die Zwangslizenz aber nach wie vor keine große Rolle zu spielen. Patentrechtsextern gewinnt die Möglichkeit einer kartellrechtlichen Zwangslizenz an Bedeutung.[40]

Auf der Ebene der Rechtsfolgen greift auch die neueste Rechtsprechung des EuGH zu Gensequenzpatenten an.[41] Unabhängig davon, ob die in der Anmeldung zu liefernde Funktionsangabe Teil des Anspruchs oder der Beschreibung ist, gewähre ein Patent auf DNA wegen Art. 9 BioPatRL[42] nur funktionsgebundenen Stoffschutz. Damit wird in einem Bereich, in dem besonders viele Abhängigkeiten befürchtet werden, der Schutzumfang abweichend vom Schutz für sonstige chemische Stoffe eingeschränkt. Eine solche Sonderbehandlung einzelner Technikbereiche ist aber problematisch, zumal im konkreten Fall der Gensequenzpatente eine konsequente Anwendung der Erteilungsvoraussetzung der erfinderischen Tätigkeit bereits genügt hätte[43] und es nicht zu den befürchteten „Überprivilegierungen" gekommen ist.[44]

Das Urheberrecht löst die mögliche Verhinderung von Folgeinnovationen im Wesentlichen über besondere „Schranken für Kreative", die jedoch nicht alle denkbaren Fälle erfassen. § 23 UrhG ermöglicht das Herstellen, wenn auch nicht das Vermarkten, von Bearbeitungen. § 24 Abs. 1 UrhG, der allerdings durch den starren Melodienschutz des § 24 Abs. 2 UrhG wieder eingeschränkt wird, erlaubt bei freien Bearbeitungen auch die Vermarktung. Geht es jedoch um Urheberpersönlichkeitsrechte, so wird der auch der Schutz von Grundlageninnovatoren nicht eingeschränkt. Daneben gibt es auch praktische Fälle kreativer Folgeinnovationen, bei denen die vorhandenen Schranken nicht weiterhelfen, wie zum Beispiel sogenannte *Mashups*.[45] Generell verfügt aber der urheberrechtliche Schutz wegen seiner Be-

---

[40] Allerdings wurde eine kartellrechtliche Zwangslizenz wegen Behinderung von Forschung und Entwicklung bislang, soweit ersichtlich, nicht diskutiert. Anknüpfungspunkte bestehen aber zur Blockade von Sekundärmärkten und zum Missbrauch bei Normung. Auch beim Patent Trolling wird die kartellrechtliche Zwangslizenz als mögliche Lösung diskutiert, vgl. Uhrich, Entwaffnung der „Patenttrolle"? Zur Einschränkbarkeit des patentrechtlichen Unterlassungsanspruchs im anglo-amerikanischen und deutschen Recht, ZGE / IPJ 1 (2009), 59 (80).

[41] EuGH, Rs. C-428/08, Monsanto Technology LLC / Cefetra BV, GRUR Int 2010, 843.

[42] Richtlinie 98/44/EG über den rechtlichen Schutz biotechnologischer Erfindungen.

[43] Uhrich (Fn. 2), 376 ff.

[44] So ausdrücklich der Bericht der Bundesregierung über die Wirkungen des Gesetzes zur Umsetzung der Biopatentrichtlinie, BT-Drucks. 16/12809, 7.

[45] Dazu Haedicke, in: Hoffmann/Leible (Hrsg.), Vernetztes Rechnen – Softwarepatente – Web 2.0, 2008, 159 ff.

schränkung auf den konkreten Ausdruck über ein weitaus geringeres Behinderungspotenzial als der patentrechtliche.[46]

## 2.4 Schutz der Folgeinnovationen

Folgeinnovationen bestehen häufig nur noch aus kleinen Schritten. Die Herausforderung für den Immaterialgüterrechtsschutz besteht darin, die richtige Grenze festzulegen, unterhalb derer für einen Innovationsschritt kein eigenes Schutzrecht entstehen soll. Während teilweise argumentiert wird, dass der Schutz von Folgeinnovationen als Anreiz überhaupt nicht erforderlich sei,[47] überzeugt der Gedanke, dass eigene Schutzrechte Folgeinnovatoren einen Hebel für Lizenzverhandlungen geben.[48] Da die endgültige Vermarktung kumulativer Innovationen die Beachtung der Schutzrechte sowohl der Grundlagen- als auch der Folgeinnovatoren voraussetzt, sind die Beteiligten zu Kreuzlizenzen gezwungen. Dadurch wird eine Balance zwischen dem Schutz von Grundlagen- und Folgeinnovationen geschaffen und die Verbreitung von Grundlageninnovationen mittelbar gefördert. Statt überhaupt keinen Schutz zu gewähren, sollte dieser also auf solche Folgeinnovationen beschränkt werden, die eine gewisse Innovationshöhe aufweisen.

Als Ansatzpunkt im Patentrecht dient die erfinderische Tätigkeit.[49] Durch Überlegungen, die Anforderungen an die erfinderische Tätigkeit unter dem Stichwort *raising the bar* anzuheben, wird sichergestellt, dass die Balance zwischen Grundlagen- und Folgeinnovationen nicht durch den Schutz zu kleiner Innovationsschritte zerstört wird. Auch die Relativität des Schutzbereichs, also der Umstand, dass kleine Erfindungen in geringerem Umfang geschützt werden als große, trägt zu dieser Balance bei.[50]

Im Urheberrecht sorgt das Erfordernis einer persönlichen geistigen Schöpfung und die daraus resultierende notwendig Gestaltungshöhe auch bei Folgeinnovationen wie zum Beispiel Bearbeitungen nach § 3 S. 1 UrhG dafür, dass nur Innovationen, die eine gewisse Innovationshöhe aufweisen, eigenständigen Schutz genießen.

## 2.5 Zwischenergebnis

Neue Technologien zeichnen sich dadurch aus, dass auf wenigen Grundlageninnovationen zahlreiche, häufig kleinteilige Folgeinnovationen aufbauen. Die sich daraus ergebende Herausforderung für die Anreizfunktion des Immaterialgüterrechts

---

[46] Problematisch deshalb die Gewebetheorie, vgl. Haberstumpf, Wem gehören die Forschungsergebnisse?, Zum Urheberrecht an Hochschulen, ZUM 2001, 819 (821 f.) zu Forschungsergebnissen, die ebenfalls als Grundlageninnovationen fungieren können.

[47] Scotchmer, Protecting early innovators: should second generation products be patentable?, RAND Journal of Economics 27 (1996), 322 ff.

[48] Blair/Cotter (Fn. 23), 19 f.

[49] Osterrieth, in: Leible/Ohly/Zech (Hrsg.), Wissen – Märkte – Geistiges Eigentum, 2010, 69 (69).

[50] Vgl. Ohly (Fn. 8), 7. Die Relativität des Schutzbereichs findet sich als allgemeines Prinzip des geistigen Eigentums auch im Urheberrecht.

und die besondere Bedeutung der Verbreitung vorhandener Innovationen werden durch vorhandene rechtliche Instrumente berücksichtigt. Voraussetzungen und Umfang des Schutzes von Grundlageninnovationen sowie von Folgeinnovationen können so eingestellt werden, dass auf keiner der beiden Stufen ein Marktversagen (Versiegen der Innovationstätigkeit) droht.

## 3. Komplementäre Innovationen

Die große Zahl von Innovationen bei neuen Technologien führt auch dazu, dass komplexe Produkte[51] auftreten. Diese zeichnen sich dadurch aus, dass zu einem einzelnen Produkt nicht nur eine oder eine Abfolge einzelner aufeinander aufbauender Innovationen beitragen, sondern eine große Zahl paralleler Innovationen, die man als komplementäre Innovationen[52] bezeichnen kann. Komplementäre Innovationen führen, wenn sie rechtlich geschützt sind, dazu, dass eine große Zahl von Schutzrechten in einem einzelnen Produkt zusammentrifft. Während 1886 noch ein Kraftfahrzeug als Ganzes patentiert werden konnte,[53] sind heutzutage in einem Mobiltelefon vermutlich Tausende von Patenten verwirklicht.[54]

Die Herausforderung für das Immaterialgüterrecht besteht in der möglichen Blockadewirkung, die von einer Vielzahl von Schutzrechten verschiedener Rechtsinhaber ausgehen kann, die sämtlich die Vermarktung eines Produkts verhindern können. Dies führt im Ergebnis dazu, dass die Gewährung von Schutzrechten Innovationen mangels Anreiz nicht fördert sondern behindert. Diskutiert wird diese negative Wirkung von „Patentdickichten“ [55] vor allem beim sogenannten *patent trolling*.[56] Mögliche Reaktionen des Rechts stehen noch nicht fest. Langfristig soll durch die bereits genannte Anhebung der erforderlichen erfinderischen Tätigkeit

---

[51] Ohly, „Patenttrolle“ oder: Der patentrechtliche Unterlassungsanspruch unter Verhältnismäßigkeitsvorbehalt?, Aktuelle Entwicklungen im US-Patentrecht und ihre Bedeutung für das deutsche und europäische Patentsystem, GRUR Int (2008), 787 (791).

[52] Vgl. Huebner (Fn. 15), 183 f.; dagegen Bessen/Maskin, Sequential innovation, patents, and imitation, RAND Journal of Economics 40 (2009), 611 (612): „By "sequential," we mean that each successive innovation builds on the preceding one [...]. And by "complementary," we mean that each potential innovator takes a different research line and thereby enhances the overall probability that a particular goal is reached within a given time."

[53] Benz & Co., Patent Nr. 37435 (Fahrzeug mit Gasmotorenbetrieb), erteilt am 2.11.1886; vgl. Uhrich/Zech, Patentierung von Nanomaschinen – Stoffschutz versus Vorrichtungsschutz, GRUR (2008), 768 (769).

[54] Vgl. Ohly, „Patenttrolle“ oder: Der patentrechtliche Unterlassungsanspruch unter Verhältnismäßigkeitsvorbehalt?, Aktuelle Entwicklungen im US-Patentrecht und ihre Bedeutung für das deutsche und europäische Patentsystem, GRUR Int (2008), 787 (791).

[55] „Patent thickets“, Shapiro, in: Jaffe/Lerner/Stern (Hrsg.), Innovation Policy and the Economy, 2001, 119 (120). Hier kommt aber zur hohen Zahl von Schutzrechten noch deren Breite im Schutzumfang dazu, was zu Überlappungen führt, vgl. Uhrich (Fn. 2), 120.

[56] Dazu Ohly, „Patenttrolle“ oder: Der patentrechtliche Unterlassungsanspruch unter Verhältnismäßigkeitsvorbehalt?, Aktuelle Entwicklungen im US-Patentrecht und ihre Bedeutung für das deutsche und europäische Patentsystem, GRUR Int (2008), 787 ff.; Uhrich, Entwaffnung der „Patenttrolle“? Zur Einschränkbarkeit des patentrechtlichen Unterlassungsanspruchs im angloamerikanischen und deutschen Recht, ZGE / IPJ 1 (2009), 59 ff.

die Zahl der erteilten Patente verringert werden.[57] Kurzfristig wäre an eine Einschränkung des Unterlassungsanspruchs zu denken, die allerdings auf echte Ausnahmefälle zu beschränken ist. Im deutschen Recht ließe sich das unter anderem durch eine Anwendung des § 275 Abs. 2 BGB[58] oder durch kartellrechtliche Zwangslizenzen erreichen.

Während das *patent trolling* derzeit vor allem ein Phänomen informationstechnischer Produkte darstellt, könnte es in Zukunft auch bei anderen Technologien auftreten, deren Innovationen komplementären Charakter aufweisen. Beispiele dafür könnten die *building blocks* der Nanotechnologie[59] oder die *biobricks* der synthetischen Biologie[60] werden.

## 4. Vernetzung der Innovatoren

Die hohe Zahl von Innovationen bei neuen Technologien führt auch dazu, dass die Zahl beteiligter Innovatoren zunimmt. Da bei den Folgeinnovationen immer kleinteiligere Innovationsschritte zu verzeichnen sind, verschwimmt die Grenze zwischen dem Austausch getätigter Innovationen (klassischer Technologietransfer, zum Beispiel durch Lizenzen) und der Zusammenarbeit bei einzelnen Innovationen. Letzteres ist traditionell die Domäne hierarchisch geführter Teams, die auch großtechnische Forschungsaufgaben meistern können und so für Innovation in forschungsintensiven Technologien sorgen. Durch die zunehmende Vernetzung von Innovatoren kommt es aber auch zur Zusammenarbeit Gleichgeordneter in forschungs- oder investitionsintensiven Innovationsfeldern. Neben hierarchische treten „heterarchische" Netzwerke von Innovatoren.[61] Dies ist einerseits auf die Komplexität neuer Technologien zurückzuführen, andererseits auf die erleichterte Kommunikation mit Hilfe der Informationstechnologie.

---

[57] Vgl. Ohly, „Patenttrolle" oder: Der patentrechtliche Unterlassungsanspruch unter Verhältnismäßigkeitsvorbehalt?, Aktuelle Entwicklungen im US-Patentrecht und ihre Bedeutung für das deutsche und europäische Patentsystem, GRUR Int (2008), 787 (792 f.); Uhrich, Entwaffnung der „Patenttrolle"? Zur Einschränkbarkeit des patentrechtlichen Unterlassungsanspruchs im anglo-amerikanischen und deutschen Recht, ZGE / IPJ 1 (2009), 59 (63 f.); Osterrieth (Fn. 49), 69 (73).

[58] Der BGH hat die Anwendung des § 275 Abs. 2 BGB auf sachenrechtliche Unterlassungsansprüche bereits anerkannt, BGH, NJW 2008, 3123-3123; NJW-RR 2010, 315.

[59] Dazu Lemley, Patenting Nanotechnology, Stanford Law Review 58 (2005), 601 (606 ff.); Rimmer, Intellectual property and biotechnology, Biological inventions, 2008, 296 f.; Früh/Lichtenegger, Immaterialgüterrecht und „Schlüsselgegenstände", Zur schutzrechtsübergreifenden Behandlung von Gegenständen von erhöhter Relevanz für die Allgemeinheit, ZGE / IPJ 2 (2010), 119 (124).

[60] Dazu Henkel/Maurer, The economics of synthetic biology, Molecular Systems Biology 3:117 (2007); Henkel/Maurer, Parts, property and sharing, Synthetic biology should look to other industries' models for ownership and open sharing, Nature Biotechnology 27 (2009), 1095 (1097).

[61] Metzger, in: Leible/Ohly/Zech (Hrsg.), Wissen – Märkte – Geistiges Eigentum, 2010, 79 (81 ff.).

## 4.1 Teams (hierarchische Netzwerke)

Hierarchisch strukturierte Gruppen (Teams) von Innovatoren stellen den Immaterialgüterrechtsschutz vor altbekannte Probleme. Da die Innovationen auf eine große Zahl von Schöpfern zurückzuführen sind, gleichzeitig die erforderlichen Investitionen von wenigen Personen vorgenommen werden, die die Teams in irgendeiner Weise leiten (typischerweise Unternehmen, die Entwicklerteams beschäftigen und deshalb weisungsbefugt sind), steht das Recht hier vor der Aufgabe, die Schutzrechte, die originär in der Person der jeweiligen Schöpfer entstehen, auf den Investor überzuleiten. Da dieses Problem schon sehr früh aufgetreten ist, verfügt das Recht hier über ausreichende Regeln, insbesondere das Arbeitnehmererfindungsrecht, das 2009 durch die Änderungen am ArbnErfG umfassend modernisiert worden ist, und das Arbeitnehmerurheberrecht, das für den wichtigen Bereich des Softwareschutzes in § 69b UrhG auch in Gesetzesform gegossen wurde.

Im Großen und Ganzen wird das Immaterialgüterrecht der Herausforderung durch Teams von Innovatoren gerecht. Dennoch verbleiben vor allem im Urheberrecht Bereiche, in denen die bestehenden Regelungen unbefriedigend sein können. Grundsätzlich gilt auch im Arbeitnehmerurheberrecht nach § 43 UrhG das Urheberprinzip, § 7 UrhG. Eine *work made for hire*-Doktrin besteht in Deutschland gerade nicht – auch nicht in dem bereits genannten Bereich des Softwareschutzes. Es bleibt bei den Regeln zur Miturheberschaft, § 8 UrhG, die eine komplizierte und schwerfällige Gesamthandlösung vorsehen. Im Bereich der wirtschaftlichen Nutzung urheberrechtlich geschützter Werke, die von Teams geschaffen wurden, wäre aber eine unmittelbare Anknüpfung an die Investitionsleistung zumindest bedenkenswert.[62] Eine Vorbildfunktion könnte dabei den Regelungen über die Rechte an Filmwerken nach § 89 f. UrhG zukommen.

## 4.2 Offene Innovation (heterarchische Netzwerke)

Die Zuweisung von Rechten an denjenigen, der einem Team Weisungen erteilt und die nötigen Investitionen vornimmt, versagt, wenn Gleichgeordnete, sei es Unternehmen oder Privatpersonen, zusammenarbeiten. Solche Phänomene *offener Innovation (open innovation)*[63] traten historisch zunächst vor allem bei der Zusammenarbeit konkurrierender Unternehmen auf;[64] durch die Fortschritte auf

---

[62] Kritisch dagegen Metzger (Fn. 61), 91: „Gesetzgeber, Gerichte und Wissenschaft sollten sich der fortschreitenden Erosion des Schöpferprinzips in hierarchisch organisierten Urheberkollektiven bewusst werden. Nicht nur die Verlagerung urheberrechtlicher Verbotsrechte auf die Verwerter, sondern auch die Überlagerung des Urheberrechts durch verwandte Schutzrechte gehören hierbei auf den Prüfstand."

[63] Chesbrough, Open Innovation, The New Imperative for Creating and Profiting from Technology, 2008; vgl. auch Faber, Open Innovation, Ansätze, Strategien und Geschäftsmodelle, 2008.

[64] Ein Sonderfall ist dabei die technische Normung und die Schaffung privat vereinbarter Standards, vgl. Früh/Lichtenegger, Immaterialgüterrecht und „Schlüsselgegenstände", Zur schutzrechtsübergreifenden Behandlung von Gegenständen von erhöhter Relevanz für die Allgemeinheit, ZGE / IPJ 2 (2010), 119 (123). So arbeitete zum Beispiel die Automobilindustrie bei der Entwicklung des Datenübertragungsstandards *FlexRay* zusammen, vgl. Rausch, FlexRay, Grundlagen, Funktionsweise, Anwendung, 2008.

dem Gebiet der Informationstechnologie finden sich aber zunehmend auch Netzwerke nichtkommerzieller Innovatoren wie bei Wikipedia oder bei Open-Source-Software.

### 4.2.1 Entgeltlicher und unentgeltlicher Austausch

Für das Immaterialgüterrecht lautet die entscheidende Frage, ob offene Innovation durch Immaterialgüterrechte erleichtert oder erschwert wird. Traditionell dienen Immaterialgüterrechte als Mittel zur Gestaltung von Lizenzbeziehungen und können wie bereits dargestellt durch Offenbarungsanreize und die Möglichkeit, Information handelbar zu machen, den Austausch von Innovationen unter Gleichgeordneten erleichtern. Sind die Beteiligten also nur zum entgeltlichen Austausch bereit, so fördern Immaterialgüterrechte vernetzte Innovation. Bereits im traditionellen Umfeld der Zusammenarbeit konkurrierender Unternehmen trat aber, wie ALESSANDRO NUVOLARI am Beispiel der Weiterentwicklung von Dampfmaschinen gezeigt hat,[65] auch vernetzte Innovation unter bewusstem Verzicht auf Schutzrechte auf, die als *kollektive Innovation* bezeichnet werden kann.[66]

Das wesentliche Merkmal kollektiver Innovation dürfte der unentgeltliche Informationsaustausch zwischen den Beteiligten zu sein. Moderne Entwicklernetzwerke, an denen in erster Linie Private beteiligt sind, haben im Bereich der Informationstechnologie zu einem Siegeszug der kollektiven Innovation geführt. Ob dieser Erfolg aber ohne Weiteres auf die Zusammenarbeit von Mitbewerbern übertragen werden kann, muss bezweifelt werden[67] (eine Sonderrolle kommt der öffentlich geförderten Forschung zu, die einerseits auf Offenheit angelegt ist, andererseits

---

[65] Nuvolari, Open Source Software Development: Some Historical Perspectives, http://opensource.mit.edu/papers/nuvolari.pdf (Stand: 17.11.2010); Nuvolari, Collective invention during the British Industrial Revolution: the case of the Cornish pumping engine, Cambridge Journal of Economics 28 (2004), 347. Ein anderes Beispiel sind Fortschritte in der Erdölindustrie ab 1950, vgl. Enos, Petroleum Progress and Profits: A History of Process Innovation, 2003; Allen, Collective Invention, Journal of Economic Behavior and Organization 4 (1983), 1 ff. entwickelte seinen Begriff der *collective invention* am Beispiel der Weiterentwicklung von Hochöfen in England zwischen 1850 und 1875.

[66] Begriff in Anlehnung an *collective invention* von Allen, Collective Invention, Journal of Economic Behavior and Organization 4 (1983), 1 ff.: "When firms collectively invent, they make available to their competitors the results of new plant designs so that their competitors can incorporate extensions of those designs into new facilities they build."); vgl. Nuvolari, Collective invention during the British Industrial Revolution: the case of the Cornish pumping engine, Cambridge Journal of Economics 28 (2004), 347 ff.: *collective invention settings* als „settings, in which competing firms share technological knowledge".

[67] Dagegen hält Nuvolari, Open Source Software Development: Some Historical Perspectives, http://opensource.mit.edu/papers/nuvolari.pdf (Stand: 17.11.2010) die Erfahrungen mit Open-Source-Software für verallgemeinerbar. Der Verzicht auf die Durchsetzung von Schutzrechten sei in Feldern mit kumulativen und inkrementellen Innovationsprozessen effizienter: „In fact, in industries (such as examined in this paper) where the dynamics of technological change displays a cumulative and incremental character, the protection of "commons" of freely accessible knowledge is likely to yield to much higher rates of innovation, than the enforcement of strong intellectual property rights."

in zunehmenden Maße die Erteilung von Lizenzen als Finanzquelle erschließt). Anders als bei typischen Open-Source-Projekten sind die Interessen der Beteiligten hier nicht gleichgerichtet und nicht altruistischer Natur. Auch für Mitbewerber kann es indes Gründe für die Beteiligung an kollektiver Innovation geben, insbesondere die Schaffung von Standards.[68]

### 4.2.2 Unentgeltlicher Austausch und Immaterialgüterrechte

Nicht abschließend geklärt ist, ob kollektive Innovation durch Immaterialgüterrechte gefördert oder beeinträchtigt wird. Einerseits ist die Frage der Rechtsinhaberschaft in solchen Netzwerken bislang nicht befriedigend gelöst; insbesondere die Regeln zur Miturheberschaft versagen bei großen Entwicklernetzwerken.[69] Andererseits halten vorhandene Schutzrechte die kollektive Innovation auch bei ihrer Weiterentwicklung offen, indem sie verhindern, dass Dritte Weiterentwicklungen proprietär vermarkten (wofür allerdings ebenfalls Schutzrechte erforderlich wären – zum Teil können diese aber auch durch vertragliche oder faktische Bindungen ersetzt werden). Der Einsatz von Schutzrechten als Hebel zur Offenhaltung von Innovation liegt als wesentliches Prinzip den urheberrechtlichen „Copyleft"-Lizenzen (zum Beispiel die GNU General Public License) zu Grunde.[70] Wenn aber die Innovation – zum Beispiel in Form kostspieliger Forschung – hohe Investitionen erfordert, und wenn für die Erlangung von Schutzrechten – zum Beispiel Patenten – zusätzliche Investitionen erforderlich sind, so könnte sich der Hebel als zu teuer erweisen.[71] Das Patentrecht eignet sich deshalb weniger dazu, kollektive Innovation zu unterstützen, als das Urheberrecht. Dennoch gibt es auch Ansätze für *commons*-Patente, zum Beispiel in der Biotechnologie, die von Unternehmen und öffentlich geförderten Forschungseinrichtungen zur Verfügung gestellt werden.[72]

### 4.2.3 Berücksichtigung altruistischer Anreize

Bei der Frage, ob auch das Patentrecht im Rahmen kollektiver Innovation eingesetzt werden kann, zeigt sich deutlich, dass es auf die jeweiligen Anreize der Beteiligten ankommt. Kostenintensive Schutzrechte werden von Unternehmen nur dann eingebracht, wenn diese letztendlich einen Profit erwarten. Anders könnten sich öffentlich geförderte Forschungseinrichtungen verhalten. Privaten werden dagegen

---

[68] Mackenrodt (Fn. 19), 91. Das freie Zurverfügungstellen eigener Innovation kann diese zum faktischen Standard (Industriestandard) werden lassen, wie zum Beispiel die Architektur der IBM-Personal Computer in den 1980er-Jahren. Zu den Implikationen für das Immaterialgüterrecht Mackenrodt (Fn. 19), 80.

[69] Vgl. Metzger (Fn. 61), 85 ff.

[70] Vgl. Metzger/Jaeger, Open Source Software, Rechtliche Rahmenbedingungen der Freien Software, 2. Aufl. (2006) 840 f.

[71] Osterloh/Rota/Kuster, in: Gehring/Lutterbeck (Hrsg.), Open Source Jahrbuch 2004, 121 (129 f.).

[72] Dazu Henkel/Maurer, Parts, property and sharing, Synthetic biology should look to other industries' models for ownership and open sharing, Nature Biotechnology 27 (2009), 1095 (1097); Haedicke (Fn. 32), 102 ff.

regelmäßig die Mittel für eine altruistische Patentierung (und auch für die Forschung auf Gebieten, die patentierbare Innovation hervorbringen) fehlen, so dass für sie vor allem das Urheberrecht mit seiner zusätzlichen persönlichkeitsrechtlichen Komponente in Betracht kommt.

Für eine mögliche Anpassung der bestehenden Rechte wird es entscheidend sein, die Anreize, die zu einer Mitarbeit bei heterarchischer Innovation führen, aufzuklären.[73] Zwar können auch für Einzelpersonen, die sich an kollektiver Innovation beteiligen, ökonomische Interessen bestehen:[74] Es kann ein unmittelbarer eigener Nutzen durch die erzielte Innovation entstehen (zum Beispiel fehlerfreie Software) und die öffentliche Sichtbarkeit der Teilnahme erlaubt Werbung für eigenes Können, was berufliche Vorteile bringt. Von größerer Bedeutung dürften aber die nichtökonomischen, zum Teil altruistischen Anreize sein: Einerseits schafft die freiwillige Mitarbeit an einem selbstgewählten Projekt größere Befriedigung als weisungsgebundene Arbeit. Zum anderen stellt die gesellschaftliche Anerkennung eine wichtige Triebfeder dar.

Betrachtet man die ökonomischen und nichtökonomischen Anreize, so fällt auf, dass sowohl für den Werbeeffekt als auch für die gesellschaftliche Anerkennung die Sichtbarkeit des einzelnen Mitinnovators und seines Anteils bedeutend ist. Daraus ergibt sich eine wichtige Schlussfolgerung: Während bei Teams die Anknüpfung am individuellen Schöpfungsbeitrag für den Rechtserwerb nicht passt, ist diese bei nichtkommerziellen heterarchischen Netzwerken durchaus sinnvoll. Auch das persönlichkeitsrechtliche Element des Urheberrechts bekommt in heterarchischen Netzwerken neues Gewicht.[75] Ungeklärt ist freilich bislang, wie das gemeinschaftliche Halten und Verwalten der entstehenden Rechte organisiert werden soll. Hier kommen vor allem Lösungen des Vertrags- und Gesellschaftsrechts in Betracht,[76] die aber den Interessen der Beteiligten (zum Beispiel Vermeidung persönlicher Haftung) nicht zuwiderlaufen dürfen. Die Gesamthandslösung des § 8 UrhG ist jedenfalls für große Netzwerke zu schwerfällig.

## 4.3 Zwischenergebnis

Die Vernetzung von Innovatoren stellt das Immaterialgüterrecht vor altbekannte und neue Herausforderungen. Hierarchisch organisierte Netzwerke haben zu einer „fortschreitenden Erosion des Schöpferprinzips" geführt, die aber im Hinblick auf die Rolle weisungsgebender Investoren folgerichtig erscheint. Dagegen wird in heterarchischen Netzwerken die Rolle des individuellen Innovators wieder aufgewertet. Hier fehlt eher das passende rechtliche Instrument für die Organisation des Netzwerks selbst. Statt einer Abkehr vom Schöpferprinzip sind hier

---

[73] Metzger (Fn. 61), 91; Lerner/Tirole, Some Simple Economics of Open Source, Journal of Industrial Economics 50 (2002), 197 (212 ff.); Osterloh/Rota/Kuster (Fn. 71), 129.

[74] Posner (Fn. 10), 88.

[75] Metzger (Fn. 61), 90 f.

[76] Zum Beispiel durch abdingbare Regeln, die eine vertragliche Gestaltung vorgeben, vgl. Metzger (Fn. 61), 91.

eher neue Regeln des gemeinschaftlichen Haltens und Verwaltens von Rechten zu finden.

## 5. Innovation ohne Schöpfung

Nicht nur die Vernetzung von Innovatoren setzt das Schöpferprinzip „unter Druck".[77] Unter dem Einfluss der Informationstechnologie sind auch neue immaterielle Güter entstanden, die auf keiner geistigen Leistung beruhen. Prototyp hierfür waren Bild- und Tonaufnahmen (verwandte Schutzrechte in § 72 UrhG und § 85 UrhG), bei deren Anfertigung in der Regel nur zu einem geringen Anteil die geistige Leistung des Aufnehmenden, zum überwiegenden Teil aber der Aufnahmegegenstand zum entstehenden Immaterialgut beitragen. Im medialen Bereich ist dieser Typus von Innovation heute wirtschaftlich dominierend.[78] Mediale Inhalte setzen häufig keine geistige Schöpfung voraus. Dennoch kann ein rechtlicher Schutz der Inhalte erforderlich sein, wenn die Schaffung solcher Güter Investitionen oder sonstige Leistungen voraussetzt.

Das Auftreten solcher Güter stellt das Immaterialgüterrecht, das traditionell an der geistigen Schöpfung (sei es als Werk, Erfindung oder Design) als Schutzgegenstand anknüpft, vor neue Herausforderungen. So schreibt jüngst ANJA STEINBECK unter der Überschrift „Neue Immaterialgüterrechte": „Nicht nur der Schöpfer einer geistigen Leistung, sondern auch derjenige, der mit organisatorischem Einsatz und finanziellen Investitionen dazu beiträgt, dass Informationen generiert und/oder verbreitet werden, hat regelmäßig ein Interesse daran, diese Informationen zunächst ausschließlich selbst zu nutzen und auszuwerten."[79] LESTER THUROW spricht von „new potential forms of intellectual property rights"[80]. Das geistige Eigentum (intellectual property) wird ergänzt um Ausschließlichkeitsrechte an unkörperlichen Gegenständen, die gerade nicht als „geistig" bezeichnet werden können. Damit bekommt der Begriff der Immaterialgüterrechte als Recht der unkörperlichen Güter wieder eine neue Bedeutung.

Das Immaterialgüterrecht kennt mit den verwandten Schutzrechten bereits einige Ausschließlichkeitsrechte, die solche Güter schützen. Allerdings fehlt bislang

---

[77] Metzger (Fn. 61), 82.

[78] Ein anderes Beispiel ist genetische Information, die als eigener Schutzgegenstand nicht anerkannt ist. In der Debatte zur Reichweite von Gensequenzpatenten spiegelt sich aber die Frage, ob ein solches nicht geschöpftes Gut schützbar sein soll. Vgl. Kunczik, Geistiges Eigentum an genetischen Informationen, Das Spannungsfeld zwischen geistigen Eigentumsrechten und Wissens- sowie Technologietransfer beim Schutz genetischer Informationen, 2007, 34 ff.; Moufang, in: Leible/Ohly/Zech (Hrsg.), Wissen – Märkte – Geistiges Eigentum, 2010, 127 (132); Zech, Buchbesprechung zu Kunczig, Geistiges Eigentum an genetischen Informationen, ZGE / IPJ 1 (2009), 130 (132) m.w.N.

[79] Steinbeck, Immaterialgüterrechte und Informationsinteresse, KSzW 2010, 223 (224).

[80] Thurow, Needed: A New System of Intellectual Property Rights, Harvard Business Review 1997, 95 (98).

eine stringente Zuweisung, die sich nicht am Schöpferprinzip orientiert.[81] Der Lichtbildschutz (§ 72 UrhG) setzt nach herrschender Ansicht immer noch ein „Mindestmaß an persönlicher geistiger Leistung“ voraus.[82] Persönlichkeitsrechte von Personen, die Gegenstand medialer Inhalte sind, spielen eine zunehmende Rolle (ohne, dass die ökonomische Rechtfertigung geklärt wäre). Unter bestimmten Voraussetzungen werden sogar dem Eigentümer eines abgebildeten Gegenstands Abbildungsrechte zugewiesen.[83]

Demgegenüber wird der Kerngedanke aller Leistungsschutzrechte, die Zuweisung an den Leistenden, häufig vernachlässigt. Andererseits hat der Schutz des Datenbankherstellers (§§ 87a ff. UrhG, Richtlinie 96/9/EG über den rechtlichen Schutz von Datenbanken) exemplarisch vorgeführt, dass ein am geistigen Eigentum orientierter Schutz des Investors durch umfassende Ausschließlichkeitsrechte vielfach zu weit geht.[84] Die Lösung läge darin, einerseits am Investor als Rechtsinhaber festzuhalten, andererseits von den starren Ausschließlichkeitsrechten des geistigen Eigentums abzugehen. Da es im Kern nur um die Behebung von Marktversagen gehen kann (eine persönlichkeitsrechtliche Anknüpfung kommt mangels geistiger Schöpfung nicht in Betracht), wäre an eine Begrenzung auf den „funktionalen“[85], also für die Behebung eines konkreten Marktversagens erforderlichen, Schutz erwägenswert.[86] Dies lässt sich erreichen, indem man die Rechte abwägungsoffen ausgestaltet und so die Überprüfung der konkreten Anreizsituation ermöglicht.

---

[81] Hinzu kommt, dass bei der Vermarktung eine Vielzahl verschiedener Rechte beachtet werden muss. Medieninhalte sind uneinheitlich und in verschiedenen rechtlichen Regimes geregelt. So ist bei Bildrechten neben dem Recht am eigenen Bild (Persönlichkeitsrecht), dem urheberrechtlichen Werkschutz und dem Lichtbildschutz sogar das Sachenrecht zu beachten.

[82] BGH, GRUR 1990, 669 (673) – Bibelreproduktion; Ohly, in: Beier/Götting/Lehmann u. a. (Hrsg.), FS für G. Schricker, 1995, 427 (455, Fn. 186); Lehment, Das Fotografieren von Kunstgegenständen, 2008, 36 f. m.w.N.

[83] Verbietungsrecht des Eigentümers gegenüber der gewerblichen Verwertung von Aufnahmen bejaht von BGH, GRUR 1975, 500; offengelassen BGH, NJW 1981, 2402; verneint bei Aufnahme eines Hauses von der Straße aus von BGH, GRUR 1990, 390; nunmehr verneint von OLG Brandenburg, ZUM 2010, 356; OLG Brandenburg, GRUR 2010, 927; zur Frage, ob es ein „Recht am Bild des eigenen Gegenstands“ gibt, vgl. Dreier, in: Ganea/Heath/Schricker (Hrsg.), FS für A. Dietz, 2001, 235 (248 f.); Peukert, Güterzuordnung als Rechtsprinzip, 2008, 218 ff.; Lehment, Das Fotografieren von Kunstgegenständen, 2008, 99 ff.; Maaßen, Panoramafreiheit in den preußischen Schlossgärten, GRUR 2010, 880 ff. jeweils m.w.N.

[84] Vgl. Commission of the European Communities, DG Internal Market and Services Working Paper, First evaluation of Directive 96/9/EC on the legal protection of databases, http://ec. europa.eu/internal_market/copyright/docs/databases/evaluation_report_en.pdf (Stand: 18.11.2010), 15 ff.; Leistner, “Last exit” withdrawal?, Die Zukunft des europäischen Datenbankschutzes nach der EuGH-Entscheidung in Sachen BHB v. Hill und dem Evaluierungsbericht der Kommission, K & R 2007, 457 (458 f.); Geiger, Flexibilising Copyright – Remedies to the Privatisation of Information by Copyright Law, IIC 2008, 178 (179 ff.).

[85] Begriff von Hilty, Vortrag am 17. September 2010 in Hamburg, GRUR-Jahrestagung 2010.

[86] Auch gegen neue Leistungsschutzrechte und lauterkeitsrechtlichen Leistungsschutz bestehen keine Bedenken, solange diese auf die Behebung von Marktversagen beschränkt sind und im Einzelfall eine Korrektur durch Abwägung möglich bleibt.

Im Ergebnis würde die Schaffung neuer Schutzrechte für unkörperliche Güter ohne Schöpfungsbezug nur scheinbar eine Ausdehnung des Immaterialgüterrechtsschutzes bedeuten. Tatsächlich würde sie mit einer Begrenzung im Sinne eines „more economic approach“[87] des geistigen Eigentums einhergehen und könnte damit auch bestehende gewerbliche Schutzrechte beeinflussen. Die persönlichkeitsrechtliche Anknüpfung des Urheberrechts hätte bei solchen Rechten keinen Platz mehr, könnte dafür aber im Bereich des „klassischen“ Urheberrechts sogar eine Stärkung erfahren.

## 6. Ergebnisse

Neue Technologien brechen Grundannahmen des Immaterialgüterrechts auf, die sich mit der Formel „ein Schöpfer – eine Schöpfung – ein Produkt“ kennzeichnen lassen. Zu diesen Annahmen gehört die Unabhängigkeit geistiger Schöpfungen bei ihrer Entstehung, die Unabhängigkeit bei ihrer Nutzung bzw. Vermarktung, die Bestimmbarkeit und Unabhängigkeit der Schöpfer sowie überhaupt das Erfordernis einer Schöpfung für die Erzeugung (investitionsbedürftiger) unkörperlicher Güter. Stattdessen lassen sich bei Innovationen, die auf neuen Technologien basieren, folgende Befunde konstatieren:

Erstens verläuft Innovation nicht mehr in Einzelschritten, sondern *kumulativ* (viele aufeinander aufbauende und sich verzweigende Schöpfungen statt einer). Klar abgrenzbare Innovationszyklen, bei denen ein einzelner Innovator seine Invention zur Innovation weiterentwickelt und dann vermarktet, werden ersetzt durch Innovationsfelder, bei denen Grundlageninnovationen in einer Vielzahl von Folgeinnovationen bis zur Marktreife weiterentwickelt werden. Die sich daraus ergebenden Herausforderungen für die Anreizfunktion des Immaterialgüterrechtsschutzes werden durch Stellschrauben bei der Schutzfähigkeit und beim Schutzumfang von Grundlageninnovationen sowie bei der Schutzfähigkeit von Folgeerfindungen aufgefangen. Die Verbreitung vorhandener Innovationen wird zum bestimmenden Regelungszweck.

Zweitens treten komplexe Produkte auf, die eine Vielzahl von Innovationen vereinen (*komplementäre* Innnovation, viele Schöpfungen in einem Produkt statt einer). Es besteht die Gefahr, dass die Vermarktung durch eine Vielzahl von Schutzrechten erschwert, die Anreizfunktion in ihr Gegenteil verkehrt wird. Mögliche Lösungsansätze werden vor allem beim *patent trolling* diskutiert.

An die Stelle von Einzelinnovatoren treten drittens hierarchische und heterarchische Netzwerke (*offene Innovation*, viele Schöpfer bei einer Schöpfung oder bei mehreren kumulativen Schöpfungen). Vor allem hierarchische Netzwerke machen die Anknüpfung am Schöpfer unzweckmäßig. Bei heterarchischen Netzwerken, in denen Information unentgeltlich ausgetauscht wird (*kollektive Innovation*), behält

---

[87] Zum kartellrechtlichen Begriff Schmidtchen, in: Böge/Oberender (Hrsg.), Effizienz und Wettbewerb, 2005, 9 ff.; ders., in: Schmidtchen /Albert/Voigt (Hrsg.), The more economic approach to European competition law, 2007, 1 ff.; Künzler, Effizienz oder Wettbewerbsfreiheit?, Zur Frage nach der Aufgabe des Rechts gegen private Wettbewerbsbeschränkungen, 2008, 5 ff.

die Anknüpfung am Schöpfer zwar ihre Funktion, die rechtliche Ausgestaltung des gemeinschaftlichen Habens und Verwaltens von Rechten ist aber noch nicht zufriedenstellend gelöst.

Das Schöpferprinzip wird viertens nicht nur durch Netzwerke in Frage gestellt, sondern auch durch das Auftreten neuer unkörperlicher Güter, die – wie etwa mediale Inhalte – nicht notwendig auf einer geistigen Schöpfung beruhen (Innovation ohne Schöpfung, Immaterialgüter ohne Schöpfung). Sie lassen sich überhaupt nicht mehr als geistige Schöpfung bezeichnen, sondern sind nur das Produkt wirtschaftlich aufwändiger Vervielfältigungshandlungen; der Investitionsgedanke tritt in den Vordergrund. Als ökonomisch sinnvoller Anknüpfungspunkt für den Schutz solcher Güter bietet sich deshalb – nach dem Vorbild vorhandener Leistungsschutzrechte – die Investition an. Die Gewährung solcher Rechte sollte aber, anders als bei geistigen Schöpfungen, unter einen Abwägungsvorbehalt gestellt werden, um so ihrer rein ökonomischen Funktion Rechnung tragen zu können.

Insgesamt ergibt sich ein Bild, in dem neue Technologien mit ihrer Komplexität die Rechtfertigung des Immaterialgüterrechtsschutzes nicht in Frage stellen. Die Gründe der Rechtfertigung werden aber anders zu gewichten sein: Statt des Anreizes zur einzelnen Innovation sind ganze Innovationsfelder zu betrachten. Der Innovationstransfer in Netzwerken wird zum bestimmenden Regelungszweck. Statt geistiger Schöpfungen ist jede Art der Schaffung unkörperlicher Güter in den Blick zu nehmen.

# Arzneimittelvertrieb und Innovation

*Nadja Kaeding**

## Abstract

*Innovationen sind erwünscht und gelten als Zeichen der Wettbewerbsfähigkeit. Im Zentrum der Aufmerksamkeit stehen Produkt- und technologische Innovationen. Aber auch Innovationen außerhalb dieser Bereiche sind Zeichen der Wettbewerbsfähigkeit. Welche Richtung diese Innovationen und die damit verbundenen Investitionen nehmen, ob sie in starkem oder geringerem Maße der gesellschaftlichen Wohlfahrt dienen, hängt nicht zuletzt von den Möglichkeiten ab, die der Gesetzgeber zulässt. Das läßt sich am Beispiel des Vertriebs von Arzneimitteln an Endverbraucher ersehen.*



## 1. Einleitung

Es wird als ein nicht in Frage zu stellendes Faktum angesehen, dass der technologische Fortschritt, wenn er sich in neuen Produkten und Produktionsmethoden äußert, der wichtigste Aspekt für ein langanhaltendes wirtschaftliches Wachstum ist[1] und den Wettbewerb intensiviert. Innovationsfähigkeit wird daher oft mit Wettbewerbsfähigkeit gleichgesetzt. Ein intensiver Wettbewerb ist erwünscht, weil er im Ergebnis der gesellschaftlichen und der Wohlfahrt des einzelnen dient.[2]

---

* Dr. iur., wissenschaftliche Mitarbeiterin an der Freien Universität Berlin, Institut für Deutsches und Europäisches Wirtschafts-, Wettbewerbs- und Regulierungsrecht

1 Kerber/Schwalbe, in: Münchener Kommentar zum Europäischen und Deutschen Wettbewerbsrecht, Bd. 1 , Einf., Rn. 1-8-066.

2 Mestmäcker/ Schweitzer, Europäisches Wettbewerbsrecht, 2. Aufl. 2004, § 2 Rn. 77; Ellger, in: Immenga/Mestmäcker, Wettbewerbsrecht, Bd. 1, 4. Aufl. 2007, Art. 81 Abs. 3 EG, Rn. 229; Hopt, in: Baumbach/Hopt, Handelsgesetzbuch, 34. Aufl. 2010, Einf. vor § 1 Rn. 71.

Der Begriff Innovation reicht jedoch weiter und erfasst Erneuerungen in allen Bereichen, wie zum Beispiel im Vertrieb. Eine Beschränkung des Begriffes Innovation auf Produkte und Technologien verkürzt auch den Wettbewerb hierauf. Die Folge kann eine Beschränkung der Innovationsmöglichkeiten in anderen Bereichen sein, die den an sich erwünschten Beitrag zur gesellschaftlichen Wohlfahrt schmälert. Franchising oder Leasing haben gezeigt, dass der Vertrieb von Waren und Dienstleistungen erneuert und verbessert werden kann, dass beispielsweise hochwertige und hochpreisige Produkte einer Vielzahl von Abnehmern zugänglich gemacht werden können, zugunsten der Beteiligten, vom Hersteller bis zum Abnehmer. Es müssen aber nicht immer vollkommen neue Absatzwege sein, die aus einem Innovationsprozess hervorgehen. Oftmals sind schon Anpassungen oder Fortentwicklungen bekannter Vertriebswege geeignet, den Wettbewerb zum allgemeinen Vorteil zu verbessern.

Um diesen Aspekt zu verdeutlichen, soll der Arzneimittelvertrieb unter dem Gesichtspunkt der Innovation betrachtet werden. Der Blick soll sich nicht auf die pharmazeutischen Hersteller und deren Vertriebsmaßnahmen richten. Diese Vertriebsstufe ist noch zu sehr von der Produktinnovation der Hersteller, hierauf bezogene Immaterialgüterrechte und deren Verwertung geprägt.[3] Die Entscheidung AstraZeneca[4] und Entscheidungen wie Aspirin[5] und BristolMyersSquibb[6] erhellen die Bedeutung der Immaterialgüterrechte für die Durchsetzung der Herstellerinteressen im Markt. Gegenstand der Betrachtung soll der Arzneimittelvertrieb auf einer nachgelagerten Handelsstufe, nämlich an den Endverbraucher sein. Dabei wird auch deutlich werden, dass Immaterialgüterrechte ein wichtiges Mittel im und für den Wettbewerb sind, gleiche Ziele verfolgen und mit ihm nur in einem vermeintlichen Konflikt stehen. [7]

Innovationen, egal in welchen Bereichen, gehen mit Investitionen einher, seien sie immaterieller oder materieller Natur. Immaterialgüterrechte bieten einen Investitionsanreiz, indem sie die materielle Verwertung der Innovation allein dem Innovator zuweisen. Innovationen im Vertrieb können durch das Markenrecht geschützt und verwertet werden. Immaterialgüterrechte sind aber nur *ein* Mittel zur Förderung von Innovationsprozessen.

---

[3] Siehe die Darstellung von Ehle/Schütze, in: Dieners/Reese, Handbuch des Pharmarechts, 1. Auflage 2010, § 10 Rn. 1 ff.

[4] EuG, Rs. T-321/05, ABl. 2010 C 221/33 – Astra Zeneca vs. Kommission.

[5] BGH, GRUR 2002, 1063 ff. – Aspirin.

[6] EuGH, verb. Rechts. C-427/93, C-429/93 und C-436/93, GRUR Int. 1996, 1144 ff.

[7] Fuchs, in: Immenga/Mestmäcker, (Fn. 2), VO (EG) Nr. 772/2004, Rn. 1; Scheuer, Technologietransfer im Kartellrecht, 2008,, 23; Drexl, Die neue Gruppenfreistellungsverordnung über Technologie-Transfer-Vereinbarungen, GRUR 2004, 716, 721; Schumacher/Schmid, Die Gruppenfreistellungsverordnung für Technologie-Transfer-Vereinbarungen, GRUR 2006, 1 (2). Einen Einsatz von Immaterialgüterrechten zu wettbewerbsbeschränkenden Zwecken schließt das allerdings nicht aus.

## 2. Bedingungen des Arzneimittelvertriebs

Um Innovationen im Vertrieb von Arzneimitteln[8] an Endverbraucher zu erkennen und zu bewerten, bedarf es eines Blicks auf die Bedingungen, denen der Arzneimittelvertrieb an Endverbraucher unterliegt. Aus diesen Bedingungen lassen sich die Möglichkeiten für Wettbewerb und Innovation ersehen.

### 2.1 Apothekenrechtliche Grundsätze

Der Vertrieb von Arzneimitteln an Endverbraucher obliegt – bis auf wenige Ausnahmen[9] – den Apotheken.[10] Damit begründet der Gesetzgeber das sogenannte Apothekenmonopol[11], das die ordnungsgemäße Versorgung der Bevölkerung mit Arzneimitteln sicherstellen soll.[12] Neben dem Apothekenmonopol steht das gesetzliche Leitbild des Apothekers in seiner Apotheke[13]. Ihm liegt der Gedanke zugrunde, dass die Verantwortung für die Gesundheit des Patienten und die wirtschaftliche Verantwortung in der Apotheke in einer Hand liegen. Die Apotheke muss vom Apotheker, der zugleich Kaufmann ist[14], persönlich geführt werden.[15] Eine Betriebserlaubnis für eine Apotheke wird nur einem approbierten Apotheker, also einer natürlichen Person erteilt. Mehrere Apotheker können eine Apotheke in Form einer GbR oder einer oHG führen.[16] Mehrfach wurde dieses Apothekerleitbild durch die Rechtsprechung bestätigt.[17]

Aus der gesetzlichen Vorgabe, die Apotheke persönlich zu leiten und der Maßgabe, dass nur eine natürliche Person Inhaber einer Apotheke sein kann, folgt das sogenannte Fremdbesitzverbot. Nur ein Apotheker, dem die Betriebserlaubnis für die Apotheke erteilt wurde, darf Inhaber dieser Apotheke sein und diese betreiben. Eine Verpachtung der Apotheke ist nur unter sehr engen Voraussetzungen gestattet.[18] Das Fremdbesitzverbot verhindert, dass eine juristische Person, beispielsweise eine GmbH, eine Apotheke betreibt. Selbst eine Ein-Mann-GmbH ist ausgeschlossen.[19]

---

8 Es werden nur Humanarzneimittel betrachtet.

9 §§ 44 ff. AMG.

10 § 43 Abs. 1 AMG.

11 Siehe nur Senge, in: Erbs/Kohlhaas, Strafrechtliche Nebengesetze, Bd. 1, Loseblatt, Stand: April 2010, ApoG, § 1 Rn. 1; Rehmann, Arzneimittelgesetz, 3. Aufl. 2008, § 43 Rn. 1.

12 Fuhrmann/Klein/Fleischfresser, Arzneimittelrecht, 1. Aufl. 2010, § 21 Rn. 42.

13 § 7 Abs. 1 ApoG.

14 BGH, NJW 1983, 2085 (2086); Schmitt, in: Münchener Kommentar, 3. Aufl. 2010 § 1 HGB, Rn. 34

15 Siehe hierzu BGHSt 47, 285 ff.; OVG Sachsen Anhalt v. 14.10.2010, Gesch.-Z.: 2 L 245/08, 21 f. (Original-Urteil); BeckRS 2010, 56228.

16 § 8 ApoG.

17 BVerfGE 17, 232 ff., Rn. 37 (juris),– Apothekenmehrbetrieb; BVerwG, GRURPrax 2010, 402 ff., Rn. 22 (juris); mit leichter Kritik: BGHSt 47, 285 ff., Rn. 18 (juris); OVG Sachsen Anhalt v. 14.10.2010, Gesch.-Z.: 2 L 245/08, 21 (Original-Urteil); BeckRS 2010, 56228.

18 § 9 ApoG.

19 Zu den verfassungsrechtlichen Bedenken Taupitz, Verfassungswidrigkeit des Verbots, ärztliche Praxen in Form einer juristischen Person des Privatrechts zu führen, NJW 1996, 3033 ff.

## 2.2 Veränderte Vertriebsbedingungen

Innerhalb dieser recht engen Vorgaben haben sich die gesetzlichen Bedingungen für den Vertrieb von Arzneimitteln an Endverbraucher durch die Gesundheitsreformen im letzten Jahrzehnt verändert. War der Betrieb von mehr als einer Apotheke durch einen Apotheker untersagt[20], wurde dieses sogenannte Mehrbetriebsverbot nunmehr gelockert und der Betrieb von 3 Filialen neben einer Hauptapotheke gestattet.[21] Das Fernabsatzverbot für Arzneimittel[22] wurde aufgehoben.[23] Gleichzeitig wurden nicht verschreibungspflichtige Arzneimittel (sog. OTC-Produkte) von der Erstattung durch die gesetzlichen Krankenkassen ausgenommen. In der Folge gab es keinen Grund mehr, die bisherige Arzneimittelpreisbindung, die sowohl für verschreibungspflichtige (sog. Rx-Produkte) als auch für OTC-Produkte galt, für letztere aufrecht zu erhalten.[24] Die Reformen brachten den Apotheken zusätzliche Pflichten, insbesondere wurde die Substitution von verschriebenen Arzneimitteln durch preiswertere Generika- und rabattierte Produkte die Regel[25], ferner haben die Apotheken den von den Herstellern gegenüber den gesetzlichen Krankenkassen zu gewährenden Rabatt einzuziehen.[26]

Neben diesen gesetzgeberischen Änderungen schien auch das Fremdbesitzverbot ins Wanken zu geraten, nachdem im Saarland die in Form einer juristischen Person betriebene niederländische Apotheke DocMorris eine Zulassung für einen Filialbetrieb erhielt. Dieser Umstand löste verschiedene Rechtsstreitigkeiten aus[27], die im Jahre 2009 vor dem EuGH[28] zu einer Bestätigung des in Deutschland geltenden Fremdbesitzverbotes führten.

Die Öffnung des Arzneimittelvertriebs an Endverbraucher für den Wettbewerb war vom Gesetzgeber gewollt.[29] Die Mittel dafür blieben jedoch begrenzt. Die Auf-

---

[20] Sog. Mehrbetriebsverbot: BVerfGE 17, 232 ff. – Apothekenmehrbetrieb.

[21] Begr. zum GKV-Modernisierungsgesetz, BTDrS 15/1525, 160.

[22] § 43 Abs. 1 AMG a.F. (vor 2004).

[23] Begr. zum GKV-Modernisierungsgesetz, BTDrS 15/1525, 162 (165).

[24] Sie gilt nur noch, wenn OTC-Produkte ausnahmsweise Gegenstand der Verschreibung und Erstattung durch die GKV sind, § 129 Abs. 5 SGB V, Begr. zum GKV-Modernisierungsgesetz, BTDrS 15/1525, 166.

[25] Begr. zum Arzneimittelausgabenbegrenzungsgesetz, BTDrS 14/7144, 5.

[26] § 130a Abs. 1 SGB V; Begr. zum Beitragssatzsicherungsgesetz, BTDrS 15/28, 16.

[27] OVG Saarlouis, NVwZ-RR 2008, 95 ff. – Doc Morris; VG Saarlouis, ZMGR 2006, 231 ff.; dass., A&R 2007, 140; aus wettbewerbsrechtlicher Sicht: LG Saarbrücken, v. 09.08.2006, Az.:1 K 66/06.

[28] EuGH, Rs. C-171 u. 172/07, WRP 2009, 797 ff. – DocMorris II, s. dazu: Kamman/Gey/Kreuzer, Das EuGH-Urteil zum Apotheken-Fremdbesitzverbot, PharmaR 2009, 320 ff.; Frenz/Ehlenz, Defizitäre gerichtliche Wettbewerbskontrolle durch More-economic-Approach und Vermutungen, EuR 2010, 490 ff., 510 ff.; Murach, Fremdbesitzverbot bei Apotheken verstößt nicht gegen europäisches Recht (Anm.) GWR 2009, 281 ff.; Kaeding, Fremdbesitzverbot – Ende der Diskussion?, APR 2009, 85 ff.

[29] In der Begründung zum GKV-Modernisierungsgesetz stellt der Gesetzgeber mehrfach darauf ab, durch einen stärkeren Wettbewerb im Gesundheitswesen Einsparungen und Innovationen erzielen zu wollen, insbes. Begr. zum GKV-Modernisierungsgesetz, BTDrS 15/1525, 74 ff., 85 ff., 123.

rechterhaltung des geltenden Apothekenleitbildes, die Preisbindung für Rx-Produkte, eingeschränkte Kooperationsmöglichkeiten mit Dritten, das Fremdbesitzverbot beschränken die Mittel der Apotheken im Wettbewerb. Das nur noch eingeschränkte Mehrbetriebsverbot hat die Verantwortung des Apothekers für seine Filialen nicht gelockert, es stellt keine Abkehr vom Apothekerleitbild dar.[30] Nichts anders gilt für den Versandhandel mit Arzneimitteln.[31]

## 3. Zulassung des Versandhandels – Erweiterung der Absatzwege

Es sind die ausländischen Versandapotheken, die im Heimatstaat anderen Bedingungen ausgesetzt sind, die den Wettbewerb mit den anderen Versandapotheken in Deutschland antreiben, indem sie neue Mittel und Wege suchen, Kunden zu gewinnen und an sich zu binden. Der Preiswettbewerb spielt dabei eine wichtige Rolle. Ein nennenswerter Preiswettbewerb um OTC-Produkte findet vor allem zwischen den Versandhandelsapotheken statt, die offen mit Arzneimittelpreisen für sich werben. Versandapotheken mit Sitz im Ausland gingen schon früh dazu über, ihren deutschen Kunden die in Deutschland vorgeschriebene Zuzahlung zu Rx-Produkten zu erlassen und Rabatte auf Rx-Produkte zu gewähren. Letzteres ist bis zu einer zu erwartenden Entscheidung des Gemeinsamen Senats der Gerichte des Bundes umstritten.[32] Sicher ist aber, dass Versandapotheken mit Sitz in Deutschland diese Möglichkeit der Preiswerbung für sich nicht haben.

Durch die Erweiterung der Fernabsatzwege konnten die Versandapotheken neue Kundengruppen erschließen. Es war eine niederländische Versandapotheke, die gerichtlich die umstrittene Frage ausfocht, ob der Versandhandel mit Arzneimitteln auch das Aufstellen von Sammelboxen für Arzneimittelbestellungen und Rezepte in Einzelhandelsgeschäften, insbesondere Drogerien umfasst, die regelmäßig geleert und bearbeitet werden. Die hiergegen gerichtete Argumentation, es handele sich um eine verbotene Rezeptsammelstelle wies das Oberverwaltungsgericht Nordrhein-Westfalen zurück[33]: Das Sammeln von Rezepten sei einer Versandapotheke immanent, das für Offizinapotheken geltende Verbot von Rezeptsammelstellen könne für Versandapotheken daher nicht gelten. Das Bundesverwaltungsgericht bestätigte diese Entscheidung.[34] Solche Rezeptsammelboxen sind heute in Drogerieketten oder anderen Einzelhandelsgeschäften zu finden. Der Fernabsatzweg von Arzneimitteln wurde so um den Einzelhandel erweitert, der hierbei bloße logistische Leistungen übernimmt[35]; das Apothekenmonopol bleibt unangetastet. Sowohl für Versandapotheken, Einzelhandel als auch für die Kunden ist die Erweiterung des Fernabsatzweges vorteilhaft: Die Apotheke erreicht jene Kunden, die Arzneimittel nicht im Internet bestellen wollen oder können, aber durch die Einbindung

---

[30] Senge in: Erbs/Kohlhaas, (Fn. 11) , ApoG, § 2 Rn. 14.

[31] OVG Sachsen Anhalt v. 14.10.2010, Gesch.-Z.: 2 L 245/08, 23 f., BeckRS 2010, 56228.

[32] BGH, PharmR 2010, 634; s. auch BSGE 101, 161; OLG Hamm, CR 2005, 209; Hans. OLG Hamburg, APR 2009, 32.

[33] OVG Münster, NWVBl 2007, 144.

[34] BVerwGE 131, 1.

[35] Fuhrmann/Klein/Fleischfresser, (Fn.12), § 21 Rn. 59.

des Einzelhandels gleichwohl vom Preiswettbewerb der Versandapotheken profitieren können. Der Einzelhandel erweitert den Kreis potentieller Kunden, er kann mit seinen, wenn auch nur logistischen, Leistungen werben und so nach außen weitere Kompetenzen für sich in Anspruch nehmen.

Der Gesetzgeber hat trotz anderslautender Forderungen nach den Entscheidungen des OVG Münster und des BVerwG am Versandhandel für Arzneimittel festgehalten. Der Fernabsatz von Arzneimittel ist so – zu allgemeinem Vorteil – um einen Absatzweg reicher geworden.

## 4. Die Offizin-Apotheken – Bekannte Absatzwege neu beschreiten

Die Offizin-Apotheken stehen durch die Versandapotheken unter Wettbewerbsdruck. Kein Kunde muss mehr für ein Arzneimittel das Haus verlassen. Die Offizin-Apotheken müssen vielmehr gegenüber den Kunden begründen, dass und warum sie sie aufsuchen sollen und diese Kunden an sich binden. Die Kundenbindung hat unter den Offizin-Apotheken einen hohen Stellenwert.[36]

### 4.1 Verstärkter Wettbewerb als Herausforderung für Offizin-Apotheken

Da die Versandapotheken von Beginn an einem erheblichen Wettbewerbsdruck durch ausländische Mitbewerber ausgesetzt waren, war es für sie selbstverständlich, sich abzugrenzen, mit Hilfe von Marken die eigenen Vorteile zu kommunizieren und Kunden zu binden. Die Offizin-Apotheken mussten den Wettbewerb erst annehmen. Versuche, den Wettbewerb, vor allem dem vom Gesetzgeber gewollten Preiswettbewerb für OTC-Produkte zu umgehen, scheiterten.[37] Jede Offizin-Apotheke musste ihre Position im Wettbewerb finden, insbesondere vor dem Hintergrund des Versandhandels von Arzneimitteln, der vorgeschriebenen Arzneimittel-Substitution und des Einziehens des Herstellerrabatts.[38] Die Offizin-Apotheken mussten sich voneinander abgrenzen und unterscheiden, aktiv für sich werben, den Patienten als Kunden begreifen und an sich binden. Auch qualitative Maßstäbe mussten neu definiert und umgesetzt werden. Um diese Leistungen gegenüber dem Kunden zu kommunizieren, sie der jeweiligen Apotheke zuzuordnen und sich so von anderen Apotheken und deren Leistungen abzugrenzen, bietet das Recht den Markenschutz.[39] Zur Verbesserung der Außendarstellung von Apotheken, der Werbung gegenüber den Kunden, Einkaufsabwicklung etc. wurden verschiedene Konzepte basierend auf eigenen, neuen Marken entwickelt. Die bekannteste Apotheken-Marke, das sogenannte Apotheken-A konnte die neuen Aufgaben, insbesondere die Unterscheidung der Apotheken, allein nicht erfüllen. Eine Marke, die fast

---

36 Siehe zu einer aktuellen Studie: Apotheke+Marketing, 12/2010, 28, 30.

37 BKartA, Bescheid vom 21.12.2007, Az.: B 3-6/05, www.bundeskartellamt.de.

38 Zur damaligen Problematik: Kaeding, Die Apotheke zwischen Gesetzlicher Krankenkasse und Arzneimittelhersteller, APR 2006, 15 ff.

39 Fezer, Markenrecht, 4. Aufl. 2009, Einleitung D, Rn. 1, 2 f., 8 f.

jede Apotheke nutzt, war nicht geeignet, Apotheken voneinander abzugrenzen. In der Folge entstanden verschiedene Marken von und für Apotheken, die zumeist neben das weiterhin verwendete Apotheken-A treten.

Neben Filialkonzepten, die durch die Lockerung des Mehrbesitzverbotes möglich wurden, sind es insbesondere Kooperationsmodelle, die die Apotheken nutzen, wie Einkaufskooperationen, Marketingunterstützung, Vertriebskonzepte. Einige dieser Konzepte gehen von pharmazeutischen Großhändlern aus, die nach wie vor selbst von gesetzgeberischen und Änderungen am Markt betroffen waren und sind. Sie hatten und haben sich unter anderem mit einem neuen Vertriebsweg auseinanderzusetzen, dem sog. „direct-to-pharmacy“ Vertrieb, den pharmazeutische Hersteller im Ausland bereits praktizierten und der auch nach Deutschland übertragen wurde.[40] Die pharmazeutischen Hersteller beliefern die Apotheken direkt, die Funktion des pharmazeutischen Großhändlers beschränkt sich auf rein logistische Leistungen.

Die pharmazeutischen Großhändler verfolgen mit dem Auf- und Ausbau von Apotheken-Kooperationen zum einen eigene Interessen: Sie binden Apotheken und damit tatsächliche oder potentielle Kunden an sich. Sie positionieren sich am Markt mit eigenen Apothekenmarken und kommunizieren neben den Apotheken direkt mit dem Kunden. Die Entscheidung des Kunden für oder gegen eine Apotheke wird somit auch eine Entscheidung für oder gegen den Großhändler als Kooperationspartner.

Zum anderen ist jedoch nicht zu verkennen, dass die Apotheken von den Kenntnissen der Großhändler, die diese als Arzneimittellieferant über Produktvermarktung und Verkauf haben, und die mit der Kooperation verbundenen Leistungen profitieren können.

## 4.2 Anpassung bekannter Vertriebsarten

Markenbasierte Kooperationsmodelle, die mit einer Lizenzierung verbunden sind, lassen sich nur unter Beachtung der apothekenrechtlichen Vorgaben umsetzen. Man wird nicht so weit gehen können, dass schon das Apothekerleitbild einer Lizenz entgegenstünde, weil hierdurch Abhängigkeiten geschaffen werden können. Das allein kann nicht genügen. Anderenfalls wären Apotheken von jeder Form von Dauerschuldverhältnissen ausgeschlossen, u.a. auch von Kreditverträgen. Es muss sich vielmehr um Abhängigkeiten handeln, die sich konkret auf den Apothekenbetrieb beziehen und den Auftrag der Apotheken zur ordnungsgemäßen Arzneimittelversorgung der Bevölkerung beeinträchtigen.[41] Solche Beeinträchtigungen erkennt der Gesetzgeber in jenen Fällen, in denen die Lizenzvergütung abhängig vom Umsatz oder dem Gewinn der Apotheke ist[42], wenn die Lizenzerteilung von der Bindung an

---

[40] Zur aktuellen Diskussion: Pharmazeutische Zeitung online v. 18.12.2008, www.pharmazeutische-zeitung.de; vfa Verband der forschenden Arzneimittelhersteller, Argumentationspapier zur Arzneimitteldistribution v. 23.09.2009; Apotheke+Marketing 2009, 22 ff.

[41] BGH NJW 1980, 638; ders., NJW 2002, 2724 (2726).

[42] § 8 ApoG.

einen bestimmten pharmazeutischen Hersteller oder Großhändler abhängt[43], wenn dem Apotheker Auswahl, Einkauf und Verkauf von Arzneimitteln[44] oder die Auswahl seines Personals[45] vorgegeben wird. In diesen Fällen wird gegen die apothekenrechtlichen Vorgaben verstoßen, mit der Folge, dass geschlossene Verträge nichtig sind.[46]

Zulässig ist es, wenn der Apotheker sich bei der Gestaltung seines Frei- und Sichtwahlsortiments beraten läßt. Das Apothekenrecht trifft keine Aussage darüber, ob der Apotheker einer einheitlichen, mit einer Marke verknüpften Außen- und Innengestaltung folgen darf, ob er sich entscheidet, sich neben der allgemein vorgeschriebenen Beratung auf bestimmte Themen zu spezialisieren. Das Auslagern kaufmännischer Tätigkeiten auf Dritte findet seine Grenze dort, wo der Apotheker die Leitung seiner Apotheke aus der Hand gibt.[47] An diese Vorgaben knüpfen die unterschiedlichen Kooperationskonzepte an, auf die alle aber hier nicht eingegangen werden kann.

## 4.3 Franchising und Markenkooperation

Besonders deutlich wird der Einfluss der apothekenrechtlichen Regularien bei jenen Kooperationen, die sich in einem einheitlichen Außenauftritt der beteiligten Apotheken äußern.

Bei diesen Kooperationen tritt die Apothekenfirma in den Hintergrund. Die teilnehmenden Apotheken treten nach außen unter einer Marke auf mit einem einheitlichen Außenauftritt, für den es klare Vorgaben gibt. Diese äußern sich u.a. in der einheitlichen räumlichen und farblichen Gestaltung der Apotheken. Die Marke der Kooperation wird zentral beworben. Die Kooperationen verfolgen bestimmte Kundenbindungsstrategien. Wegen der gleichen wiederkehrenden Außendarstellung und der zentralen Marke findet der Kunde „seine" Apotheke immer wieder, auch wenn die jeweiligen Apothekeninhaber verschieden sind. Das Netz der Kooperationspartner, also der Apotheken, kann so organisiert werden, dass in einem bestimmten Umkreis keine weiteren Apotheken mehr Mitglied dieser Kooperation werden können. Die Apotheken bilden Beratungsschwerpunkte und nehmen an zentralen Fortbildungsveranstaltungen teil.

Es handelt sich hierbei nicht um eine neue Vertriebsform. Vertriebskooperationen unter einem einheitlichen Außenauftritt sind vom Franchising her bekannt. Der EuGH spricht von einer wirtschaftlichen Verwertung von fremdem Wissen ohne Einsatz von eigenem Kapital[48]. Aus der ehemaligen Franchise-Gruppenfreistellungsverordnung[49] ergaben sich folgende kennzeichnende Inhalte von Franchise-

---

[43] § 10 ApoG.
[44] BGH, NJW 2002, 2724 (2726).
[45] BGH, NJW 2002, 2724 (2726); BVerwG, GewArch, 2010, 414 ff., Rn. 24 (juris).
[46] § 12 ApoG.
[47] BGH NJW 1980, 638, 639; OVG Sachsen Anhalt v. 14.10.2010, Gesch.-Z.: 2 L 245/08, 23 f. (Original-Urteil), BeckRS 2010, 56228.
[48] EuGH, Rs 161/84, NJW 1986, 1415 (1416, Rn. 15) – Pronuptia.
[49] Gruppenfreistellungsverordnung VO (EWG) 4087/88, 1988 ABl. L 359.

vereinbarungen: Nutzung eines gemeinsamen Namens oder Transportzeichens, Mitteilung von Know-how an den Franchisenehmer, fortlaufende kommerzielle oder technische Unterstützung.[50] Darüber hinaus wohnt dem Franchising ein Systemmoment[51] inne, das sich insbesondere durch eine einheitliche Außendarstellung zeigt. Ein einheitliches äußeres Erscheinungsbild ist wesentlich für ein Franchisesystem, deshalb wurde dieser Aspekt trotz der fehlenden Regelung in der damaligen Gruppenfreistellungsverordnung schon zuvor als ein Kennzeichen des Franchisings angenommen.[52] Weitere Ausprägungen dieses Systemcharakters sind die Beachtung des vom Franchisegeber entwickelten Organisations- und Werbesystems und die Kontrolle des Franchisenehmers durch den Franchisegeber, dass das System auch eingehalten wird.[53]

Apothekenkooperationen mit einem einheitlichen Außenauftritt erfüllen die Merkmale des Franchising. Sowohl der Systemcharakter als auch das überlassene Know-how und deren zentral organisiertes Marketingkonzept sprechen dafür. Der Systemcharakter muss sich aber wegen der apothekenrechtlichen Vorgaben auf die zulässigen Aspekte beschränken, die insbesondere das Apothekerleitbild, den Begriff des Betreibens der Apotheke durch den Apotheker unberührt lassen und also die vorgeschriebene Unabhängigkeit und Selbständigkeit des Apothekers in seiner Apotheke wahren. Daher könnte auch von einem Apothekenfranchising gesprochen werden.

Deutlich wird der Einfluss der apothekenrechtlichen Vorgaben auch bei anderen Kooperationsformen. Einkaufskooperationen dürfen nicht so weit gehen, dass Kooperationsgemeinschaften anstelle der Apotheker über Auswahl und Einkauf der Arzneimittel entscheiden, auch nicht, wenn die Gemeinschaft aus Apotheken besteht.[54]

In Allianzen von Kooperationsmarken und der Apothekenfirma oder Apothekenmarke bieten die Kooperationspartner den Apotheken Unterstützungsleistungen bei der Vermarktung und entlasten die Apotheker von der Organisation und Umsetzung eigener Werbemaßnahmen. Der Kooperationspartner organisiert Kundenaktionen, Werbemaßnahmen wie Zeitschriften oder kleine Geschenke, berät bei der Auswahl des Sortiments. Dem Apotheker steht es frei, sich zu beteiligen und Vorschläge anzunehmen. Eine Verpflichtung stünde wiederum dem Apothekerleitbild und dem Begriff des Betreibens einer Apotheke entgegen. Die Apotheke tritt nach außen neben der eigenen Firma auch unter der Kooperationsmarke auf, bleibt aber

---

[50] Gruppenfreistellungsverordnung VO (EWG) 4087/88, (FN. 49), Art. 1 Abs. 1 lit b.

[51] Es wird ganz selbstverständlich von „System" gesprochen: EuGH, Rs. 161/84, NJW 1986, 1415 (1416, Rn. 15); Liebscher/Petsche, Franchising unter der neuen Gruppenfreistellungsverordnung (EG) Nr. 2790/99, EuZW 2000, 400; Metzlaff, Franchisesysteme und EG-Kartellrecht, BB 2000, 1201; Wiedemann, Kartellrecht, 2. Aufl. 2008, § 10 Rn. 72.

[52] Flohr, in: Liebscher/Flohr/Petsche, Handbuch der Gruppenfreistellungsverordnungen, 1. Aufl. 2003, § 8 Rn. 52; Veelken, in: Immenga/Mestmäcker,Wettbewerbsrecht, 1. Aufl. 2003, GFVO Rn. 23.

[53] Metzlaff, Franchisesysteme und EG-Kartellrecht, BB 2000, 1201; Skaupy, Der Pronuptia-Prozess, BB 1996, 1899 (1901).

[54] Vgl. BGH, NJW 2002, 2724, 2726; BVerwG, GewArch, 2010, 414 ff., Rn. 24 (juris).

gegenüber dem Kunden individuell. Auch die Lizenzierung dieser Kooperationsmarke ist an bestimmte Mindeststandards, wie Beratungsangebote, Service-Leistungen gebunden. Die Kooperationsmarke kann daher trotz der Individualität der jeweiligen Apotheke auch übergreifend beworben werden. Der Kunde wird so auch an die Kooperationsmarke gebunden.

Die Offizin-Apotheken haben insbesondere durch Kooperationsmodelle bekannte Vertriebswege beschritten und weiterentwickelt, indem sie diese an die apothekenrechtlichen Vorgaben angepasst haben.

## 5. Eingeschränkter Wettbewerbs- und Innovationsanreiz durch bestehende Regularien

Die Offizin-Apotheken positionieren sich im Wettbewerb unter Ausnutzen der bestehenden rechtlichen Rahmenbedingungen. Da das Apothekenrecht strenge Vorgaben hat, konzentrieren sich die Apotheken auf Kundenbindungsmaßnahmen. Sie investieren in die Ausstattung der Apotheke, in Beratung und in die Erweiterung der Serviceleistungen. Aktuell hat das Verwaltungsgericht Minden Kosmetikbehandlungen in Apotheken untersagt.[55]

### 5.1 Eingeschränkter Preiswettbewerb

Die Apotheken investieren in Kundenbindungsinstrumente, wie Zeitschriften für Erwachsene und Kinder, kleine Geschenke und Kundenboni; sie konzentrieren sich auf die Zusammenstellung der Freiwahl- und Sichtwahlsortimente, die meist so ausgewählt werden, dass kein Discounter-Image entstehen kann. Gerade letzteres fürchten die Offizin-Apotheken, anders als die Versandapotheken und nehmen deshalb die zulässige Preiswerbung und Preiswettbewerb für OTC-Produkte nur sehr bedingt an.[56] Eher findet der Wettbewerb über Art und Umfang der Kundenbindungsinstrumente und kostenlose Zusatzleistungen statt.[57] Dabei zwingt gerade ein intensiver Preiswettbewerb zur Suche nach einer effizienteren Absatzgestaltung.

Der Kunde profitiert von den Vertriebsmaßnahmen der Apotheken nur mäßig. Er erfreut sich an einer besseren, komfortableren Einrichtung, freundlichem und ggf. mehr Personal, kleinen Geschenken, kostenlosen Beratungs- und Serviceleistungen, wenn und soweit er diese überhaupt in Anspruch nimmt. Er profitiert aber nicht von einem Preiswettbewerb, obwohl dieser allen Apotheken-Kunden zugute käme. Die Kunden achten – wie die Zunahme des Versandhandels von OTC-Produkten zeigt – bei Arzneimitteln nicht weniger auf den Preis, als bei anderen Produkten.

Einen entstehenden Preiswettbewerb unter Offizin-Apotheken, der über Gutscheine, sog. „Bonus-Taler“ geführt wurde und den Rx-Bereich tangierte, hat der BGH in einer Reihe von Parallelentscheidungen unter Berufung auf die Arzneimit-

---

55 VG Minden, Urt. v. 26. 01. 2011, Gesch.-Z.: 7 K 1647/10, nicht rechtskräftig, ABR R 2011, 94.

56 Apotheke+Marketing, 12/2010, 28, 30.

57 Siehe auch die Beschreibung der Monopolkommission, Achtzehntes Hauptgutachten, BT DrS 17/2600, 58.

telpreisverordnung für unzulässig erklärt.[58] Die Apotheken gewährten auf die teuren Rx-Produkte sog. Bonus-Taler, die der Kunde auf den Kauf von Freiwahl- oder OTC-Produkten einlösen durfte. Der Erlass der in Deutschland vorgeschriebenen Arzneimittelzuzahlungen, die ausländische Versandapotheken deutschen Kunden gewähren, ist den in Deutschland beheimateten Apotheken untersagt.[59]

Arbeitsteilungen zwischen Apotheken am gleichen Standort, man denke nur an die Marktplätze der Städte, Ausnutzen der Vorteile einer starken, selbständig agierenden Einkaufsgemeinschaft, Nutzen von Synergien durch Beteiligung kapitalstarker Unternehmen an einer Apotheke sind nicht gestattet. Die Beteiligung von Dritten an den Apotheken verbietet das Fremdbesitzverbot. Die Apothekenverbände haben sich immer wieder für das Fremdbesitzverbot eingesetzt, weil das der Sicherstellung der Arzneimittelversorgung dienen soll. Vor allem Apothekenketten werden als Bedrohung angesehen. Tatsächlich aber sind die Apotheken so auf die Arzneimittelverkaufspreise als einzige finanzielle Ressource angewiesen[60], denn der Umfang des Sortiments an Nichtarzneimitteln, sog. Nebensortiment, wird durch die Apothekenbetriebsordnung und den Arzneimittelversorgungsauftrag beschränkt.[61] Die Apotheken sind zur Finanzierung ihres Unternehmens und die Kundenbindungsinstrumente auf hohe Arzneimittelpreise, insbesondere aufgrund der gegenüber OTC-Produkten erheblich teureren Rx-Produkte angewiesen. Investitionen in das Offizin und in Kundenbindungsmaßnahmen geschehen in der Konsequenz auf Kosten der Allgemeinheit, nämlich der gesetzlichen Krankenkassen, die regelmäßig mit den Apotheken die Rabatte aushandeln müssen und der Kunden, die verpflichtet sind, Zuzahlungen zu leisten und mangels intensiven Preiswettbewerbs auch im übrigen höhere Arzneimittelpreise zahlen müssen.[62]

Die Beteiligung eines kapitalstarken Unternehmens an einer Apotheke, z.B. eines Einzelhandelskonzerns, könnte zu finanziell starken und unabhängigeren Apothekenunternehmen führen[63], was zugunsten der Kunden zu einem intensiven Preiswettbewerb führen könnte. Preiswettbewerb wiederum kann aber nur stattfinden, wenn er zugelassen ist. Es ist nicht erkennbar, welchen gesundheitspolitischen Schaden es begründen soll, wenn die Apotheken mit Rabatten auf die Arzneimittelzuzahlung und Gutscheinen werben, die ohnehin nur für OTC- Produkte und Nichtarzneimittel eingelöst werden können.[64] Ebenso wird der Wettbewerb der Apotheken für Service-Leistungen als Mittel der Kundenbindung auf Kosten der Allgemeinheit geführt, denn diese Leistungen sind nicht selten kostenlos und müssen durch die Einnahmen aus den Arzneimittelverkäufen refinanziert werden.

---

[58] BGH, MPR 2010, 206; ders., MPR 2010, 201; ders., MPR 2010, 204;ders., MPR 2010, 197.
[59] Niedersächs. OVG, PharmaR 2008, 561.
[60] Monopolkommission, Achtzehntes Hauptgutachten, BT DrS 17/2600, 57.
[61] Senge, in: Erbs/Kohlhaas, (Fn. 11) , ApoG, § 25 Rn. 1, § 25 ApoBetrO.
[62] Siehe auch Monopolkommission, Achtzehntes Hauptgutachten, BT DrS 17/2600, 57; apotheke-adhoc v. 27.05.2011, http://www.apotheke-adhoc.de/Nachrichten/Politik/15300.html.
[63] Monopolkommission, Achtzehntes Hauptgutachten, BT DrS 17/2600, 60.
[64] OLG Hamm, CR 2005, 209, Rn. 68 ff. (juris).

Der Wettbewerb unter den Offizin-Apotheken, wie er jetzt geführt werden kann und wird, trägt nur begrenzt zu einer Verbesserung der gesellschaftlichen Wohlfahrt bei. Er bietet in erster Linie einen Anreiz für Investitionen in Offizin-Apotheken, und in für die Arzneimittelversorgung zum Teil belanglose Zusatzleistungen, deren Kosten alle Kunden zu tragen haben.[65] Einer der wichtigsten Wettbewerbsparameter, der Preis eines Arzneimittels, kann sich entweder wegen der Investitionen der Apotheken in zulässige Kundenbindungsinstrumente oder wegen der gesetzlichen Preisbindung nicht auswirken. Die gesetzlichen Maßgaben schränken den eigentlich gewollten Beitrag von Vertriebsinnovationen und Wettbewerb der Offizin-Apotheken zur gesellschaftlichen Wohlfahrt ein.

### 5.2 Hindernisse für neue Absatzwege

Selbst Produktinnovationen, die für Offizin-Apotheken neue Vertriebswege begründen, sind nicht ohne weiteres zulässig. Das Bundesverwaltungsgericht entschied im Jahre 2010, dass Apothekenterminals, die von Dritten aufgestellt und teilweise bedient werden, gegen das Apothekenrecht verstoßen.[66]

Die zulässige Aufstellung sogenannter Video-Apotheken, die ähnlich wie die Apothekenterminals funktionieren und eine Rezeptprüfung durch den Apotheker und eine Beratung des Patienten mittels Videokonferenz zulassen[67], wird nun davon abhängig sein, dass die Apothekenbetriebsordnung entsprechend geändert wird. [68]

Das zeigt, dass die Maßgaben des Apothekenrechts gar nicht auf Verbesserungen und Weiterentwicklungen des Arzneimittelvertriebs abzielen. Eine rechtssichere Grundlage für die sich im Zuge eines ausprägenden Wettbewerbs entstehenden Vertriebsinnovationen hat der Gesetzgeber nicht geschaffen. Auch der Umstand, dass die Einbindung des Einzelhandels in den Absatzweg des Versandhandels mit Arzneimitteln einer gerichtlichen Entscheidung bedurfte, bestätigt das. Es ist ferner auffällig, dass die geplante Videoapotheke von Nichtapothekern entwickelt wurde, die Erweiterung des Fernabsatzweges von einer niederländischen Apotheke durchgesetzt wurde.

## 6. Rechtliche Rahmenbedingungen und Innovationsanreiz

Andere apothekenrechtliche Bedingungen könnten einen der allgemeinen Wohlfahrt dienenden Wettbewerb und zugleich Innovationen fördern. Die bereits eingesetzten und kommunizierten Marken würden dann nicht nur die gesundheitsbezogenen Leistungen der Apotheken kommunizieren, sondern zugleich die dem

---

[65] Monopolkommission, Achtzehntes Hauptgutachten, BT DrS 17/2600, 58.

[66] BVerwG, GewArch, 2010, 414.

[67] Apotheke ad hoc v. 23.10.2010, http://www.apotheke-adhoc.de/Nachrichten/Politik/11668.html, u. v. 15.06.2010, http://www.apotheke-adhoc.de/Nachrichten/Apothekenpraxis/10869.html.

[68] Apotheke ad hoc v. 07.10.2010, http://apothekeadhoc.de/Nachrichten/12338.html?PHPSESSID=ujlv6rpmre2bcbl16dgrgs5n40.

Apotheker auch obliegende und teilweise in der Diskussion vollkommen übergangene kaufmännische Leistung.

Apothekenkooperationen, Versandapotheken und die Entwicklung neuer Vertriebswege zeigen, dass die Apotheken den Wettbewerb annehmen und auch bereit sind, ihn mit zu gestalten. Art und Umfang der Mitgestaltung hängen letztendlich von den rechtlichen Möglichkeiten ab. Hier sollte der Gesetzgeber ansetzen und den Preiswettbewerb jedenfalls in einem dem Kunden dienenden und unter Wettbewerbsaspekten sinnvollen Rahmen zulassen[69], das Fremdbesitzverbot und das Apothekerleitbild zumindest einschränken[70], in den Gesetzen klare Anforderungen an technische Erneuerungen des Vertriebsweges formulieren, die den Innovationsprozess fordern und fördern. Die gesetzlichen Rahmenbedingungen müssen der Innovation voraus sein und nicht ihr nachfolgen.

Um das Innovationspotential innerhalb des Arzneimittelvertriebs an Endverbraucher zu fördern, müssen überkommene Regularien kritisch überprüft werden. Zu beantworten wären unter anderem Fragen, wie: Warum darf der Kunde in der Apotheke nicht aus einem definierten Sortiment nicht verschreibungspflichtiger Arzneimittel selbst auswählen?, Warum kann der Apotheker den Einkauf von Arzneimitteln nicht einer Apothekeneinkaufsgemeinschaft übertragen, der er angehört?, Warum kann eine Apotheke nicht von einer juristischen Person geführt werden, wie es u.a. bei Rechtsanwälten gestattet ist, was spricht gegen eine – ggf. regulierte – Beteiligung Dritter an einem Apothekenunternehmen? Welche Handlungen des Apothekers können vor dem Hintergrund des Arzneimittelversorgungsauftrags durch elektronische Kommunikation oder technische Maßnahmen ersetzt oder Dritten übertragen werden, welche Handlungen muss der Apotheker immer selbst vornehmen, für welche Handlungen genügt die Aufsicht durch den Apotheker? Welche Aufgaben eines Apothekers können einer/einem entsprechend aus- oder fortgebildeten PTA übertragen werden?

Die Erweiterung und Erneuerung der Absatzwege, insbesondere durch die elektronische Kommunikation können erheblich zur Verbesserung und Vereinfachung des Arzneimittelvertriebs beitragen und diesen effizienter gestalten. Solche Entwicklungen bedürfen einer Rechtssicherheit und müssen auf innovationsfreundlichen Regelungen aufbauen können. In der Folge kann ein Leistungs- und Preiswettbewerb entstehen, der nicht auf Kosten, sondern zugunsten der Allgemeinheit geführt wird.

## 7. Zusammenfassung

Der Wettbewerb begründet Innovationen, die ihn fördern, wenn nicht das mit ihnen verbundene, zumeist finanzielle Wagnis, insbesondere durch Rechtsunsicherheit unberechenbar wird. Die gewerblichen Schutzrechte, wie das Markenrecht erfüllen

[69] Monopolkommission, Achtzehntes Hauptgutachten, BT DrS 17/2600, 59; apotheke-adhoc v. 27.05.2011, http://www.apotheke-adhoc.de/Nachrichten/Politik/15300.html.

[70] Monopolkommission, Achtzehntes Hauptgutachten, BT DrS 17/2600, 60; apotheke-adhoc v. 27.05.2011, http://www.apotheke-adhoc.de/Nachrichten/Politik/15300.html.

bis heute wichtige Funktionen in der Kommunikation zwischen den Marktteilnehmern und ´sind als Mittel im und für den Wettbewerb unentbehrlich. Diese Schutzrechte allein genügen zur Förderung von Innovationen und Wettbewerb jedoch nicht. Es bedarf innovationsfreundlicher Rahmenbedingungen, die zugleich den Wettbewerb stärken und so der gesellschaftlichen Wohlfahrt dienen. Eine bloße Fixierung des Innovationsverständnisses auf Produkte und Technologien verkennt die Potentiale, die Wettbewerb und Innovation auch in anderen Bereichen haben. Bestehende, teilweise tradierte Regularien sind vor diesem Hintergrund regelmäßig zu überprüfen. Das Innovationspotential innerhalb des Vertriebs von Arzneimitteln an Endverbraucher ist deshalb nicht nur Herausforderung für die am Arzneimittelvertrieb beteiligten Personen, sondern in besonderem Maße auch für den Gesetzgeber.

# Innovationsförderung nach TRIPS

## Zwischen progressiver Liberalisierung und regulativem Fundamentalismus

*Matthias Lamping*[*]

## Abstract

*Immaterialgüterrechte haben im Laufe des letzten Jahrhunderts einen Paradigmenwechsel von Ein- und Ausfuhrschranken hin zu designierten Voraussetzungen für den Freihandel durchlaufen. Auslöser dieses Umbruchs war das Interesse der Industrieländer, Marktchancen in weniger entwickelten Ländern zu realisieren und damit dem Verfall der eigenen Wettbewerbsfähigkeit entgegenzuwirken. Daher rührt auch das Bedürfnis, den Entwicklungsländern durch das TRIPS-Übereinkommen ein Ordnungssystem aufzuerlegen, das zwar einen möglichst starken Schutz ausländischer Investitionen gewährleistet, für die wirtschaftliche Entwicklung dieser Länder aber keine optimalen Voraussetzungen bietet. Den Vertragsstaaten ist im Hinblick auf die Ausgestaltung und Anwendung des nationalen Rechts aber durchaus noch eine gewisse Flexibilität geblieben, um den Ausgleich zwischen einem effektiven Schutz von Innovationen und deren effizienter Nutzung und Weiterentwicklung zu wahren. Inwiefern sie von diesem Ermessensspielraum Gebrauch machen können, ist jedoch bedauerlicherweise keine rechtliche, sondern eine politische Frage.*



## 1. Allgemeine Bemerkungen

Die Welthandelsorganisation (WTO) ist die Dachorganisation des „Allgemeinen Zoll- und Handelsabkommens“ (GATT), des „Allgemeinen Abkommens über den Handel mit Dienstleistungen“ (GATS) und des „Übereinkommens über handelsbe-

[*] Dr. iur., wissenschaftlicher Referent am Max-Planck-Institut für Immaterialgüter- und Wettbewerbsrecht.

zogene Aspekte der Rechte des geistigen Eigentums“ (TRIPS). Ziele der WTO sind der Abbau von Handelshemmnissen und die Liberalisierung des Handels mit dem weiterführenden Ziel des internationalen Freihandels. Dies gründet auf der Annahme, dass die Beseitigung von Schranken innerhalb und jenseits der nationalen Grenzen der gesamtgesellschaftlichen Wohlfahrt zugute kommt, da eine Spezialisierung in der Herstellung und Bereitstellung von Gütern und Dienstleistungen die allokative Effizienz und die globale Produktivität erhöht.[1]

Das TRIPS ist ein integraler Bestandteil des Handelsregimes der WTO. Nicht nur die Ministererklärung von Punta del Este,[2] mit der die sog „Uruguay-Runde“ eingeläutet wurde, sondern auch die Präambel des in den Folgejahren ausgehandelten Vertrages stellen dem Regelungsgegenstand des Immaterialgüterrechts den allgemeinen Zweck der Liberalisierung des Handels voran.[3] Faktisch ist das TRIPS jedoch nur hinsichtlich seines Ursprungs handelsbezogen. In seiner Wirkung geht es über den Gegenstand der Handelsregulierung – und damit über das ursprüngliche Verhandlungsmandat – hinaus: Zum einen verabsolutiert es Ausschließlichkeitsrechte für die Zwecke der Förderung und Steuerung von Innovation;[4] zum anderen werden diese Rechte in ein System gesellschaftspolitischer Kontrolle eingebettet und damit in einen abstrakten Abwägungsprozess verwickelt, der sinnvollerweise nur auf nationaler Ebene auszutragen ist (vgl. Art. 8 Abs. 1 TRIPS).[5] Das Immaterialgüterrecht wird als Paradigma mit einem scheinbar unantastbaren Kern dargestellt, der – auf den ersten Blick – selbst gegenüber kartellrechtlichen Eingriffen abgeschirmt wird (vgl. Art. 8 Abs. 2). All dies ändert freilich nichts an zwei Tatsachen: Erstens ist der Immaterialgüterschutz eine rechtfertigungsbedürftige

---

[1] Siehe Samuelson/Nordhaus, Economics, 17. Aufl. 2001, 297 ff.

[2] In der Ministererklärung von Punta del Este, 20. Sep. 1986, heißt es: „*In order to reduce the distortions and impediments to international trade*, and taking into account the need to promote effective and adequate protection of intellectual property rights, and to ensure that measures and procedures to enforce intellectual property rights do not themselves become barriers to legitimate trade, the negotiations shall aim to clarify GATT provisions and elaborate as appropriate new rules and disciplines.“ (e.H.).

[3] Gemäß der Präambel zielt das TRIPS darauf ab, „*Verzerrungen und Behinderungen des internationalen Handels zu verringern*, [...] unter Berücksichtigung der Notwendigkeit, einen wirksamen und angemessenen Schutz der Rechte des geistigen Eigentums zu fördern sowie sicherzustellen, dass die Maßnahmen und Verfahren zur Durchsetzung der Rechte des geistigen Eigentums nicht selbst zu Schranken für den rechtmäßigen Handel werden [...].“ Im *Anell Draft* (MTN.GNG/NG11/W/76, 23. Juli 1990) findet man folgende zwei Vorgängervarianten dieser Erklärung (erstere entspricht dem Vorschlag der Industrieländer, letztere dem der Entwicklungsländer): „2A The parties agree to provide effective and adequate protection of intellectual property rights *in order to ensure the reduction of distortions and impediments* to [international] [legitimate] trade. The protection of intellectual property rights shall not itself create barriers to legitimate trade.“ (e.H.). „2B The objective of the present Agreement is to establish adequate standards for the protection of, and effective and appropriate means for the enforcement of intellectual property rights; *thereby eliminating distortions and impediments* to international trade related to intellectual property rights and foster its sound development.“ (e.H.).

[4] Eine Regulierung des Innovationswettbewerbs, die nicht (oder auch nur teilweise) auf der Basis von ausschließlichen Rechten basiert, wird dadurch von vornherein ausgeschlossen.

[5] Artikel ohne Gesetzesangabe sind solche des TRIPS.

Rahmenregelung der marktwirtschaftlichen Ordnung und steht daher unter dem Vorbehalt grundsätzlicher Wettbewerbsfreiheit.[6] Zweitens untersteht das TRIPS – obschon es inhaltlich weder bezogen noch beschränkt ist auf den Abbau von Handelsschranken – dem Handelsregime der WTO und muss sich an den damit gesetzten Zielen und Funktionen messen lassen. Es ist insofern, soweit möglich, als Ausdruck allgemeiner Prinzipien der internationalen Handelstheorie zu verstehen.[7] Entsprechend sind die Verpflichtungen zu relativieren, die das Übereinkommen den Mitgliedstaaten hinsichtlich der Ausgestaltung des nationalen Immaterialgüterrechts auferlegt. Die „Förderung eines wirksamen und angemessenen Schutzes" wird vom Regelungszweck nur insoweit gefordert, wie dies dazu geeignet und erforderlich ist, um „Verzerrungen und Behinderungen des internationalen Handels zu verringern."[8] Idealerweise sollte also die nationale Souveränität unangetastet bleiben, solange keine Beschränkung des internationalen Handels zu befürchten ist oder zentrale Grundsätze des Rechtssystems der WTO (wie die Prinzipien der Inländerbehandlung oder der Meistbegünstigung) betroffen sind.[9]

Die Misskonzeption des eigentlichen Regelungsgegenstands des Übereinkommens hat in den zwei Dekaden seiner Existenz zu einer Verbürgung des Immaterialgüterrechtsschutzes auf der Grundlage vermeintlich anerkannter Mindeststandards geführt. Das TRIPS hat sich damit abgenabelt von dem handelspolitischen Ziel, dem es seine ursprüngliche Akzeptanz verdankt. Dies wirft unweigerlich die Frage auf, ob das Übereinkommen überhaupt flexibel genug ist, um Veränderungen des Handels einerseits und der Dynamik des Innovationsprozesses andererseits nicht im Wege zu stehen. Denn weder die sozialen Verhaltensmuster noch die ökonomischen

---

6 Lamping, Patentschutz und Marktmacht, 2010, 6 u.a.

7 Siehe etwa Samuelson, Where Ricardo and Mill Rebut and Confirm Arguments of Mainstream Economists Supporting Globalization, 18 J. of Econ. Perspectives 2004, 135 ff.

8 Exemplarisch spricht die Präambel des TRIPS „von dem *Wunsch* [...], Verzerrungen und Behinderungen des internationalen Handels zu verringern, [...] unter Berücksichtigung der Notwendigkeit, einen wirksamen und angemessenen Schutz der Rechte des geistigen Eigentums zu *fördern*" (e.H.).

9 Eine analoge Anwendung von Prinzipien, die im Rahmen des GATT entwickelt wurden, ist jedoch im Allgemeinen mit Vorsicht anzugehen. Das TRIPS ist als Anhang des „Übereinkommens zur Errichtung der Welthandelsorganisation" (Marrakesh Übereinkommen) zwar im Einklang mit dem GATT zu interpretieren, das sich ebenfalls in dessen Annex befindet. Eine Über- oder Unterordnung ist aber nicht vorgesehen. Das entbindet freilich nicht von der Pflicht zur Wahrung der notwendigen Kohärenz. Siehe WT/DS50/R (India Patents), Rn. 5.19; WT/DS174/R (EC Trademarks – US), Rz 7.208; WT/DS290/R (EC Trademarks – Australia), Rn. 7.87, 7.244: „The Panel notes that there is no hierarchy between the TRIPS Agreement and GATT 1994, which appear in separate annexes to the WTO Agreement. The ordinary meaning of the texts of the TRIPS Agreement and GATT 1994, as well as Article II:2 of the WTO Agreement, taken together, indicates that obligations under the TRIPS Agreement and GATT 1994 can co-exist and that one does not override the other. [...] Further, a 'harmonious interpretation' does not require an interpretation of one that shadows the contours of the other. It is well established that the covered agreements apply cumulatively and that consistency with one does not necessarily imply consistency with them all."

Grundannahmen, auf denen die klassische Rechtfertigung des Immaterialgüterrechts basiert, gelten heute noch ohne Vorbehalt.

## 2. Geistiges Eigentum unter dem Vorwand des Freihandels

Die Gefahren des Lobbyismus waren schon den Gründungsvätern der amerikanischen Verfassung ein Dorn im Auge.[10] Heute spiegeln politische Entscheidungsprozesse mehr denn je die Bedürfnisse einer gut organisierten Minderheit mit klar definierten Interessen wider – „Politik der Druckmittel ist die Politik kleiner Gruppen".[11] Das TRIPS bildet da keine Ausnahme. Es ist im Grunde genommen das Resultat gescheiterter demokratischer Prozesse und ein regelrechtes Lehrbuchbeispiel für Olsons „Theorie des kollektiven Handelns"[12].

### 2.1 Die Globalisierung des amerikanischen Traums

Das TRIPS entstammt der Initiative einiger weniger amerikanischer Industrieller, die sich Anfang der 80er Jahre mit dem Ziel zusammenschlossen, dem internationalen Immaterialgüterrecht „Zähne" zu verleihen.[13] Die mit der „Revidierten Berner Übereinkunft" (RBÜ) und der „Pariser Verbandsübereinkunft" (PVÜ) existierende Rechtsgrundlage gewährte in den Augen der Unternehmer keinen ausreichenden Schutz, zumal die „World Intellectual Property Organization" (WIPO) schon institutionell bedingt keine effektiven Durchsetzungsmechanismen bietet. Beides sind im Wesentlichen „Gentlemen's Agreements", die auf dem Grundsatz der Inländerbehandlung beruhen.

Federführend war neben IBM und DuPont der Pharmakonzern Pfizer, der sich steigenden Forschungs- und Entwicklungskosten ausgesetzt sah und infolge des zunehmenden Protektionismus in Entwicklungsländern nennenswerte Gewinneinbrüche verzeichnete. Das Bindeglied der Industrie zur Außenhandelspolitik der Vereinigten Staaten waren Beratungskomitees. Den größten Einfluss übte das „Advisory Committee on Trade Negotiations" (ACTN) aus, welches sich aus 45 Vertretern verschiedener Branchen zusammensetzt und dem Handelsbeauftragten („US Trade Representative", USTR) bei handelspolitischen Fragen unmittelbar zur Seite steht. Die Interessen und Forderungen der Industrie konnten somit zuverlässig und ohne große Umwege auf die politische Agenda gebracht werden. Da ein Alleingang der USA allerdings keine Früchte tragen würde, galt es von Seiten der Politik, zumindest Japan und die Europäische Union mit ins Boot zu holen. Vor allem die EU stand allerdings der Idee, in ein Übereinkommen zum Abbau von Handelsschranken Vorschriften aufzunehmen, die von Natur aus geeignet sind, weitere Handelsschranken zu schaf-

---

[10] Kingston, Beyond Intellectual Property, 2010, 98.

[11] Schattenschneider, The Semi-Sovereign People, 1960, 35.

[12] Olson, Die Logik des kollektiven Handelns, 3. Aufl. 1992.

[13] Siehe Drahos/Braithwaite, Information Feudalism, 2002; Sell, Private Power, Public Law, 2003; Stewart, The GATT Uruguay Round, 1993, Vol. III, 2247 f.; Trebilcock/Howse, Regulation of International Trade, 3. Aufl. 2005, 406 ff.; Kingston (Fn. 9), 109 ff.; Kingston, Removing Some Harm from the World Trade Organization, 32 Oxford Dev. Studies 2004, 309 (311 ff.).

fen, skeptisch gegenüber. Schließlich sind Immaterialgüterrechte im Kontext des GATT nichts anderes als nicht-tarifäre Handelshemmnisse, die ausnahmsweise gerechtfertigt sind (vgl. Art. XX(d) GATT). Um diesen Argwohn zu beseitigen, wurde 1986 das „Intellectual Property Committee" (IPC) ins Leben gerufen, dem zwölf amerikanische Großkonzerne angehörten.[14] Die Aufgabe des Komitees bestand im Wesentlichen darin, die Interessen der Wirtschaft an die Staatengemeinschaft heranzutragen. Mit diesem Anliegen traten auch Arbeitgeberverbände aus Europa und Japan, wie die „Union of Industrial and Employers' Confederation of Europe" (UNICE, seit 2007 „Businesseurope") oder die „Japanese Federation of Economic Organizations" an die Politik heran. Zu diesem Zeitpunkt hatten die USA die anderen drei großen Wirtschaftsmächte (die EU, Japan und Kanada) um sich geschart und damit genügend Rückhalt, um auf den Gang der WTO-Verhandlungen einen bestimmenden Einfluss zu nehmen.

Das Handelsdefizit der USA war im Laufe der 80er Jahre deutlich angestiegen, was nicht zuletzt steigenden Wechselkursen zu verdanken war. Dies machte vor allem der Exportindustrie zu schaffen und wirkte sich spürbar auf die internationale Wettbewerbsfähigkeit des Landes aus.[15] Der hergestellte Bezug des Immaterialgüterschutzes zum internationalen Handel kam der Politik somit durchaus zupass. Da die zunehmende Piraterie im Ausland für die negative Handelsbilanz verantwortlich gemacht werden konnte, war ein Sündenbock gefunden und die „Globalisierung des geistigen Eigentums" wurde zum nationalen Interesse erhoben.[16]

Dabei wussten die Amerikaner, den Widerstand jener Länder zu brechen, die durch die Einführung oder Stärkung von Immaterialgüterrechten abträgliche Konsequenzen für die Entwicklung ihrer Volkswirtschaften befürchteten.[17] Außenpolitischer Druck erfolgte nicht nur über die Weltbank und den Internationalen Währungsfond (IWF), sondern vor allem auf bilateraler Ebene;[18] denn was dort bereits Realität war, bedurfte auf multilateraler Ebene keiner umfassenden Verhandlungen mehr.[19] Dementsprechend wurde der Immaterialgüterschutz zur Bedingung für die Gewährung von Handelsbegünstigungen innerhalb des „Allgemeinen Präferenzsystems" (APS) erhoben, welches Entwicklungsländern nicht-reziproke Zollvergünsti-

---

[14] Bristol Myers, DuPont, General Electric, General Motors, Hewlett Packard, IBM, Johnson and Johnson, Merck & Co., Monsanto, Pfizer, Rockwell International und Time Warner.

[15] Nelson/Wright, The Rise and Fall of American Technological Leadership, 30 J. Econ. Literature 1992, 1931 ff.

[16] United States General Accounting Office (USGAO), Strengthening Worldwide Protection of Intellectual Property Rights, 1987; USGAO, Strengthening Trade Law Protection of Intellectual Property Rights, 1986.

[17] Siehe i.d.Z. Große Ruse-Khan/Jaeger/Kordic, The Role of Atypical Acts in EU External Trade and IP Policy, 21 Eur. J. Intell Prop. 2001, 901 ff. (aus europäischer Sicht).

[18] Drahos/Braithwaite (Fn. 12), 194: „Bilateralism is like cooking an elephant and rabbit stew: however you mix up the ingredients, it ends up tasting like elephant."

[19] Handelssanktionen wurden Brasilien (Pharma), Argentinien, Korea, Thailand, Indien (Pharma), China und Taiwan angedroht. Es ging aber mehr „ums Bellen als ums Beißen", denn nur im Fall von Brasilien wurden tatsächlich Sanktionsmaßnahmen ergriffen. Freilich erfüllten auch alle anderen Drohgebärden ihren Zweck.

gungen einräumt. Der politische Druck der USA manifestiert sich unverkennbar im „US Trade and Tariff Act" von 1984. Dieser ermächtigte den Präsidenten und den Handelsbeauftragten unter anderen dazu, Importzölle zu erhöhen oder Handelspräferenzen abzuschaffen, wenn ein Handelspartner den amerikanischen Vorstellungen eines angemessenen Schutzes nicht gerecht wurde. Seit dem „Omnibus Trade and Competitiveness Act" von 1988 führt der USTR eine Art „schwarze Liste" („Special 301 Report" – ähnlich derer der sog. „Schurkenstaaten") mit Ländern, die unter „besonderer Beobachtung" stehen.[20]

Nach und nach konnte so der Widerstand einer möglichen Opposition bei den GATT-Verhandlungen weitgehend gebrochen werden. Die letzte Verhandlungsrunde wurde im September 1986 in Punta del Este, Uruguay eingeleitet. Mit der „Uruguay-Runde" wurde die internationale Zusammenarbeit auf dem Gebiet der Handelspolitik offiziell auf das „geistige Eigentum" ausgedehnt. Der Rest der Geschichte ist bekannt. Die Verhandlungen endeten 1994 in Marrakesh mit der Gründung der WTO durch das „Übereinkommens zur Errichtung der Welthandelsorganisation" (Marrakesh Übereinkommen), in dessen Annex sich unter anderem das GATT, das GATS und das TRIPS befinden. Unter der Ägide der WTO bilden die drei Verträge die tragenden Säulen der neuen Welthandelsordnung.

Weniger bekannt ist dagegen der Mangel an demokratischer Legitimität, der die Verhandlungen in Genf kennzeichnet. Effiziente Verhandlungen sind im Allgemeinen solche, die einen maximalen gemeinsamen Verhandlungsgewinn aufweisen. Das setzt voraus, dass (1) alle relevanten Interessen paritätisch in Erscheinung treten, (2) alle Beteiligten umfassend über die Implikationen möglicher Verhandlungsergebnisse informiert sind und (3) keine Verhandlungspartei einseitigen Druck ausüben kann. Offensichtlich war die Uruguay-Runde von diesem Idealzustand weit entfernt: ad 1) Die Kernelemente des Vertrages wurden im Rahmen kleiner Arbeitsgruppen ausgehandelt, bei denen Vertreter der Entwicklungsländer nur selten anzutreffen waren. Das Verhandlungsresultat ist damit im Prinzip ein Manifest der Industrieländer und der dort tonangebenden Interessengruppen. Belange der Konsumenten und Nutzer immaterieller Güter oder entwicklungspolitische Interessen kommen allenfalls in negativer Form und unter Vorbehalt zum Ausdruck.[21] ad 2) Den Industrieländern war zweifellos bewusst, welche wirtschaftlichen Einbußen sie durch den mangelnden Immaterialgüterschutz in vielen Entwicklungsländern erlitten. Letztere waren sich dagegen alles andere als im Klaren darüber, welche gesellschaftspolitischen Konsequenzen die Umsetzung des Übereinkommens entfalten würde. Zugeständnisse der Industrieländer im Agrarbereich scheinen wohl den Blick vieler Entwicklungsländer für das Immaterialgüterrecht getrübt zu haben.

---

[20] Auch heute tauchen in diesem Report noch EU-Mitgliedstaaten auf. 2009 Special 301 Report, 32 ff.: Finnland (mangelnder Erzeugnisschutz für Arzneimittel), Italien (keine abschreckenden Sanktionen für Schutzrechtsverletzungen), Spanien (keine abschreckenden Sanktionen und unzureichender Zugang zum Rechtsweg), Polen (ineffektive Strafverfolgung), Rumänien (mangelhafte Durchsetzung), Griechenland (ineffektive Durchsetzungsmechanismen) und Ungarn (ineffektive Durchsetzungsmechanismen).

[21] Siehe Dreyfuss, TRIPS-Round II: Should Users Strike Back?, 72 U. Chi. L. Rev. 2004, 21 ff.

ad 3) Eine „Waffengleichheit" hat zu keiner Zeit geherrscht. Allüren der Entwicklungsländer wurden durch die Androhung von Handelssanktionen im Keim erstickt.

Das Ergebnis der Verhandlungen ist denkbar tendenziös: Die EU setzte zwar keine Urheberpersönlichkeitsrechte durch, dafür aber den Schutz von Herkunftsangaben (vgl. Art. 22 ff.); die USA wehrten sich erfolgreich gegen Urheberpersönlichkeitsrechte und erreichten ein weitreichendes Diskriminierungsverbot (vgl. Art. 27 Abs. 1), mussten dafür aber Ausschlüsse von der Patentierbarkeit (vgl. Art. 27 Abs. 2 und 3) und eine offene Bestimmung zur Zwangslizenzierung (vgl. Art. 31) in Kauf nehmen. Die meisten Entwicklungsländer haben wiederum ihre Souveränität in Bezug auf die Regulierung des Wissens als öffentliches Gut aufgegeben und nicht mehr dafür bekommen als ein scheinheiliges Versprechen, dass alles in ihrem ureigenen Interesse sei.[22] Die dem zugrunde liegende Gerechtigkeit ist wohl am ehesten die von „Thrasymachos", demnach das „Gerechte nichts anderes als das dem Stärkeren Zuträgliche" ist.[23]

## 2.2 Die Ineffizienz latenter Interessengruppen

Der Schwächere war in diesem Fall zweifellos die Allgemeinheit. Für die mangelnde Berücksichtigung der öffentlichen Belange verantwortlich sind drei selbstständige, aber offensichtlich zusammenhängende Faktoren, die eine „Gruppe" davon abhalten, ihre Interessen zu fördern: Je größer eine Gruppe ist, (1) desto kleiner ist der Anteil am Gruppengewinn, der dem einzelnen Gruppenmitglied zuteil wird, das sich für die Interessen der Gruppe einsetzt; (2) desto geringer ist die Wahrscheinlichkeit oligopolistischen Wechselspiels; (3) desto höher sind die Organisationskosten, die erst einmal überwunden werden müssen, um das „Kollektivgut" herbeizuschaffen.[24]

Im Ergebnis führt also eigennütziges Verhalten in einer großen Gruppe eben gerade nicht zu einer Verwirklichung der gemeinsamen Interessen. Die Gründe oder Anreize, sich zur Förderung gemeinsamer Interessen zu organisieren, sind nicht zugleich Gründe oder Anreize, die Interessenorganisation bei diesem Vorhaben aktiv zu unterstützen.[25] Relativ kleine Interessengruppen sind daher oftmals in der Lage, sich effizient zu organisieren und in Verfolgung ihrer gemeinsamen Interessen zu handeln.[26] Eine große Interessengruppe wird dagegen in der Regel nicht – ebenso

---

[22] Ob und inwiefern das TRIPS tatsächlich zu der wirtschaftlichen und sozialen Entwicklung dieser Staaten beigetragen hat, ist unklar. Siehe etwa Branstetter/Foley/Saggi, Has the Shift to Stronger Intellectual Property Rights Promoted Technology Transfer, FDI, and Industrial Development?, 2 WIPO J. 2010, 93 ff.; Henry/Stiglitz, Intellectual Property, Dissemination of Innovation and Sustainable Development, 1 Global Policy 2010, 237 (244).

[23] Platon, Politeia (übersetzt von Prantl), 1857, Erstes Buch, Kap. 12.

[24] Olson (Fn. 11), 47.

[25] Op. cit., 125.

[26] Ein kleiner oligopolistischer Gewerbezweig, der Steuererleichterungen anstrebt, wird diese häufig auch dann erreichen, wenn sie im Ergebnis für die gesellschaftliche Wohlfahrt abträgliche Konsequenzen haben.

wenig wie die Gesellschaft in einem anarchistischen System – in der Lage sein, sich (freiwillig) zu organisieren, ihre Interessen zu bündeln und an die Politik heranzutragen. Das hat zur Folge, dass öffentliche Interessen zu einer Unterrepräsentierung tendieren, wohingegen Unternehmensinteressen häufig in kleinen Gruppen bzw. Netzwerken organisiert sind. Freilich ist es nicht die Unternehmerschaft als Ganzes – diese wäre definitionsgemäß ebenfalls eine latente Interessengruppe und sähe sich folglich denselben Organisationsproblemen wie andere große Gruppen ausgesetzt –, sondern es sind Industrien mit spezifischen Sonderinteressen, die politische Macht ausüben. Die seit Jahrzehnten stattfindende Ausdehnung des Immaterialgüterschutzes ohne ausgleichende Gegenkraft rührt also hauptsächlich daher, dass die Gruppe der Konsumenten immaterieller Güter schlicht und ergreifend zu groß und diversifiziert ist. Es handelt sich um eine sog. „latente Interessengruppe“[27] mit diffusen Interessen: Ein angemessener Schutz, der den Wettbewerb nicht mehr als nötig beschränkt, ihm aber so viel Entfaltungsraum wie möglich bietet, lässt sich weder allgemeingültig noch bestimmt definieren.

Es ist nicht ohne Grund, dass die meisten Initiativen zu einer Stärkung oder Erweiterung des Patentschutzes von der Pharmaindustrie ausgehen. Sie ist es nicht nur, die die „Uruguay Runde“ federführend angestoßen hat. Auch die patentrechtliche Schutzvoraussetzung des „Nicht-Naheliegens“ haben wir den Arzneimittelherstellern zu verdanken, deren routinemäßiger Forschungstätigkeit zuweilen der einer „erfinderischen Tätigkeit“ (im klassischen Sinne) zugrunde liegende Überraschungseffekt abgesprochen wurde.[28] Ebenso wie die pharmazeutische Industrie maßgeblichen Einfluss auf die patentrechtliche Komponente des TRIPS ausgeübt hat, setzte sich die Tabakindustrie für das Markenrecht ein. Das im Laufe der 80er Jahre zunehmende Bewusstsein für die gesundheitlichen Risiken des Tabakkonsums in den Industrieländern hat die Hersteller dazu bewegt, sich stärker auf Entwicklungsländer zu konzentrieren. Da die Zigarettenhersteller nun in erster Linie durch gezieltes Marketing und einen starken Markennamen um Kunden werben, ist ein starker Markenschutz in diesen Ländern von entscheidender Bedeutung.[29]

## 3. Paradigmen des internationalen Immaterialgüterschutzes

### 3.1 Freihandel und Territorialitätsprinzip

Das Immaterialgüterrecht beruht auf dem Territorialitätsprinzip. Geschützt wird auf der Grundlage von nationalen Verwaltungsakten,[30] beschränkt auf das Hoheitsgebiet des erteilenden Staates. Dadurch wird dem Patentinhaber ermöglicht, sein Recht in jenem Markt zu verwerten, für den Schutz gewährt wird. Die Wettbewerbsbedingungen des Marktes bestimmen die Entschädigung nach dem Er-

---

[27] Siehe Olson (Fn. 11), 48 ff., 59 ff.

[28] Kingston, Intellectual Property's Problems, 4 Intell. Prop. Q. 2002, 315 (320); Kingston (Fn. 9), S. 52 ff.

[29] Op. cit., S. 115.

[30] Hilty/Lamping, Trennungsprinzip – Quo vadis, Germania?, in: FS 50 Jahre BPatG (2011), 251.

folgsprinzip. Damit offenbart sich im Kontext der globalisierten Wirtschaft ein immanenter Konflikt: Das TRIPS bezweckt die Öffnung internationaler Wettbewerbsmärkte durch die Gewährleistung eines mehr oder weniger homogenen Schutzes (der für nationale Ordnungsvorstellungen nur wenig Raum lässt). Nichtsdestotrotz gilt das Territorialitätsprinzip. Zum einen findet damit die Entschädigung des Rechtsinhabers durch die Aggregation nationaler Märkte statt, die ihrem Entwicklungsstand und ihrer volkswirtschaftlichen Größe entsprechende Ertragsdifferenzen aufweisen, zum anderen wird der Rechtsinhaber – trotz dem erklärten Ziel einer Globalisierung des Handels – unabhängig von seiner Konkurrenzfähigkeit im globalen Wettbewerb entlohnt, da schutzrechtsunabhängige Wettbewerbsvorteile (insbesondere Faktor- und Standortkosten) ausgeschaltet werden können, wodurch neue Wettbewerbsverzerrungen entstehen. Der Marktwert des Schutzrechts entspricht damit nicht der internationalen Wettbewerbsfähigkeit des betreffenden Marktes. Dies widerspricht wiederum dem Grundsatz eines fairen und unverfälschten Wettbewerbs, auf dem das Handelsregime der WTO und damit auch das TRIPS basieren. Parallelimporte sind vor diesem Hintergrund Ausdruck des internationalen Freihandels.[31]

Das wirft die Frage auf, ob mit der Liberalisierung des internationalen Handels und des grenzüberschreitenden Wettbewerbs nicht auch der Abbau von Handelsbeschränkungen einhergehen muss, die auf territorialer Segmentierung basieren. Setzen der Regelungskontext und -gegenstand des TRIPS eine internationale Erschöpfung nicht implizit voraus?[32] Der Vertragstext weicht dieser Frage jedenfalls explizit aus. Gemäß Art. 6 darf für die Zwecke der Streitbeilegung das Übereinkommen nicht dazu verwendet werden, die Frage der Erschöpfung zu behandeln. Die „Doha-Erklärung" stellt dahingehend klar, dass die Mitgliedstaaten bei der Regelung der Erschöpfung volle Gestaltungsfreiheit genießen.[33] Das entbindet allerdings nicht von der Pflicht, diese Gestaltungsfreiheit in einer Weise auszuüben, die den handelspolitischen Grundsätzen der WTO entspricht. Dabei ist Protektionismus unangebracht. Nichts anderes ist jedoch die nationale bzw. regionale Er-

---

[31] Die Wohlfahrtseffekte von Parallelimporten sind von verschiedensten Faktoren abhängig. Pauschal lässt sich nur sagen, dass die Produzentenrente niedriger sein wird, wenn keine „Ramsey-Preissetzung" möglich ist. Näher dazu Müller-Langer, An Analysis of the Ambiguous Welfare Effects of Parallel Trade Freedom, Max Planck Institute for Intellectual Property, Competition & Tax Law Research Paper No. 10-03, 2010.

[32] Ullrich, TRIPS: Adequate Protection, Inadequate Trade, Adequate Competition Policy, in: 4 Pacific Rim L. & Policy J. 1995, 153 (191 ff.); Ullrich, Technologieschutz nach TRIPS, GRUR Int. 1995, 623 (634 f.); a.A. Straus, Implications of the TRIPs Agreement in the Field of Patent Law, in: Beier/Schricker, From GATT to TRIPs, 1996, 160 (191 ff.); siehe ferner Straus/Katzenberger, Parallelimporte: Rechtsgrundlagen zur Erschöpfung im Patentrecht, Gutachten für die Schweizerische Eidgenossenschaft, 2002, 38 ff.

[33] Declaration on the TRIPS Agreement and Public Health, 2001, WT/MIN(01)/DEC/W/2, Rn. 5(d): „The effect of the provisions in the TRIPS Agreement that are relevant to the exhaustion of intellectual property rights is to leave each member free to establish its own regime for such exhaustion without challenge, subject to the MFN and national treatment provisions of Articles 3 and 4."

schöpfung. Die Liebe zum Freihandel scheint dort zu enden, wo die eigene Wettbewerbsfähigkeit gefährdet ist. Der Aufschrei nach effektivem Immaterialgüterschutz unter dem Vorwand eines effizienten Handels ist anscheinend nur insoweit ernst gemeint, wie dies der Ausbeutung ausländischer Märkte dient, nationale Märkte aber abgeschottet bleiben. Schrankenlos soll der Wettbewerb dann wohl doch nicht sein. Denn das letzte, was etablierte Unternehmen und Volkswirtschaften wollen, sind niedrige Eintrittsbarrieren für Wettbewerber mit komparativen Kostenvorteilen.[34]

## 3.2 Zwischen Mindest- und Maximalschutz

Die mit dem TRIPS einhergehenden Verpflichtungen gelten als Mindeststandards.[35] Gemäß Art. 1 Abs. 1 dürfen die Mitgliedstaaten „in ihr Recht einen umfassenderen Schutz als den durch das Übereinkommen geforderten aufnehmen, vorausgesetzt, dieser Schutz läuft dem Übereinkommen nicht zuwider". Dies sagt jedoch nichts über die mit dem Übereinkommen festgesetzte absolute Schutzhöhe aus. Die Präambel macht deutlich, dass ein „adäquater und effektiver Schutz" erwartet wird.[36] Adäquat wird dabei in der Regel nicht im Sinne des zur Förderung des technischen Fortschritts oder zur Beseitigung von Handelsschranken Notwendigen verstanden, sondern als das in den Industrieländern Übliche. Für diese Feststellung bedarf es nicht mehr als eines oberflächlichen Blickes in den Vertragstext. Betont wird insbesondere der Schutz, kaum dessen Grenzen. Hinzu kommt, dass die Angemessenheit des Schutzes mit den Erwartungen der Vertragsparteien steigt. Je stärker der Schutz in den Industrieländern ausgestaltet wird, desto unangemessener erscheint der *status quo* in den anderen Mitgliedstaaten.

Selbst die dem TRIPS immanente Flexibilität hinsichtlich des normativen Umgangs mit technischem Wissen ist meist nur eine Farce. Die Freiheiten, die das Völkerrecht bietet, verpuffen spätestens auf bilateraler Ebene. Diese Tendenz wird insbesondere in den Freihandelsabkommen der USA und der EU sichtbar, die den Gestaltungs- und Ermessensspielraum ihrer Vertragspartner zum Teil gravierend einschränken. Obschon der Trend zu „TRIPS plus" in vielerlei Hinsicht bedenklich ist, ist er nicht schrankenlos. Zum einen stellt Art. 1 Abs. 1 selbst klar, dass ein umfassenderer Schutz nicht dem Übereinkommen zuwider laufen darf. Zum anderen ist Art. 41 Abs. 1 der Wiener Vertragsrechtskonvention zu berücksichtigen. Danach können internationale Verträge durch anschließende Übereinkünfte nur insofern modifiziert werden, wie die Vertragsparteien in dem Genuss ihrer Rechte auf Grund

---

[34] Grundlegend Ricardo, On the Principles of Political Economy and Taxation, 3. Aufl. 1821, Kap. 7.

[35] Wie sie ihren völkerrechtlichen Verpflichtungen gerecht werden, bleibt den Mitgliedstaaten überlassen. Aufgabe der WTO ist es, diesen Ermessensspielraum zu überwachen. Siehe WT/DS50/AB/R (India Patents), Rn. 59: „Members, therefore, are free to determine how best to meet their obligations under the TRIPS Agreement within the context of their own legal systems."

[36] So auch die Ministererklärung von Punta del Este, 20. Sep. 1986: „[...] the need to promote *effective and adequate* protection of intellectual property rights [...]." (e.H.).

des Vertrages oder in der Erfüllung ihrer Pflichten nicht beeinträchtigt werden und die Modifikation sich nicht auf eine Bestimmung bezieht, von der abzuweichen mit der vollen Verwirklichung von Ziel und Zweck des gesamten Vertrags unvereinbar wäre. Vor diesem Hintergrund wäre sicherzustellen, dass durch die Oktroyierung von „TRIPS plus"-Standards keine im TRIPS ausdrücklich vorbehaltenen Rechte (vgl. insbesondere Art. 8) untergraben werden.[37]

## 3.3 Wettbewerb als institutionelle Schutzvoraussetzung

Das TRIPS nimmt das Immaterialgüterrecht weitgehend aus dem Kontext der Eigentumslogik heraus und bettet es in ein System gesellschaftspolitischer Kontrolle ein, dessen Ausgestaltung bis zu einem gewissen Grade den Mitgliedstaaten überlassen bleibt.[38] Die Grenzen dieser Gestaltungsfreiheit definiert das Übereinkommen manchmal mehr und manchmal weniger deutlich. Im Grundsatz ist der durch das TRIPS festgelegte Schutz jedoch losgelöst von den allgemeinen sozialen, kulturellen und ökonomischen Rahmenbedingungen des zu regelnden Marktes. Damit stellt sich nicht nur ein administratives, sondern vor allem ein institutionelles Problem. Das Patentsystem steht nämlich gerade nicht im Dienst der Eigentumslogik, sondern in jenem der Markt- und Wettbewerbsverhältnisse, innerhalb derer es funktionieren muss. Nur so kann das Patent überhaupt erst die Funktion erfüllen, deretwegen es gewährt wird: die Förderung einer nachhaltigen Entwicklung der Technik durch wirksamen „Substitutionswettbewerb".[39]

Der Schutz geistiger Leistungen durch ausschließliche Rechte bedingt also einen funktionierenden Wettbewerbsmarkt, der den Schutzgegenstand der marktwirtschaftlichen Entschädigung nach dem Erfolgsprinzip unterstellt; schließlich ist es allein der Markt, der den Anreiz und die Belohnung für innovatives Verhalten bereitstellt. Dazu muss sowohl *ex ante* ein wirksamer Wettbewerb herrschen, der zur Innovation führt, als auch *ex post*, der die Innovation einer marktmäßigen Be- und Verwertung unterstellt. Nur wenn sich Ausschließlichkeitspositionen im Wettbewerb gegenüber stehen, wird eine Verteilung des Markteinkommens nach dem Leistungsprinzip stattfinden können.[40] Andernfalls überwiegen die negativen Effekte, die mit der Administration des Systems und der Beschränkung des Imitationswettbewerbs einhergehen. Aus diesem Grund muss sich auch das Schutzniveau, soweit möglich, an der Frage orientieren, ob der komparative Vorteil einer Volkswirtschaft in der Innovation oder in der Imitation (bzw. in der Adaption von Innovationen) liegt.[41] Eine effiziente Ressourcenallokation bedingt diese regulative Flexibilität,

---

[37] Siehe Große Ruse-Khan, The International Law Relation Between TRIPS and Subsequent TRIPS-Plus Free Trade Agreements, 18 J. Intell. Prop. L. 2011, 1 (16 ff.); Mitchell/Voon, Patents and Public Health in the WTO, FTAs and Beyond, 43 J. World Trade 2009, 571 (596 ff.).

[38] Ullrich, GATT: Industrial Property Protection, Fair Trade and Development, in: Beier/ Schricker, GATT or WIPO?, 1989, 127 (136 f.).

[39] Siehe Schumpeter, Kapitalismus, Sozialismus und Demokratie, 8. Aufl. 2005, 137 f.

[40] Siehe Kantzenbach, Die Funktionsfähigkeit des Wettbewerbs, 2. Aufl. 1967, 16 f.

[41] Trebilcock/Howse (Fn. 12), 397, 399 ff.

von der die wirtschaftliche Entwicklung der Industrienationen über Jahrhunderte profitiert hat.[42]

Daraus folgt, dass das Patentsystem in seiner vom TRIPS angedeuteten Pauschalität nicht ohne weiteres von einem auf den anderen Markt übertragbar ist; das gilt schon innerhalb geschlossener Rechtssysteme und umso mehr darüber hinaus. Um zu funktionieren, muss sich der Immaterialgüterschutz in ein differenziertes und gewachsenes System aus Wettbewerbs- und Verbraucherschutz einfügen, an dem es den meisten Entwicklungsländern fehlt. Dort sind schon die institutionellen Grundlagen einer funktionsfähigen Markt- und Wettbewerbsordnung, innerhalb derer sich das Patentsystem – seiner rechts- und wirtschaftspolitischen Funktion entsprechend[43] – entfalten kann, in der Regel nicht gegeben. Unter diesen Gegebenheiten sind systematische Dysfunktionalitäten unvermeidbar.

## 4. Flexibilitäten bei der Umsetzung des TRIPS-Übereinkommens

### 4.1 Im Hinblick auf die Ausgestaltung des Schutzes

Die Artt. 27 bis 34 des Übereinkommens befassen sich mit Patenten. Art. 27 legt die patentfähigen Gegenstände fest. Danach müssen Patente für Erfindungen auf allen Gebieten der Technik erhältlich sein, sowohl für Erzeugnisse als auch für Verfahren, vorausgesetzt, dass sie neu sind, auf einer erfinderischen Tätigkeit beruhen und gewerblich anwendbar sind.[44] Ferner darf in Bezug auf die Erhältlichkeit und die Ausübung von Patentrechten nicht hinsichtlich des Ortes der Erfindung, des Gebiets der Technik oder danach, ob die Erzeugnisse eingeführt oder im Land hergestellt werden, diskriminiert werden. Durch Art. 28 wird festgelegt, welche Rechte aus einem Patent hervorgehen. Die Herstellung, der Gebrauch, das Anbieten zum Verkauf, der Verkauf und die diesen Zwecken dienende Einfuhr des Schutzgegenstands sind ausschließlich dem Patentinhaber vorbehalten; möglich ist eine Übertragung oder Lizenzierung. Gemäß Art. 33 endet die erhältliche Schutzdauer nicht vor dem Ablauf einer Frist von 20 Jahren.

---

[42] Commission on Intellectual Property Rights, Integrating Intellectual Property Rights and Development Policy, 2002, 20.

[43] Siehe dazu Lamping (Fn. 5), 65 ff.

[44] Ausnahmen (bzw. Ausschlüsse) können vorgesehen werden: (1) wenn die Verhinderung der gewerblichen Verwertung der Erfindung zum Schutz der öffentlichen Ordnung oder der guten Sitten einschließlich des Schutzes des Lebens oder der Gesundheit von Menschen, Tieren oder Pflanzen oder zur Vermeidung einer ernsten Schädigung der Umwelt notwendig ist (Art. 27 Abs. 2); (2) wenn die Erfindung in einem diagnostischen, therapeutischen oder chirurgischen Verfahren für die Behandlung von Menschen oder Tieren, in einer Pflanze, einem Tier (mit Ausnahme von Mikroorganismen) oder einem im wesentlichen biologischen Verfahren für die Züchtung von Pflanzen oder Tieren (mit Ausnahme von nicht-biologischen und mikrobiologischen Verfahren) (Art. 27 Abs. 3) besteht.

**Art. 27 Abs. 1 Patentable Subject Matter**
Subject to the provisions of paragraphs 2 and 3, patents shall be available for any inventions, whether products or processes, in all fields of technology, provided that they are new, involve an inventive step and are capable of industrial application.[44] Subject to paragraph 4 of Article 65, paragraph 8 of Article 70 and paragraph 3 of this Article, patents shall be available and patent rights enjoyable without discrimination as to the place of invention, the field of technology and whether products are imported or locally produced.

Die Diskriminierung auf dem Gebiet des Patentrechts bereitete den Industrieländern vor Inkrafttreten des TRIPS das womöglich größte Unbehagen.[46] Entsprechend gilt das Verbot der Diskriminierung als eine der größten Errungenschaften der Verhandlungen und als eines der größten Zugeständnisse vieler Entwicklungsländer, die zur Sicherung der (preiswerten) Arznei- und Nahrungsmittelversorgung oder zur Förderung der industriellen Entwicklung bereichsspezifische Abweichungen hinsichtlich der Erhältlichkeit, der Ausübung und des Bestands von Patenten vorsahen.

Art. 27 Abs. 1 Satz 1 schreibt den Mitgliedstaaten vor, unter welchen Voraussetzungen einer Erfindung Patentschutz gewährt werden soll;[47] eine Legaldefinition der Erfindung enthält das TRIPS aber nicht. Es bleibt somit den Mitgliedstaaten überlassen, die Grenze zwischen einer „Erfindung" und einer „Entdeckung" zu ziehen. Was im nationalen Recht als Entdeckung gilt, unterliegt auch nicht den Voraussetzungen des Art. 27; Gensequenzen, Geschäftsmethoden, Forschungswerkzeuge oder Computerprogramme können demnach patentierbare Erfindungen sein oder eben auch nicht.[48] Dies vorausgestellt, müssen Patente für alle Erfindungen erhältlich sein, sofern diese neu sind, auf erfinderischer Tätigkeit beruhen und gewerblich anwendbar sind. International anerkannte Standards gibt es keine, womit es den Mitgliedstaaten überlassen bleibt, die abstrakten Kriterien in rechtlich anwendbare Maßstäbe zu gießen. Der damit verbundene ordnungspolitische Einfluss ist nicht zu unterschätzen.[49] Die Industrieländer üben sich seit Anbeginn des Patentwesens da-

[45] Amtl. Fn.: „For the purposes of this Article, the terms 'inventive step' and 'capable of industrial application' may be deemed by a Member to be synonymous with the terms 'non-obvious' and 'useful' respectively."

[46] MTN.GNG/NG11/W/7 (Submissions by the EC, Japan, the US), 2, 7, 22.

[47] Das bedeutet freilich nicht, dass die Erfindung auch ausgeübt bzw. kommerzialisiert werden darf. Das Patent ist lediglich ein negatives Recht (vgl. Art. 28), das Dritten die Verwendung des Schutzgegenstands verwehrt.

[48] Reichman, From Free Riders to Fair Followers, 29 N.Y.U. J. Int'l L. & Pol. 1996-1997, 11 (40 f.); Ullrich (Fn. 31), 153 (173 f.); Straus (Fn. 31), 160 (187).

[49] Hohe Anforderungen an die Erfindungshöhe erhöhen die Attraktivität anderer Methoden des Investitionsschutzes und der Innovationsförderung, während geringe Anforderungen defensive Patentstrategien sowie die Patentierung geringerer Innovationsschritte zur Folge haben. Selektive Anforderungen können wiederum die Innovationskraft der Volkswirtschaft in eine bestimmte Richtung lenken.

rin, volkswirtschaftlichen Entwicklungsbedürfnissen durch die Anpassung der Erfindungshöhe Rechnung zu tragen.

Hinsichtlich des in Art. 27 Abs. 1 Satz 2 verankerten Diskriminierungsverbots gilt der Gleichbehandlungsgrundsatz.[50] Diskriminierung ist die Ungleichbehandlung gleicher Sachverhalte bzw. die Gleichbehandlung ungleicher Sachverhalte. Dies kann sowohl in einer ungerechtfertigten Benachteiligung (negative Diskriminierung) als auch in einer ungerechtfertigten Bevorzugung (positive Diskriminierung) bestehen.[51] Differenzierung bedeutet, unterschiedlich zu behandeln was bereits von Natur aus unterschiedlich ist.[52] Gerechtfertigte Abweichungen sind daher nicht nur erlaubt,[53] sondern geboten.

Das Diskriminierungsverbot hinsichtlich des Ortes der Erfindung erweitert den Schutz vor Diskriminierung, der durch die Artt. 3 und 4 gewährt wird.[54]

Im Hinblick auf das Gebiet der Technik ist das Verbot in erster Linie Ausdruck der Interessen der Pharmabranche, da Medikamente vor Inkrafttreten des TRIPS in vielen Ländern vom Patent- oder zumindest vom Erzeugnisschutz ausgenommen waren.[55] Der Ermessensspielraum im Namen der Differenzierung sollte hinsichtlich des Technologiebereichs dabei auf objektive Unterschiede intrinsischer Natur (vgl. Art. 7) beschränkt werden. Erlaubt wären demnach Differenzierungen, die den spezifischen Charakteristika einer Technologie (oder des Anwendungsbereichs einer Technologie) und dadurch bedingten Unterschieden in Bezug auf die Regulierung

---

[50] Siehe i.d.Z. EuGH, C-292/97 (Kjell Karlsson), Slg. 2000, I-2737, Rn. 39: „Artikel 40 Absatz 3 Unterabsatz 2 EG-Vertrag, der im Rahmen der gemeinsamen Agrarpolitik das Verbot der Diskriminierung aufstellt, ist lediglich ein besonderer Ausdruck des allgemeinen Gleichheitsgrundsatzes, der besagt, daß vergleichbare Sachverhalte nicht unterschiedlich und unterschiedliche Sachverhalte nicht gleich behandelt werden dürfen, es sei denn, daß eine unterschiedliche Behandlung objektiv gerechtfertigt wäre"

[51] UNCTAD/ICTSD Resource Book, 2005, 368.

[52] Carvalho, The TRIPS Regime of Patent Rights, 3. Aufl. 2010, Rn. 27.8; Dinwoodie/Dreyfuss, Diversifying without Discriminating, 13 Mich. Telecomm. Tech. L. Rev. 2007, 445 (450); Cottier, From Progressive Liberalization to Progressive Regulation in the WTO, 9 J. Int'l Econ. L. 2006, 779 (796).

[53] WT/DS114/R (Canada Pharmaceuticals), Rn. 7.92: „Article 27 prohibits only discrimination as to the place of invention, the field of technology, and whether products are imported or produced locally. Article 27 does not prohibit bona fide exceptions to deal with problems that may exist only in certain product areas. Moreover, to the extent the prohibition of discrimination does limit the ability to target certain products in dealing with certain of the important national policies referred to in Articles 7 and 8.1, that fact may well constitute a deliberate limitation rather than a frustration of purpose."

[54] Der Ursprung des Verbots liegt im amerikanischen „Erfinderprinzip" (*first to invent*). Die Verhandlungsparteien konnten die USA nicht davon überzeugen, das weiter verbreitete „Anmelderprinzip" (*first fo file*) anzunehmen. Dafür konnte aber erreicht werden, dass nicht nur erfinderische Tätigkeiten im Inland (und den NAFTA-Staaten) bei der Patentierung berücksichtigt werden.

[55] Das führte vielerorts zum Aufblühen hoch effizienter Generika-Industrien, was den Originalpräparate-Herstellern verständlicherweise ein Dorn im Auge war. Dass sich diese erfolgreich zur Wehr setzen vermochten, zeigt die Entstehungsgeschichte des TRIPS (dazu Kap. 2.1).

geschuldet sind.[56] Auswirkungen des Schutzes, die nicht unmittelbar aus dem ausschließlichen Recht erwachsen, sondern das Ergebnis externer Einwirkungen oder unnatürlicher Auswüchse sind, können nicht Gegenstand der durch das TRIPS garantierten Rechte sein – schon gar nicht im Kontext vermeintlicher Mindeststandards. Ein Beispiel ist der Stoffschutz und das von anderen Industrien abweichende „Produkt-Patent-Verhältnis“: Erzeugnisse der Informationstechnologie beinhalten im Regelfall tausende von Patenten, während auf einzelnen DNA-Sequenzen, die absoluten Stoffschutz genießen, unter Umständen tausende Produkte basieren können.[57] Ähnliches gilt im Hinblick auf Standardisierungen, Netzwerk- oder *lock in*-Effekte,[58] die zu einer unnatürlichen Proliferation der mit dem Patent einhergehenden Rechtsmacht führen. Auch ergänzende Schutzzertifikate sind eine legitime Differenzierung, da sie auf die Beseitigung von Unterschieden hinsichtlich der Wirkung von Patenten abzielen. Sie sind dann diskriminierend, wenn sie nur für pharmazeutische Produkte verfügbar sind, nicht aber für andere Erzeugnisse, die gleichfalls Zulassungsverfahren durchlaufen müssen.[59] Von einer Aufweichung des Diskriminierungsverbots durch öffentliche Interessen ist dagegen abzuraten. Kritisch sind daher – obwohl sie laut herrschender Meinung zulässig sein sollen[60] – Differenzierungen extrinsischen Ursprungs, die zum Schutz mit dem Immaterialgüterschutz konkurrierender Allgemeininteressen vorgenommen werden. Freilich wäre ein solcher Ansatz nur dann überhaupt praktikabel, wenn von einer Anwendung des Diskriminierungsverbots auf die Artt. 30 und/oder 31 abgesehen wird (dazu weiter unten), was jedoch der geltenden Rechtsprechung des Streitbeilegungsgremiums widerspräche.[61] Denn es steht außer Zweifel, dass Ausnahmen und Zwangslizenzen wichtige Instrumente sind, um die Wirkung des Patentschutzes mit dem Allgemeininteresse in Einklang zu bringen.

Das Diskriminierungsverbot verbietet den Mitgliedstaaten jedenfalls nicht, Differenzierungen vorzunehmen. Ohne diese Flexibilität wäre eine Verfälschung der Wettbewerbs- und Innovationsstrukturen die geradezu zwingende Folge; eine „formalistische Verpflichtung zu technologischer Neutralität“ ist zum Scheitern verurteilt.[62] Erlaubt ist folglich das, was notwendig ist, um das Verhältnis von Vor- und

---

[56] Dies ist besonders relevant für neue Technologien, bei denen die Balance zwischen dem notwendigen Schutz des Erfinders und der möglichen Handlungsfreiheit Dritter erst gefunden werden muss. Siehe auch Sommer, The Scope of Gene Patent Protection and the TRIPS Agreement, IIC 2007, 30 (37).

[57] Siehe dazu Cohen et. al., R&D Spillovers, Patents and the Incentives to Innovate in Japan and the United States, 31 Research Policy 2002, 1349 (1356 f.); Cohen et. al., Protecting their Intellectual Assets, NBER Working Paper No. 7552, 2000.

[58] Siehe Dinwoodie/Dreyfuss (Fn. 51), 445 (453 f.)

[59] Kanada hat auf dieser Grundlage bereits 1999 eine Beschwerde gegen die EU gerichtet, wo ergänzende Schutzzertifikate nur für Arznei- und Pflanzenschutzmittel verfügbar sind: WT/DS153/1 (EC Patent Protection), Request for Consultations by Canada.

[60] Siehe statt vieler Correa, TRIPS, 2007, 284.

[61] Siehe WT/DS114/R (Canada Pharmaceuticals), Rn. 7.91.

[62] Dinwoodie/Dreyfuss, WTO Dispute Resolution and the Preservation of the Public Domain of Science under International Law, in: Maskus/Reichman, International Public Goods and Transfer of Technology, 2005, 861 (876 f.).

Nachteilen des Schutzes, von Verfügbarkeit und Beschränkung der Nutzung sowie von Rechten und Pflichten der Betroffenen in allen Bereichen und Situationen, in denen das Immaterialgüterrecht asymmetrisch in den freien Wettbewerb eingreift, auszugleichen. Am Ende des Tages kommt es darauf an, über alle Technologiebereiche hinweg eine homogene *Wirkung* der Ausschließlichkeit zu haben. Außer Frage steht, dass hierzu eine heterogene *Normierung* notwendig sein kann.

Das Verbot der Diskriminierung danach, ob die Erzeugnisse eingeführt oder im Land hergestellt worden sind, ist Ausdruck des Prinzips der Inländergleichbehandlung. Es steht Ausübungserfordernissen entgegen, die nicht durch die Einfuhr der geschützten Produkte erfüllt werden können, sprich: solchen, die den Patentinhaber unter Androhung einer Zwangslizenz zu einer Herstellung des Schutzgegenstands im Inland verpflichten (*local working requirements*).[63] Akzeptiert werden solche Ausübungserfordernisse unter der Prämisse, dass sie gerechtfertigt und folglich nicht diskriminierend sind.[64] In den Fokus der WTO sind sie durch den Fall *Brazil Patent Protection* geraten.[65] Gegenstand der von den USA initiierten Auseinandersetzung war eine Vorschrift des brasilianischen Patentgesetzes, wonach dem Patentinhaber eine Zwangslizenz auferlegt wird, wenn er das geschützte Produkt nicht innerhalb von drei Jahren in Brasilien herstellt. Da sich die Regierungen aber nach zweijährigen Verhandlungen geeinigt hatten, wurde die Sache nie dem Streitbeilegungsgremium unterbreitet.[66] Solche Herstellungserfordernisse finden sich jedoch nach wie vor in den Gesetzen vieler Mitgliedstaaten.[67] Es dürfte daher nur eine Frage der Zeit sein, wann die WTO dazu Stellung beziehen muss. Selbst das amerikanische Recht sieht eine fragwürdige Vorschrift zur Lizenzierung von bundeseigenen Erfindungen vor, wonach eine Bundesbehörde Lizenzen nur an Unternehmen erteilen darf, die zustimmen, dass lizenzgemäße Produkte ausschließlich in den USA hergestellt werden.[68] Diese Vorschrift wurde sogar schon von Brasilien in *US Patents Code* beanstandet, der Fall wurde jedoch eingestellt.[69] Bei näherem Hinschauen wird deutlich, warum: Die erste Mittelung der USA in *Brazil Patent Protection* ist auf den 8. Juni 2000 datiert, die Einigung der beiden Parteien in der Sache

---

[63] Carvalho (Fn. 51), Rn. 27.61, 31.13; Watal, Intellectual Property Rights in the WTO and Developing Countries, 2001, 318; Weissman, A Long, Strange TRIPS, 25 U. Pa. J. Int'l Econ. L. 2004, 1069 (1107); Gervais, The TRIPS Agreement, 3. Aufl. 2008, Rn. 2.236 f.; Europäische Kommission, Compulsory Licensing and Data Protection, Legal Issues Related to Compulsory Licensing Under the TRIPS Agreement, 2001, 5 f.

[64] UNCTAD/ICTSD (Fn. 50), 482; Abbott, WTO Dispute Settlement Practice Relating to the Agreement on Trade-Related Intellectual Property Rights, in: Ortino/Petersmann, WTO Dispute Settlement System 1995-2003, 2004, 413 (441); Gervais (Fn. 62), Rn. 2.249; Champ/Attaran, Patent Rights and Local Working Under the WTO TRIPS Agreement, 27 Yale J. Int'l L. 2002, 365 (386 ff.).

[65] WT/DS199/1 (Brazil Patent Protection), Request for Consultations by the United States.

[66] WT/DS199/4 (Brazil Patent Protection), Notification of Mutually Agreed Solution.

[67] Siehe SCP/15/3, Annex V, 12 f.; vgl. insbesondere Art. 84 des indischen PatG i.d.F. vom 4. April 2005: „(1) At any time after the expiration of three years from the date of the grant of a patent, any person interested may make an application to the Controller for grant of compulsory licence on patent on any of the following grounds, namely: […] (c) that the patented invention is not worked in the territory of India.“

auf den 19. Juli 2001. Es dürfte kein Zufall sein, dass die Mitteilung von Brasilien in *US Patents Code* just vier Monate zuvor bei der WTO eingegangen ist, nämlich am 1. Februar 2001.

So oder so ist zweifelhaft, ob industrielle Herstellungserfordernisse – als Überbleibsel aus Zeiten der Industrialisierung[70] – im Kontext globaler Märkte überhaupt noch zeitgemäß sind. Mit den Grundsätzen des internationalen Freihandels lassen sie sich jedenfalls nur schwer vereinbaren.[71]

## 4.2 Im Hinblick auf die Ausübung des Schutzes

Verbindliche Schutzschranken enthält das Übereinkommen nicht. Es steht den Mitgliedern gemäß Art. 1 Abs. 1 zwar frei, die für die Umsetzung der Verpflichtungen in das nationale Rechtssystem und in die nationale Rechtspraxis geeignete Methode festzulegen, eine Einschränkung des vorgesehenen Schutzes ist aber nur begrenzt möglich. Lediglich zwei Ermächtigungsvorschriften des Übereinkommens befassen sich mit der Möglichkeit, die Wirkung der Ausschließlichkeit zu relativieren: Art. 30 über die „Ausnahmen von den Rechten aus dem Patent" und Art. 31 über „sonstige Benutzung ohne Zustimmung des Rechtsinhabers".

---

[68] Vgl. 35 USC § 209: „(b) Manufacture in United States – A Federal agency shall normally grant a license under section 207 (a)(2) to use or sell any federally owned invention in the United States only to a licensee who agrees that any products embodying the invention or produced through the use of the invention will be manufactured substantially in the United States."

[69] WT/DS224/1 (US Patents Code), Request for Consultations by Brazil.

[70] Die heimische Industrie sollte durch die Förderung der inländischen Produktion geschützt werden. Herstellungserfordernisse richteten sich folglich in erster Linie gegen ausländische Patentinhaber, die den Inlandsmarkt gar nicht oder nur durch Importe versorgten. Das „Statute of Monopolies" von 1623 und das französische Patentgesetz seinerzeit gehörten zu den ersten Gesetzestexten, die solche Ausübungserfordernisse vorsahen. In Frankreich war der Verfall ursprünglich sogar dann vorgesehen, wenn trotz Ausübung des Patents im Inland geschützte Produkte aus dem Ausland eingeführt wurden. Man erkannte jedoch bald, dass die Verpflichtung zur industriellen Ausübung im Inland der Globalisierung der Wirtschaft zuwiderlief. Seit Schaffung der PVÜ im Jahr 1883 wurden Versuche unternommen, den Ausübungszwang zu beseitigen oder zumindest die Rechtsfolge des Verfalls durch eine weniger drastische Maßnahme, die Zwangslizenz, zu ersetzen. Durch Art. 5A PVÜ wurde bei der Konferenz von 1925 in Den Haag dann schließlich festgelegt, dass der Verfall des Patents im Falle unterlassender oder unzureichender Ausübung die *ultima ratio* sein muss. Siehe Dinwoodie/Hennessey/Perlmutter, International Intellectual Property Law and Policy, 2001, 405 ff.

[71] Industrielle Herstellungserfordernisse erfüllen traditionellerweise zwei Funktionen: (1) die Sicherstellung der Versorgung von Konsumenten mit dem Schutzgegenstand; (2) die Förderung der Industrialisierung durch den Aufbau nationaler Expertise. Zum einen geht aber mit einer Zwangslizenz nur selten der Wissenstransfer einher, der für eine effiziente Ausbeutung der Technologie und den Aufbau einer Innovationsindustrie erforderlich ist. Zum anderen könnten ausländische Unternehmen abgeschreckt werden, sich in den betreffenden Märkten mittel- oder unmittelbar zu betätigen, was den grenzüberschreitenden Technologietransfer gänzlich unterbinden würde. Nicht zuletzt besteht kein Interesse der Allgemeinheit an der Benutzung jeder patentierten Neuerung in jedem Lande, zumal dies jeder wirtschaftlichen Vernunft sowie dem Prinzip der internationalen Arbeitsteilung widerspräche. Siehe Beier, Exclusive Rights, Statutory Licenses and Compulsory Licenses in Patent and Utility Model Law, IIC 1999, 251 (263).

Ausnahmen (bzw. Schutzschranken) und Zwangslizenzen sind dabei nicht als Abweichungen von den Grundsätzen des Immaterialgüterrechtsschutzes zu verstehen, sondern als integraler Bestandteil der Regulierung – sozusagen als Instrumente zur Herstellung und Wahrung des in Art. 7 ausgedrückten Ausgleichs konkurrierender Interessen. Erst dadurch wird gewährleistet, dass das ausschließliche Recht an immateriellen Leistungen der Funktion gerecht wird, deretwillen es gewährt wird. Die Zulässigkeit von begrenzten Ausnahmen oder Zwangslizenzen ist daher nicht unter dem Vorbehalt des durch Art. 27 statuierten Schutzes auszulegen; Art. 27 darf nicht als „horizontale" Grundsatzvorschrift gesehen werden, die durch die Artt. 30 und 31 „entweiht" wird – ebenso könnten letztere als Ausdruck des freien Wettbewerbs betrachtet werden, in den durch das Patent eingegriffen wird. Die Gewährung und die Begrenzung des Schutzes sind Facetten eines paritätischen Balanceakts, bei dem allerdings im Zweifel der Wettbewerb das vorrangige Schutzgut sein sollte. Alles andere widerspräche der Funktion des Immaterialgüterschutzes in der marktwirtschaftlichen Ordnung.

**Art. 30 Exceptions to the Rights Conferred**

Members may provide limited exceptions to the exclusive rights conferred by a patent, provided that such exceptions do not unreasonably conflict with a normal exploitation of the patent and do not unreasonably prejudice the legitimate interests of the patent owner, taking account of the legitimate interests of third parties.

Art. 30 ist das Ergebnis harter Verhandlungen zwischen jenen Staaten, die einem unbedingten Schutz skeptisch gegenübertraten und jenen, die möglichst keine Einfallstore für Beschränkungen des mit dem Übereinkommen geschaffenen Mindestschutzes zulassen wollten.[72] Die Vorschrift ermächtigt die Mitgliedstaaten, „Ausnahmen von den ausschließlichen Rechten aus einem Patent", sprich: Schranken vorzusehen.[73] Art. 30 erlaubt somit Einschränkungen der in Art. 28 Abs. 1 vorgesehenen ausschließlichen Rechte und ist damit Ausdruck des in Art. 7 statuierten Interessen- (zwischen Erzeugern und Nutzern) und Effizienzausgleichs (zwischen statischer und dynamischer Effizienz). Solche Ausnahmen erfüllen die verschiedensten Zwecke. Die einen dienen der dynamischen Effizienz – das Versuchsprivileg –, die anderen sind gesetzgeberischen Interventionen geschuldet – die „Bolar-Regelung" –, wieder andere konkurrieren *a priori* nicht mit der gewerblichen Verwertung durch den Rechtsinhaber – die private Nutzung zu nicht-gewerblichen Zwecken.[74] Wenn kein „Marktversagen" (im Sinne einer nicht nur unerheblichen Gefahr für den Innovationswettbewerb) droht, ist eigentlich kein Eingriff erforder-

---

[72] Siehe etwa MTN.GNG/NG11/W/70 (Communication from the US), 11.

[73] Für einen Überblick über die meistverbreiteten Ausnahmen siehe SCP/15/3, Annex I, 29 f.; SCP/12/3 Rev. 2, Annex II, 97 ff.

[74] Näher zu den einzelnen Ausnahmen Lamping (Fn. 5), S. 117 ff.

lich. Da dieser aber trotzdem stattfindet, sind dessen überschüssige Wirkungen mittels einer Ausnahme zu korrigieren.[75] Die Bezeichnung einer Vorschrift als Ausnahme bedingt jedoch keine „engere" oder „strengere" Auslegung.[76] Im Zweifel gilt sogar das Gegenteil: Der Grundsatz *in dubio mitius* erfordert, dass von zwei möglichen Interpretationen einer Vorschrift oder eines Rechtsbegriffes jene vorzuziehen ist, die den Gestaltungsspielraum des Verpflichteten am wenigsten beschränkt.[77]

In *Canada Pharmaceuticals* hat das Gremium den ersten und bisher letzten Versuch unternommen, Art. 30 auszulegen. Die strikte Orientierung am Wortsinn wurde vielfach kritisiert. Die Einwände richten sich insbesondere gegen die unzureichende Abwägung der Interessen im Lichte der Artt. 7 und 8.[78]

Die Wahrung der Balance zwischen der Verfügbarkeit und der Verwertbarkeit technischen Wissens liegt in den Händen der Mitgliedstaaten. Die Struktur des Art. 30 ist dabei Ausdruck des – in vielen Mitgliedstaaten fest verankerten – Grundsatzes der Verhältnismäßigkeit.[79] (1) Ausnahmen sind *begrenzt*, wenn sie nicht über das hinausgehen, was zur Erreichung des mit ihnen verfolgten Zwecks *erforderlich*

---

[75] Bei den Ausnahmen von den Rechten aus dem Patent (Art. 30) und den Ausschlüssen von der Patentierbarkeit (Art. 27 Abs. 2 und 3) handelt es sich zuweilen um alternative Instrumente, um die Vergabe bzw. die Reichweite von Patenten in bestimmten Situationen zu korrigieren. Dem Gesetzgeber obliegt somit in bestimmten Bereichen die Wahl, ob er eine Erfindung von der Patentierbarkeit ausschließt und damit der Allgemeinheit vorbehält oder deren Nutzung durch Dritte in der Form und innerhalb der Grenzen einer Ausnahme zulässt. Der Unterschied besteht in der Tiefe des Eingriffs in das Ausschließlichkeitsrecht. Während Ausschlüsse von der Patentierbarkeit absolut wirken, lassen sich Ausnahmen (im Rahmen der Vorgaben des Art. 30) bedarfsgerecht ausgestalten. Erstere schaffen zwar Rechtssicherheit, indem sie kategorisch klarstellen, dass auf einem bestimmten Gebiet ohne die Gefahr einer Verletzung von Ausschließlichkeitsrechten geforscht und entwickelt werden kann. Damit gehen aber auch die positiven Nebenwirkungen des Patents verloren, insbesondere dessen Offenbarungs- und Koordinationsfunktion. Zudem muss der Ausschluss bei der Patenterteilung geprüft werden, während Ausnahmen erst dann hinterfragt werden, wenn sie von Dritten in Anspruch genommen werden. Ersteres hat verschiedene Nachteile: Den Patentämtern wird die Beurteilung von ideologisch-politisch geprägten Fragen aufgebürdet und es entstehen bereits zum Zeitpunkt der Patenterteilung Kosten. Näher dazu SCP/15/3, Annex I, 65.

[76] WT/DS26/AB/R (EC Hormones), Rn. 104: „[M]erely characterizing a treaty provision as an 'exception' does not by itself justify a 'stricter' or 'narrower' interpretation of that provision than would be warranted by examination of the ordinary meaning of the actual treaty words, viewed in context and in the light of the treaty's object and purpose, or, in other words, by applying the normal rules of treaty interpretation."

[77] WT/DS26/AB/R (EC Hormones), Rn. 165: „We cannot lightly assume that sovereign states intended to impose upon themselves the more onerous, rather than the less burdensome, obligation by mandating *conformity* or *compliance with* such standards, guidelines and recommendations."

[78] Siehe statt vieler Howse, The Canadian Generic Medicines Panel, 3 J. World Intell. Prop. 2000, 493 ff.; Trebilcock/Howse (Fn. 12), 418 ff.

[79] Im „Vertrag von Lissabon" ist der Grundsatz beispielsweise in Art. 5 Abs. 4 EUV verankert: „Nach dem Grundsatz der Verhältnismäßigkeit gehen die Maßnahmen der Union inhaltlich wie formal nicht über das zur Erreichung der Ziele der Verträge erforderliche Maß hinaus."

ist; (2) sie stehen im Widerspruch zu einer normalen Verwertung des Patents, wenn sie den Innovationsanreiz des Rechtsinhabers zu untergraben vermögen; (3) eine *unangemessene* Beeinträchtigung der Interessen ist dann gegeben, wenn die Nachteile für den Rechtsinhaber außer Verhältnis zu den Vorteilen für den von der Ausnahmevorschrift Begünstigten stehen. Mit diesem Prüfungsschema geht ein weiter Ermessensspielraum einher, der ebenso wenig von den nationalen Gesetzgebern und Gerichten ungenutzt bleiben wie vom Streitbeilegungsgremium der WTO unnötig beschränkt werden sollte.

Ökonomische Betrachtungen bleiben zunächst außen vor. Das Patent sichert seinem Inhaber keine wirtschaftliche Renumeration, sondern lediglich eine negatives Ausschlussrecht. Für erstere ist einzig und allein der Markt zuständig. Der wirtschaftliche Aspekt ist nur insofern von Bedeutung, wie er einen Rückschluss auf den Innovationsanreiz des Rechtsinhabers zulässt und dieser Rückschluss für die von der Ausnahme betroffene gesellschaftliche Gruppe verallgemeinerungsfähig ist. Mit der Frage der Wertminderung verwandt, aber davon zu unterscheiden ist der Aspekt der Vergütung des Rechtsinhabers. Nach dem hier zugrunde gelegten Verständnis des Art. 30 sind begrenzte Ausnahmen prinzipiell jedoch solche, die keine Vergütung des Rechtsinhabers bedingen. In dieser Hinsicht kommt es darauf an, ob die Rechte aus dem Patent in einem Ausmaß beschnitten werden, die den Entschädigungsmechanismus des Marktes derart beeinträchtigt, dass eine angemessene Rekompensation nicht mehr möglich ist.

**Art. 31 Other Use Without Authorization of the Right Holder**

Where the law of a Member allows for other use[79] of the subject matter of a patent without the authorization of the right holder, including use by the government or third parties authorized by the government, the following provisions shall be respected: …

Gegenstand des Art. 31 sind „sonstige Benutzungen ohne Zustimmung des Rechtsinhabers", sprich: Zwangslizenzen.[81] Ebenso wie Art. 30 ist auch Art. 31 eine Implementierungsvorschrift des Art. 7 zur Herstellung eines Interessenausgleichs in Fällen, in denen die ausschließliche Wirkung des Patents die effiziente Ausbeutung, Verbreitung oder Substitution neuer Technologien behindert oder in sonstiger Weise dem öffentlichen Interesse widerspricht. Das allgemeine Interesse an der Öffnung des Zugangs wird unter diesen Umständen als wichtiger eingeschätzt als die uneingeschränkte Anerkennung des ausschließlichen Rechts. Dabei lässt sich das öffentlich Interesse, das die Verwertung des Patents durch den Lizenzsucher gebietet, nicht in allgemeingültiger Weise umschreiben. Als unbestimmter Rechts-

[80] Amtl. Fn.: „'Other use' refers to use other than that allowed under Article 30."

[81] Das geht nicht nur implizit aus Art. 31 und explizit aus Art. 37 Abs. 2 hervor, sondern ergibt sich auch aus der Entstehungsgeschichte des Art. 31. Siehe etwa MTN.GNG/NG11/W/76, Part III, Sec. 5, Nr. 5; MTN.GNG/NG11/21, Rn. 22, 5. Spiegelstrich; zuletzt auch Declaration on the TRIPS Agreement and Public Health, 2001, WT/MIN(01)/DEC/W/2, Rn. 5(b).

begriff ist es dem Wandel unterworfen und unterliegt wechselnden Anschauungen,[82] es ist ebenso dem Zeitgeist ausgesetzt wie der Rechtstradition, deren Stempel es trägt.

Die Meinungen in Bezug auf den praktischen Nutzen von Zwangslizenzen und deren Auswirkungen auf den Innovationsprozess sind endlos und meistens gefärbt von der ideologischen Gesinnung des Betreffenden. Sozio-ökonomische Studien sind nicht nur rar,[83] sondern in aller Regel auch nicht verallgemeinerungsfähig. Die Aussagekraft der empirisch-ökonometrischen Analysen von Kosten und des Nutzens eines Kontrahierungszwangs ist tendenziell eher bescheiden, sodass die Rechtspolitik seit der Einführung des Patentsystems weitestgehend im Dunkeln tappt. Historisch gesehen, ist die Zwangslizenz jedenfalls der wichtigste Verhandlungskompromiss des großen Patentstreits im 19. Jahrhundert, der die Weichen für das heutige System legte. Sie ist somit von Beginn an ein integraler Bestandteil des kontinentalen Patentrechts. Die praktische Verwertbarkeit einer Zwangslizenz stößt wiederum an ihre Grenzen, wo der Zugang zum Immaterialgüterrecht nicht ausreicht, um die Technologie anzuwenden oder zu implementieren, sondern darüber hinaus Zugang zu zusätzlichem Anwendungswissen (*know how*) erforderlich ist. Unter diesen Umständen muss mit der Zwangslizenzierung unbedingt auch eine Zwangsinformierung des notwendigen Begleitwissens einhergehen.

Art. 31 gibt den Mitgliedstaaten lediglich Bedingungen an die Hand, die im Vorfeld und im Zuge einer Zwangslizenzierung einzuhalten sind. Abseits dieser „Formvorschriften" steht es den Mitgliedstaaten frei, die Gründe für eine Zwangslizenz zu bestimmen.[84] Denn Art. 31 ist anwendbar, „wo das Recht des Mitgliedstaaten eine sonstige Benutzung erlaubt".[85] Soweit ersichtlich, stammen die einzigen *Gegenmeinungen* von *Straus* und *Abbott*, denen zufolge der Missbrauch des Rechts eine unabdingbare Voraussetzung der Zwangslizenzierung darstellt.[86] Dem liegt die Annahme zugrunde, dass bereits die PVÜ die möglichen Gründe für eine Zwangslizenz auf missbräuchliches Verhalten beschränkt. Demzufolge wäre die Missbräuchlichkeit weiterhin eine zwingende – zu den Voraussetzungen des Art. 31 lit. a bis k hinzukommende – Bedingung für die Gewährung einer Zwangslizenz.

---

[82] Siehe i.d.Z. BGH, 05.12.1995, X ZR 26/92 – Polyferon, GRUR 1996, 192.

[83] Siehe etwa Scherer, The Economic Effects of Compulsory Patent Licensing, 1977.

[84] UNCTAD/ICTSD (Fn. 48), 468, 487; CIPR, Integrating Intellectual Property Rights and Development Policy, 2002, 119; SCP/3/3, Rn. 142; IP/C/W/296 (Submission by the African Group et. al.), Rn. 32; Europäische Kommission (Fn. 62), 1, 4; Correa (Fn. 59), 314 f., 318, 319 f.; Eikermann in: Stoll/Busche/Arend, TRIPS, Art. 31 Rn. 18, 22; Blakeney, TRIPS, 1996, Rn. 8.22; Gervais (Fn. 62), Rn. 2.282; Correa in: Correa/Yusuf, Intellectual Property and International Trade, 2008, 247; Watal (Fn. 62), 319, 323; Burgeois in: Cottier/Verón, Concise International and European IP Law, 2008, 96; Taubman, Rethinking TRIPS, 11 J. Int'l Econ. L. 2008, 927 (934).

[84] Diese Freiheit ergibt sich zudem aus folgenden Umständen: (1) in erster Linie *e contrario* aus Art. 31, der den Mitgliedstaaten lediglich „administrative" Voraussetzungen vorgibt. Gestützt wird dieses Argument von der Entstehungsgeschichte der Norm. Da sich die Verhandlungsparteien auf keine Fallliste einigen konnten, beschränkte man sich auf die Sicherstellung von Transparenz bei der Erteilung; (2) zum anderen aus der Doha-Erklärung, wonach „jeder Mit-

Die herrschende Meinung geht jedoch weder von einer restriktiven Auslegung des Art. 5A Abs. 2 PVÜ noch von einer daraus resultierenden Einschränkung des Art. 31 aus.[87] Die Zwangslizenz wurde in die PVÜ als weniger drastische Alternative zum Verfall eingeführt, der in den frühen Patentgesetzen häufig als Maßnahme gegen die unterlassene Herstellung im Inland vorgesehen war. Die Vorschrift fungiert daher nicht als normative Begrenzung, sondern dient dem Schutz der Rechte des Patentinhabers.

Als Grundlage für die Erteilung einer Zwangslizenz kommt somit aus Sicht des internationalen Rechts zunächst jeder erdenkliche Grund in Betracht, solange er nicht willkürlich ist.[88] Rechenschaft schulden die Mitgliedstaaten dabei nicht der internationalen Staatengemeinschaft bzw. der WTO, sondern ihrem eigenen Ordnungssystem. Ein Fall für das Streitbeilegungsgremium wird aus dem nationalen Ermessensspielraum erst dann, wenn er zu einer Aushebelung oder Untergrabung von anderen Verpflichtungen aus dem Übereinkommen führt. Damit ist freilich keinerlei rechtspolitische Aussage im Hinblick auf die Zwangslizenz als ordnungspolitischem Instrument verbunden. Da Art. 31 hinsichtlich der möglichen Eingriffsgrund-

---

gliedstaat das Recht hat, Zwangslizenzen zu gewähren und die Gründe zu bestimmen, aufgrund derer solche Lizenzen vorgesehen werden": Declaration on the TRIPS Agreement and Public Health, 2001, WT/MIN(01)/DEC/W/2, Rn. 5(b). Der begrenzte Anwendungsbereich der „Doha-Erklärung" und die formalen Mängel (vgl. Art. IX Abs. 2 des Marrakesh Übereinkommens, wonach die ausschließliche Kompetenz zur Auslegung des Übereinkommens bei der Ministerkonferenz und dem Generalrat liegt) vermögen nichts an der Qualität und Allgemeingültigkeit dieser Aussage zu ändern. Etwas anderes wäre auch mit dem Diskriminierungsverbot kaum vereinbar. Warum sollten für den Bereich der öffentlichen Gesundheit andere Maßstäbe gelten als für die öffentlichen Ernährung oder den Umweltschutz?; (3) aus dem Grundsatz *in dubio mitius*, wonach im Zweifel davon auszugehen ist, dass die Parteien eines Vertrages eher weniger als mehr Verpflichtungen übernommen haben. Von zwei möglichen Interpretationen ist also jene vorzuziehen, die den Gestaltungsspielraum der Verpflichteten am wenigsten beschränkt.

[86] Straus, Der Schutz des geistigen Eigentums in der Welthandelsorganisation, in: Müller-Graff, Die Europäische Gemeinschaft in der Welthandelsorganisation, 2000, 163; Straus (Fn. 31), 160 (204 f.); dem schließt sich Heinemann an: Heinemann, Immaterialgüterschutz in der Wettbewerbsordnung, 2002, 589; Abbott, Trips-Legality of Measures Taken to Address Public Health Crises, 7 Widener L. Symposium J. 2001, 71 (74), der jedoch auf die großzügige Auslegung dieses Erfordernisses durch die Mitgliedstaaten hinweist.

[87] SCP/3/3, Rn. 80; Bodenhausen, Guide to the Application of the Paris Convention, 1968, 70 f.; UNCTAD/ICTSD (Fn. 50), 483; Gold/Lam, Balancing Trade in Patents, 6 J. World Intell. Prop. 2005, 5 (26 f.); aus der deutschen Rspr.: BGH, 05.12.1995, X ZR 26/92 – Polyferon, GRUR 1996, 192: „Ebensowenig kann aus Art. 5A PVÜ in der Lissaboner Fassung entnommen werden, zwingende Voraussetzung für das Vorliegen eines öffentlichen Interesses gemäß § 24 Abs. 1 Satz 1 PatG sei, dass der Patentinhaber seine Rechtsstellung missbrauche. Art. 5A PVÜ regelt nur den Fall der Zwangslizenz bei unterlassener oder ungenügender Ausübung des Patents [...], nicht hingegen den Fall der Gewährung einer Zwangslizenz aufgrund öffentlicher Interessen, so dass der nationale Gesetzgeber zur Regelung in anderen Fällen einer Zwangslizenz, insbesondere aufgrund öffentlichen Interesses, frei war."

[88] Dass eine Zwangslizenz nicht grundlos oder willkürlich erteilt werden darf, ergibt sich auch aus Art. 31 lit. a, c und g.

lagen schweigt und Art. 5A PVÜ den Missbrauch nur demonstrativ aufführt, bleibt es Mitgliedstaaten überlassen, der Gesetzgebung und Rechtsanwendung verfassungsmäßige oder andere Schranken aufzuerlegen – nicht, um völkerrechtlichen Verpflichtungen Rechnung zu tragen, sondern aus ureigenem Interesse.

In Betracht dürften damit letztendlich nur schutzwürdige Ausprägungen des öffentlichen Interesses kommen, die mit der nationalen Rechts-, Wirtschafts- und Sozialordnung vereinbar sind. Schutzgut sollte neben klassischen Belangen der Allgemeinheit, wie die öffentliche Gesundheit und Sicherheit oder die Umwelt, insbesondere der Wettbewerb als Institution sein. In Bezug auf letzteren kommen Zwangslizenzen dann zum Einsatz, wenn das Vertrauen in die „unsichtbare Hand des Wettbewerbs“ fehlt – und das Misstrauen in die „administrative“ Regulierung des Marktes nicht überwiegt. Es geht zwar nicht darum, unter dem Vorwand der Wahrnehmung öffentlicher Interessen die Wettbewerbsinteressen des Lizenzsuchers zu schützen. Das eine schließt das andere aber nicht aus. Ein funktionierender (Substitutions-) Wettbewerb stellt als solcher bereits ein öffentliches Interesse dar, ohne, dass es darüber hinaus besonderer Umstände bedarf. Inwiefern der Wettbewerb wirklich effektiv geschützt werden kann, hängt entscheidend vom Verständnis des Konzepts wettbewerbswidriger Praktiken ab, da Art. 31 lit. k zur Verhinderung solcher Verhaltensweisen Erleichterungen von den Formvorschriften vorsieht.[89] In aller Regel werden wettbewerbswidrige Praktiken mit Verstößen gegen Wettbewerbsvorschriften gleichgesetzt. Ein weiteres Verständnis dahingehend, dass bestimmte Verhaltensweisen ohne notwendigen Rückgriff auf die der Ahndung eines kartellrechtswidrigen Verhaltens zugrunde liegende Abgrenzung von relevanten Märkten unter den Begriff der wettbewerbswidrigen Praktiken subsumiert werden können, wäre sicherlich wünschenswert. Zu berücksichtigen sind aber die Auswirkungen einer solchen Begriffsauslegung auf Art. 40, der eindeutig eine Wettbewerbsvorschrift darstellt. Die Entstehungsgeschichte ist hinsichtlich der Abgrenzung von wettbewerbswidrigen Praktiken und Verstößen gegen das Wettbewerbsrecht ambivalent, denn in den Vorgängerversionen des Art. 31 ist ausdrücklich von Verstößen gegen Wettbewerbsvorschriften die Rede. Dass sich letztendlich die Formulierung der Wettbewerbswidrigkeit durchgesetzt hat, könnte – oder müsste angesichts des Grundsatzes *in dubio mitius* – wohl auf ein weites Begriffsverständnis hindeuten. Warum sollte ein klar definierter durch einen unbestimmten Rechtsbegriff ausgetauscht werden, wenn nicht, um den normativen Inhalt des Begriffes zu öffnen?

---

[89] Die Mitgliedstaaten sind gemäß Art. 31 lit. k nicht verpflichtet, die unter Art. 31 lit. b und f festgelegten Bedingungen anzuwenden, wenn die Zwangslizenz gestattet wird, um eine in einem Gerichts- oder Verwaltungsverfahren festgestellte wettbewerbswidrige Praktik abzustellen. Art. 31 lit. b legt fest, dass eine Zwangslizenz nur gestattet werden darf, wenn vor der Benutzung derjenige, der die Benutzung plant, sich bemüht hat, die Zustimmung des Rechtsinhabers zu angemessenen, geschäftsüblichen Bedingungen zu erhalten, und wenn diese Bemühungen innerhalb einer angemessenen Frist erfolglos geblieben sind. Art. 31 lit. f sieht vor, dass Zwangslizenzen vorwiegend für die Versorgung des Binnenmarkts des Mitglieds zu gestatten sind, das die Lizenz erteilt.

Trotz der theoretischen Verfügbarkeit von Zwangslizenzen in nahezu allen Mitgliedstaaten lässt deren praktische Nutzung zu wünschen übrig.[90] Das dürfte in erster Linie an der Trägheit des Systems liegen. Bis eine Zwangslizenz gewährt wird, sind die Marktchancen in der Regel bereits vertan. Dieses Problem stellt sich umso mehr in Entwicklungsländern, deren Gerichte und Behörden häufig mit dem „Tagesgeschäft“ schon hoffnungslos überfordert sind. Andererseits ist die tatsächliche Auferlegung von Zwangslizenzen häufig gar nicht der entscheidende Beweggrund für deren normative Verankerung. Bereits die Drohwirkung eines entsprechenden Anspruchs kann für den Patentinhaber als Ansporn wirken, das Ausschließlichkeitsrecht nicht in einer Weise zu instrumentalisieren, die eine staatliche Intervention veranlassen könnte.

## 5. Herausforderungen für die Zukunft

Immaterialgüterrechte haben im Laufe des letzten Jahrhunderts einen Paradigmenwechsel von Ein- und Ausfuhrschranken hin zu designierten Voraussetzungen für den Freihandel erlebt. Die mit dem TRIPS einhergehende Vereinheitlichung der Regulierungssysteme auf der Grundlage von Gegenseitigkeitsregeln mag zwar den internationalen Handel erleichtert und Rechtssicherheit für ausländische Unternehmen geschaffen haben. Über das eigentliche Ziel, schutzrechtsbedingte Beschränkungen des Handels zu beseitigen, schießt sie jedoch hinaus. In seiner derzeitigen Kognition liegt dem Konventionsrecht ein übermäßiges Vertrauen in die Funktionsfähigkeit des Immaterialgüterschutzes zugrunde, aus dem eine unberechtigte Akzeptanz resultiert. Hingegen sollte es im Zweifelsfall nicht das „geistige Eigentum“, sondern der freie Wettbewerb sein, dem Schutz gebührt.

Die Integration des Immaterialgüterrechts in den Wettbewerbsprozess wird immer wieder von der Eigentumslogik ausgebremst. Im allgemeinen Bewusstsein erscheint insbesondere das Patent als Eigentumsrecht und nicht als das, was es eigentlich ist: ein Instrument der Wettbewerbspolitik. Dieser tief verwurzelte Aberglaube – der das Immaterialgüterrecht häufig gegenüber wettbewerbspolitisch motivierten Eingriffen abschirmt – ist ursächlich für verschiedenste Probleme des aktuellen Systems: Behinderungen des Innovationswettbewerbs, Proliferationen des Schutzes, etc. Im Laufe des letzten Jahrzehnts ist das Bewusstsein für den Ausnahmecharakter

---

90 In folgenden Ländern, die eine Zwangslizenz im Gesetz vorsehen, hat diese nach eigenen Angaben keinen praktischen Nutzen: Australien: IP/Q3/AUS/1, 14; Österreich: IP/Q3/AUT/3, 7; IP/Q3/CZE/1, 3; Tschechien: IP/Q3/CZE/1, 10; Deutschland: IP/Q3/DEU/1, 8; Dänemark: IP/Q3/DNK/1, 10; Finnland: IP/Q3/FIN/1, 6; Belgien: IP/Q3/BEL/1, 7; Bulgarien: IP/Q3/BGR/1, 15; Griechenland: IP/Q3/GRC/1, 8; Ungarn: IP/Q3/HUN/1, 11; Irland: IP/Q3/IRL/1, 6; Italien: IP/Q3/ITA/1, 4; Japan: IP/Q3/JPN/1, 12; Liechtenstein: IP/Q3/LIE/1, 8 f.; Niederlande: IP/Q3/NLD/1, 5; Norwegen: IP/Q3/NOR/1, 11; Neuseeland: IP/Q3/NZL/1, 3; Portugal: IP/Q3/PRT/1, 7; Slowakei: IP/Q3/SVK/1, 11; Slowenien: IP/Q3/SVN/1, 8; Schweden: IP/Q3/SWE/1, 7; Südafrika: IP/Q3/ZAF/1, 4 ff.; Chile: IP/Q/CHL/1, 14; Kolumbien: IP/Q/COL/1, 74; Ägypten: IP/Q/EGY/1, 54; Guatemala: IP/Q/GTM/1, 56; Hongkong: IP/Q/HKG/1, 6; Israel: IP/Q/ISR/1, 10; Korea: IP/Q/KOR/1, 11; Kuwait: IP/Q/KWT/1, 34; Santa Lucia: IP/Q/LCA/1, 44; Litauen: IP/Q/LTU/1, 28; Peru: IP/Q/PER/1, 49; Paraguay: IP/Q/PRY/1, 69; Qatar: IP/Q/QAT/1, 20.

des Immaterialgüterschutzes in der marktwirtschaftlichen Ordnung zwar größer geworden, ein grundlegender Sinneswandel ist allerdings nicht zu erwarten. Seit jeher wird es als Herausforderung betrachtet, Unternehmen durch einen effektiven Schutz geistiger Leistungen zu Innovationen anzuspornen. Die eigentliche Herausforderung besteht aber darin, Unternehmen durch die Erhaltung eines ausreichenden Wettbewerbs zu Innovationen zu zwingen. Nicht die Imitation, sondern die Substitution ist das, was der Unternehmer am meisten fürchtet und wovor er sich durch immer mehr und stärkere Patente zu schützen versucht. Es ist doch sehr erstaunlich, dass die Einführung, die Erweiterung und die Stärkung des Schutzes und der Durchsetzung von Patentrechten in den aller seltensten Fällen ein Ansporn für mehr Innovation gewesen ist, sondern vielmehr eine Reaktion darauf.

Das TRIPS ist wiederum eine Reaktion der Industrieländer auf die Stagnation der eigenen Wettbewerbsfähigkeit.[91] Man nahm die Regulierung der Wissensgesellschaft zum Anlass, um von der Entwicklung der Industriegesellschaft in aufstrebenden Schwellenländern zu profitieren und eine institutionelle Basis für die Ausbeutung von Märkten in weniger entwickelten Ländern zu schaffen. Dadurch wird den Entwicklungs- und Schwellenländern verwehrt, wovon die entwickelten Staaten seit der industriellen Revolution profitieren, nämlich die gegenseitige Imitation.[92] Freiheit und Wettbewerb verlieren sich in „ökonomischem Imperialismus“[93]. Es ist insofern insbesondere eine Herausforderung für die politische Ökonomie, der fortschreitenden Unterwerfung der Entwicklungsländer auf der Grundlage von fehlgeleiteten Ordnungsvorstellungen ein Ende zu bereiten.

---

[91] Ullrich (Fn. 31), 153 (207).

[92] Kingston (Fn. 12), 309 (315): „From the start of the industrial revolution, every country that has become economically great began by copying: the Germans copied the British, the Americans copied the British and the Germans and the Japanese copied everybody. There should be no illusions about the thrust of TRIPS: it is to ensure that this process of growth by copying and learning by doing will never happen again.“

[93] Oddi, TRIPS – Natural Rigths and a Polite Form of Economic Imperialism, 29 Vand. J. Transnat'l L. 1996, 415.

# Innovation und Urheberrecht

## Gedanken zur Einführung eines Registers für ausschließliche Nutzungsrechte

*Kaya Köklü*[*]

## Abstract

*Wie kaum ein anderes Rechtsgebiet ist das Urheberrecht in den vergangenen Jahren in den Fokus der politischen Diskussion gerückt. Der Grund hierfür liegt primär an der zunehmenden Digitalisierung von Werken und der Auffassung nahezu aller beteiligten Interessengruppen, dass das analoge Urheberrecht diesem technischen Fortschritt nicht mehr gerecht wird. Zahlreiche Gesetzesänderungen in den vergangenen Jahren haben die Probleme bisher nicht lösen können. Es bedarf deshalb neuer, innovativer Ansätze, um insbesondere dem schleichenden Akzeptanzverlust des Rechts in der Gesellschaft entgegenzutreten. Neben punktuellen Lösungen wie einem Zweitveröffentlichungsrecht für Wissenschaftler oder der Förderung freiwilliger Lizenzmodelle im Internet erscheint insbesondere die Einführung eines Registers für ausschließliche Nutzungsrechte als attraktive Möglichkeit, die bestehenden Probleme anzugehen.*



---

[*] Dr. jur., Wissenschaftlicher Referent am Max-Planck-Institut für Immaterialgüter- und Wettbewerbsrecht in München.

## 1. Einführung

Bei den Themen Innovation und Recht kommen einem zunächst die technischen Schutzrechte in den Sinn, allen voran das Patentrecht. Dies ist vermutlich darauf zurückzuführen, dass die Begriffe „Neuheit“ und „erfinderische Tätigkeit“, so wie man sie aus § 1 PatG kennt, als elementare Bestandteile (technischer) Innovation erscheinen. Im Vergleich dazu hat es das Urheberrecht schon merklich schwerer, im Rahmen der Innovationsdiskussion gleichermaßen beachtet zu werden. In § 1 UrhG heißt es:

> „Die Urheber von Werken der Literatur, Wissenschaft und Kunst *genießen* für ihre Werke Schutz nach Maßgabe dieses Gesetzes.“

Bei dem Begriff des Genießens erscheint es zunächst schwer, an Innovation zu denken. Allerdings bedarf es keiner großen Anstrengung, um zu erkennen, dass auch das Urheberrecht eng mit Fragen der Innovation zusammenhängt.[1] Denn viele der urheberrechtlich geschützten Werke sind Teil eines Innovationsprozesses, und zwar dadurch, dass sie entweder selbst innovativ sind oder zumindest wichtige Innovationsleistungen verkörpern.

Ein breiter Zugang zu diesen Werken ist daher von grundlegender Bedeutung für die Verbreitung von Wissen und damit auch für die Förderung von Innovation. Damit wird auch spürbar, wie stark das Urheberrecht mit Fragen der Innovation und des Zugangs zu innovationsrelevanten Werken zusammenhängt. Es verwundert daher nicht, dass das Urheberrecht seit geraumer Zeit stärker in den Fokus der politischen Diskussion rückt und dem Patentrecht seinen Rang im Rahmen der Innovationspolitik abzulaufen droht.[2]

Es lässt sich somit bereits an dieser Stelle festhalten, dass das Urheberrecht wichtige Innovationswirkungen entfaltet und bei Fragen der Innovationsförderung eine entscheidende Rolle spielt.

---

[1] Geiger, Die Schranken des Urheberrechts als Instrumente der Innovationsförderung – Freie Gedanken zur Ausschließlichkeit im Urheberrecht, GRUR Int. 2008, 459 (462); Kirchner, Innovationsschutz und Investitionsschutz für immaterielle Güter, GRUR Int. 2004, 603 (605); Wandtke, in: Wandtke/Bullinger, Praxiskommentar zum Urheberrecht, 3. Auflage 2009, Einleitung, Rn. 18.

[2] Vgl. das 12-Punkte-Papier zum Schutze von Geistigem Eigentum im digitalen Zeitalter von Staatsminister Bernd Neumann, 12. November 2010, http://www.bundesregierung.de/Cnntent/DE/Artikel/2010/11/2010-11-26-bernd-neumann-positionspapier.html; siehe auch die Berliner Rede zum Urheberrecht von Bundesjustizministerin Leutheusser-Schnarrenberger vom 14. Juli 2010, http://www.bmj.bund.de/enid/6e7a069d82118b7e6c1136d8f6f0796c,41c20c636f6e5f6964092d0936393139093a095f7472636964092d0936393230/Reden/Sabine_Leutheusser-Schnarrenberger_1mt.html.

Doch wie ist es um das geltende Urheberrecht bestellt? Wird es seiner Bedeutung in Bezug auf Innovationsförderung und Fortschritt innerhalb der Gesellschaft gerecht?

Der folgende Beitrag untersucht die Frage, ob und inwieweit das geltende Regelungssystem seine Funktionen auch im digitalen Zeitalter noch zu erfüllen im Stande ist. Hierzu werden exemplarisch drei Problembereiche aufgezeigt und entsprechende Lösungsvorschläge unterbreitet. Neben diesen punktuellen Lösungsvorschlägen wird auch ein weiteres denkbares Regelungssystem vorgestellt, das einige der gegenwärtig diskutierten Probleme lösen könnte. Es handelt sich dabei um einen Vorschlag zur Einführung eines modernen Registers für ausschließliche Nutzungsrechte an urheberrechtlich geschützten Gütern.

## 2. Ausgangslage

Betrachtet man die derzeitigen Diskussionen über das Urheberrecht, erkennt man schnell, dass – wohin man auch schaut – Unzufriedenheit mit dem geltenden Regelungssystem herrscht. Sei es der Nutzer, der Rechteverwerter oder der Urheber selbst – alle sehen Mängel im Urheberrecht als eine wichtige Ursache für ihre Probleme vor allem im Umgang mit dem Internet an. Sie fordern dringend Veränderungen und befürchten zugleich schwerwiegende Folgen für die Gesellschaft und die Wirtschaft, sollte sich nicht bald etwas ändern.

Auffällig ist, dass in fast allen Diskussionen die Inhaber der ausschließlichen Nutzungsrechte sowie die Nutzer am lautesten nach Veränderungen rufen, während die Urheber sich überraschend zurück halten. Das mag möglicherweise daran liegen, dass gerade die Interessenvertretungen der Urheber im Vergleich zu denen der Rechteverwerter und der Nutzer offensichtlich unterlegen sind.[3]

Doch warum sind alle Beteiligten eigentlich so unzufrieden mit dem geltenden Recht?

Die Antwort scheint banal: Seit der Digitalisierbarkeit von Werken ist die Anwendung des Urheberrechts selbst auf einfache digitale Sachverhalte so komplex geworden, dass kaum noch jemand rechtssicher beurteilen kann, was er eigentlich darf und was nicht. Durch die kaum mehr durchschaubare Komplexität, digitale Sachverhalte unter geltende Ge- und Verbote zu subsumieren, schwindet auch die Akzeptanz des Rechts unter den Beteiligten, die zum Teil sogar die Legitimität des geltenden Urheberrechts als Ganzes in Frage stellen.[4]

---

[3] Deshalb verwundert es auch nicht, dass Bundesjustizministerin Leutheusser-Schnarrenberger in ihrer Berliner Rede vom 14. Juli 2010 ausdrücklich fordert, den Urheber wieder stärker in das Zentrum der urheberrechtlichen Diskussionen zu stellen (siehe oben Fn. 3); siehe auch Hilty, Sündenbock Urheberrecht?, in: Ohly/Klippel (Hrsg.), Geistiges Eigentum und Gemeinfreiheit, 2007, 107 (113).

[4] Vgl. Stellungnahme der Piratenpartei zum Urheberrecht, http://wiki.piratenpartei.de/Urheberrecht.

# 3. Ausgewählte Problembereiche

Nachfolgend werden drei ausgewählte Problembereiche erörtert, die exemplarisch aufzeigen sollen, woran das geltende Regelungssystem krankt. Es handelt sich um die im Urheberrecht besonders diskutierten Bereiche der wissenschaftlichen Publikationen, der Schutzfristen sowie der Lizenzierung von Werken im Internet.

## 3.1 Wissenschaftliche Publikationen

Die Wissenschaft und Forschung bildet die Grundlage für viele Arten von Innovation. Es dürfte Einigkeit darüber bestehen, dass Forschung, Aus- und Weiterbildung die Grundvoraussetzungen für Innovationsleistungen sind. Die Förderung der Wissenschaft und Bildung ist demzufolge von großer Bedeutung für moderne Gesellschaften, die sich durch immer neue Innovationsleistungen auch eine Verbesserung, zumindest aber den Erhalt ihres Lebensstandards im globalen Wettbewerb erhoffen. Die Förderung von Bildung und Wissenschaft ist damit ein besonderes Anliegen und wird nicht ohne Grund massiv mit öffentlichen Mitteln gefördert. Auf Bundesebene kommen im Jahr 2011 ca. 7,2 % des Staatshaushalts, also knapp 11,6 Milliarden Euro, der Wissenschaft und Bildung zu Gute.[5] Investiert wird das Geld vornehmlich in Grundlagenforschung, Technologie- und Innovationsforschung, Forschung und Entwicklung zur Daseinsvorsorge und natürlich in Hochschulen und Ausbildungsförderung. Diese Investitionen werden regelmäßig durch besondere Erkenntnis- und Innovationsleistungen der Wissenschaftler belohnt. Eine Erkenntnis- oder Innovationsleistung ist jedoch nur dann von nachhaltigem Wert, wenn sie auch der interessierten Öffentlichkeit, in der Regel anderen Fachleuten und Wissenschaftlern, kommuniziert werden kann. Dies geschieht in der Regel über Veröffentlichungen, sei als Artikel in einer (Online-)Fachzeitschrift oder als Monographie. Erst der Zugang zu diesen Innovationsleistungen macht die Erkenntnisse des Wissenschaftlers werthaltig und vor allem nutzbar für die Gesellschaft.

Trotz der Finanzierung durch öffentliche Mittel ist der Zugang zu diesen wissenschaftlichen Erkenntnissen für andere (ebenfalls durch öffentliche Mittel geförderte) Wissenschaftler aber keineswegs kostenfrei. Da sich die Verlage die urheberrechtlichen Nutzungsrechte an der Publikation vom jeweiligen Urheber regelmäßig umfassend übertragen lassen, bestimmen letztlich auch diese den Preis für den Zugang zu diesen Werken – und zwar für eine Zeit von bis zu 70 Jahren nach dem Tod des jeweiligen Urhebers.

Für die öffentliche Hand bedeutet dies, dass sie gleich zweimal zahlen muss. Das erste Mal, wenn sie die wissenschaftliche Arbeit vorfinanziert, und das zweite Mal, wenn sie sich den Zugang zu den entsprechenden Publikationen teuer erkaufen muss, um auch anderen Wissenschaftlern die Nutzung dieser Werke zu ermöglichen.[6]

---

[5] Quelle: Bundesministerium für Bildung und Forschung, www.bmbf.de.

[6] Berger, Die öffentliche Zugänglichmachung urheberrechtlicher Werke für Zwecke der akademischen Lehre, GRUR 2010, 1058 (1059); Hilty, Das Urheberrecht und der Wissenschaftler, GRUR Int. 2006, 179 (186); ders. (Fn. 4), 128.

Sofern genügend Geldmittel zur Verfügung stehen, dürfte dieser Umstand zumindest theoretisch nicht weiter als störend empfunden werden. Die Wirklichkeit zeigt jedoch ein anderes Bild: Zahlreiche Bildungseinrichtungen müssen beim Kauf von Büchern und Zeitschriften erheblich sparen, so dass viele wichtige Publikationen für die Aus- und Weiterbildung nicht zur Verfügung stehen. Verschärft wird dieses Problem dadurch, dass zahlreiche Publikationen nur noch in kostenpflichtigen Online-Datenbanken erhältlich sind und es damit nicht selten zu einer „single-source“-Situation kommt.[7] In diesen Fällen ist nicht einmal mehr eine Fotokopie per Fernleihe möglich, so dass diese Werke bei nicht vorhandenem Zugang zu diesen Online-Datenbanken für viele Wissenschaftler faktisch nicht verfügbar sind.

Berücksichtigt werden sollten auch die weiteren Folgen dieser Problematik, die nicht nur eine nationale, sondern auch eine internationale Dimension haben. Gerade für Entwicklungs- und Schwellenländer wird der Zugang zu wissenschaftlichen Werken aus Europa, allen voran aus Deutschland, als besonders wichtig für den eigenen technologischen und gesellschaftlichen Fortschritt erachtet. So genießen Forschungs- und Innovationsleistungen deutscher Wissenschaftler weltweit noch immer einen herausragenden Ruf. Diese Schlüsselfunktion der deutschen Wissenschaft ist jedoch stark gefährdet, wenn – wie bereits vielfach zu beobachten ist – ausländische Bildungseinrichtungen sich den Zugang zu deutscher Wissenschaftsliteratur nicht mehr leisten und dadurch ihren eigenen Wissenschaftlern auch nicht mehr zur Verfügung stellen können.

Die zu erwartenden Konsequenzen können gesellschafts- und wirtschaftspolitisch nicht gewünscht sein, so dass es dringend einer Lösung für das aufgezeigte Problem bedarf.

## 3.2 Schutzfristen

Ein weiteres Problem des geltenden Urheberrechts ist die gesetzlich vorgesehene lange Schutzdauer für urheberrechtlich geschützte Werke.

Das Urheberrecht sieht eine Schutzdauer für urheberrechtlich geschützte Werke von bis zu 70 Jahre nach dem Tod des letzten Urhebers vor. Als man sich auf diese recht langen Zeiträume verständigte, hatte man – ausgehend von der durchschnittlichen Lebenserwartung des Menschen – noch die Vorstellung, dass innerhalb dieses Zeitraums nahe Angehörige des Urhebers vorhanden sein könnten, denen mögliche Einkünfte aus der Nutzung des jeweiligen Werkes nicht entzogen werden sollten.[8]

Die Zeiten und insbesondere die Lebensumstände haben sich aber mittlerweile fundamental geändert. Die Welt ist in der Zwischenzeit nicht nur schnelllebiger, sondern auch zunehmend digitaler geworden. Das Urheberrecht deckt heute längst nicht mehr nur die klassischen Werke ab, sondern umfasst nunmehr auch immaterielle Güter wie Software und Datenbanken.

---

[7] Hilty, Renaissance der Zwangslizenzen im Urheberrecht? Gedanken zu Ungereimtheiten auf der urheberrechtlichen Wertschöpfungskette, GRUR 2009, 633 (636).

[8] Wandtke (Fn. 2), § 64, Rn. 1.

Am Beispiel der Software wird besonders deutlich, wie praxisfern eine noch in der Richtlinie 91/250/EWG vorgeschriebene Schutzdauer von 50 Jahren erscheint.[9] Die Produktzyklen im Bereich Software sind so kurz, dass eine grundlegende Erneuerung von Software schon nach wenigen Jahren, wenn nicht gar Monaten, nach Markteintritt erforderlich wird. Und obwohl in diesem wirtschaftlich besonders bedeutsamen Technologiefeld mit jährlich mehreren Milliarden Euro Umsatz derart lange Schutzfristen weder erforderlich sind, noch gefordert werden, gibt es sie.

Vergleichbares gilt auch im Bereich der Presse. Es ist kein plausibler Grund dafür ersichtlich, einen Verlag mit ausschließlichen Nutzungsrechten an einem Zeitungsartikel für mehrere Jahrzehnte zu belohnen, wenn schon kurze Zeit nach der Veröffentlichung des Artikels der wirtschaftliche Wert rapide fällt.[10] Nicht zu Unrecht heißt es im Volksmund: „Nichts ist so alt wie die Zeitung von gestern."

Allerdings sieht das geltende Regelungssystem dennoch vor, dass trotz fehlendem wirtschaftlichem Interesse des Rechteinhabers eine freie Nutzung durch Dritte erst dann erlaubt ist, wenn der Inhaber der ausschließlichen Nutzungsrechte die Freigabe ausdrücklich erklärt. Da ein Verlag in der Praxis häufig aber keinerlei Veranlassung hat, sich über eine solche Erklärung überhaupt Gedanken zu machen, bleibt die Nutzung für Dritte für lange Zeit unzulässig.

Man kann nur erahnen, von welch großem Wissenszuwachs eine Gesellschaft profitieren könnte, wäre der Zugang zu wirtschaftlich möglicherweise nicht mehr lukrativen, dennoch informatorisch wertvollen Werken bereits nach Ablauf einer kürzeren Schutzfrist möglich.

## 3.3 Lizenzierung von Werken im Internet

Ein anderer, nicht weniger wichtiger Problembereich ist die Lizenzierung von urheberrechtlich geschützten Werken im Internet. Die Lizenzierung stellt sich insbesondere bei Internetdiensten und -datenbanken als großes rechtliches und finanzielles Problem dar.[11]

Populäre Contentprovider wie YouTUBE oder Facebook stehen regelmäßig vor dem Problem, dass ihre Mitglieder urheberrechtlich geschütztes Material hochladen und anderen Internetnutzern auf der jeweiligen Plattform zum Abruf zur Verfügung stellen. Oftmals handelt es sich dabei um private Videos, Konzertmitschnitte oder um Ausschnitte aus Musik-, TV-, Sport- oder Filmsendungen.

Im Hintergrund dieser Online-Plattformen laufen sogenannte Content-Identifying-Systeme, die bei urheberrechtlich geschützten Werken Alarm schlagen und die Aufgabe haben, den entsprechenden Rechteinhaber über eine möglicherweise unberechtigte Verwendung zu informieren. Die Rechteinhaber haben dann die Mög-

---

[9] Zwar ist die in Art. 8 der Richtlinie 91/250/EWG vorgesehene Mindestschutzdauer von 50 Jahren mittlerweile aufgehoben, jedoch haben die meisten Mitglieder der Europäischen Union von ihrer Freiheit, kürzere Schutzfristen für Software in ihre nationalen Gesetze aufzunehmen, noch keinen Gebrauch gemacht.

[10] Hilty (Fn. 4), 130.

[11] Spohn/Hullen, Lizenzierung von Musik zur Online-Verwertung – Statt One-Stop-Shop ein Rechte-Puzzle, GRUR 2010, 1053 ff.

lichkeit, jeweils selbst zu entscheiden, ob eine (freie) Lizenz erteilt oder das Angebot gesperrt bzw. entfernt werden soll.

Das Betreiben eines solchen Content-Identifiying-Systems verschlingt allerdings gewaltige Summen. So stehen die Contentprovider nicht nur vor dem Problem, ein solches Content-Identifying-System technisch einzurichten und zu unterhalten, einige stehen auch vor der Schwierigkeit zu ermitteln, wem welche Rechte an welchen Werken überhaupt zustehen. Dies ist jedoch entscheidend, da nur dem rechtmäßigen Rechteinhaber ein Interventionsrecht sowie der Anspruch auf etwaige Lizenzgebühren zugestanden werden soll.

Es gilt somit zunächst, den rechtmäßigen Rechteinhaber zu ermitteln bzw. die Rechtsposition der sich meldenden (angeblichen) Rechteinhaber zu prüfen. Dies ist in der Praxis besonders dann schwierig, wenn die Sachverhalte – wie im Internet üblich – international sind.[12] Aufgrund des urheberrechtlichen Territorialitätsprinzips kommt es regelmäßig vor, dass die Rechteinhaberschaft hinsichtlich der jeweiligen Nutzungsrechte an bestimmten Werken von Land zu Land unterschiedlich sein kann, so dass sich der betriebene Aufwand für die erforderliche Rechteermittlung vervielfacht. Berücksichtigt man dann noch die jeweilige Lizenzverhandlung, die mit dem Rechteinhaber hinsichtlich der Nutzung der Werke geführt werden muss, kann man sich schon fragen, welche finanziellen Mittel ein Unternehmen zur Verfügung haben muss, damit sich dieser Aufwand lohnt. YouTUBE und Facebook mögen sich diesen Aufwand ob ihrer Größe und wirtschaftlichen Stärke leisten können. Allerdings erscheint es fraglich, ob neue, innovative Anbieter nicht bereits im Vorfeld durch diesen Umstand abgeschreckt werden, womit ein klares Hemmnis für weitere Innovation in diesem Bereich gefunden wäre.

## 4. Ansatzpunkte

Die Probleme sind in der rechtswissenschaftlichen Diskussion bereits erkannt und vielfach diskutiert. Die angebotenen Lösungsvorschläge haben eine große Bandbreite und sind nicht selten ideologisch gefärbt. Von der Abschaffung des Urheberrechts einerseits bis hin zur Verschärfung von Verbotsrechten andererseits, werden viele Auffassungen vertreten.

Kritiker, die die Legitimation des Urheberrechts per se bezweifeln, führen Vergleiche zum 18. Jahrhundert an und zeigen auf, dass zu Beginn der Industrialisierung gerade das Fehlen eines Urheberrechts in Deutschland zu einer gewaltigen Wissensexplosion geführt habe und dass Deutschland nicht zuletzt deshalb zu seinen zuvor übermächtigen Wettbewerbern Großbritannien und Frankreich wirtschaftlich aufschließen konnte.[13] Auch politische Parteien, die vor allem um die Gunst junger Internetnutzer buhlen, haben das Urheberrecht als Thema für sich er-

---

[12] Spohn/Hullen (Fn. 11), 1055.

[13] Vgl. Ausführungen in: Höffner, Geschichte und Wesen des Urheberrechts, 1 (119); siehe auch Artikel von Thadeusz, Explosion des Wissens, abrufbar unter Spiegel-Online: http://www.spiegel.de/spiegel/0,1518,709761,00.html.

kannt und befürworten zum Teil recht offen die Abkehr vom geltenden Urheberrecht.[14]

Demgegenüber stehen die Rechteverwerter, die bereits durch die bloße Gefahr einer digitalen Vervielfältigung von Werken ihre Umsätze schwinden sehen. Da hohe Umsatzzahlen und dementsprechend auch (theoretisch) hohe Umsatzeinbußen auf dem Spiel stehen, können Rechteverwerter gerade zu Zeiten der Wirtschaftskrise recht erfolgreich mit einem drohenden Verlust von Arbeitsplätzen und sogar dem Untergang einer ganzen Kulturtradition argumentieren. Häufig wird in diesem Zusammenhang auch angeführt, dass bei einer Schwächung der Urheberrechte hohe Investitionen kaum noch amortisiert werden könnten und deshalb Kreations- und Innovationsleistungen in Zukunft nur noch von Amateuren, also sogenannten Hobby-Schöpfern, erbracht werden müssten.

Für die Politik sind dies verständlicherweise Schlüsselthemen. Niemand möchte riskieren, dass wegen eines zu schwachen Urheberrechts Arbeitsplätze verloren gehen oder das Kulturniveau einer Gesellschaft sinkt. Es verwundert daher auch nicht, dass sich auf Druck von Interessenvertretern mehrere Industriestaaten an einen Verhandlungstisch zusammengesetzt haben und lange Zeit unter Ausschluss der Öffentlichkeit über eine weitere Stärkung der Rechte von Rechteverwertern verhandelt haben. Das Ergebnis dieser Verhandlungen ist das im Entwurf bereits veröffentlichte sogenannte Anti-Counterfeiting Trade Agreement (ACTA).[15]

Wie so oft in der Vergangenheit geht es auch den Befürwortern dieses geplanten multilateralen Handelsabkommens weniger darum, das Recht der Immaterialgüter transparenter und einfacher zu gestalten. Stattdessen fokussieren sich die Verhandlungen primär auf eine erhoffte effizientere Durchsetzung von Verbotsrechten durch mehr Kontrolle im Internet.[16] Insbesondere scheint es, als ob insbesondere Contentprovider bei Verletzungen von Immaterialgüterrechten im Internet stärker in die Verantwortung gezogen werden sollen. Befürchtet werden insbesondere erhebliche Eingriffe in die Regulierung des Internets, beispielsweise durch Netzsperren. Dies wäre ein falsches Signal an alle, die an die Freiheit des Internets glauben und statt mehr Kontrolle und Überwachung den Wunsch nach einem angemessenen Interessenausgleich unter allen Beteiligten hegen. Das große Problem des Rechts, nämlich die schwindende Akzeptanz des Urheberrechts innerhalb der Gesellschaft, wird auf diesem Wege jedenfalls nicht gelöst.

## 4.1 Begriffliche sowie gedankliche Trennung von Urhebern und Rechteverwertern

Die Suche nach sachgerechten Lösungen für die aktuellen Probleme des Urheberrechts setzt zwingend voraus, zwischen Urhebern und den Inhabern der Nutzungs-

[14] Vgl. Position der Piratenpartei zum derzeitigen Urheberrechtssystem (Fn. 5).

[15] Version vom 3. Dezember 2010, https://www.ige.ch/fileadmin/user_upload/Juristische_Infos/e/acta_final_text.pdf; siehe auch: Aktuelle Mitteilung über den endgültigen Entwurf des Anti-Counterfeiting Trade Agreement (ACTA) in: GRUR Int. 2011, 89. Kritisch hierzu: Stieper, GRUR Int. 2011, 124 ff.

[16] Vgl. Art. 27 ACTA – Entwurf vom 3. Dezember 2010 (Fn. 16).

rechte, also den Rechteverwertern, zu unterscheiden und sich diese Unterscheidung bei der Abwägung der jeweils involvierten Interessen auch stets vor Augen zu halten.

Richtig ist zunächst, dass nach deutschem Rechtsverständnis die Urheberpersönlichkeitsrechte als auch die Verwertungsrechte originär beim Schöpfer entstehen. In der Praxis räumt der Schöpfer jedoch Dritten regelmäßig ausschließliche Nutzungsrechte an seinem Werk ein. Insbesondere in den wirtschaftlich relevanten Bereichen der Musik- und Filmindustrie, im Verlagswesen oder auch bei Softwareentwicklungen werden die Nutzungsrechte an den Werken auf kommerzielle Rechteverwerter übergeleitet. Die Überleitung der Nutzungsrechte geschieht dabei entweder durch Vertrag oder qua Gesetz.[17] Mittlerweile ist es in vielen urheberrechtlich relevanten Bereichen geradezu zum Normalfall geworden, dass der Urheber und der Inhaber der Nutzungsrechte nicht mehr ein und dieselbe Person sind.[18]

Vor dem Hintergrund, dass Urheber und Inhaber der Nutzungsrechte regelmäßig nicht identisch sind und folglich auch unterschiedliche Interessen verfolgen, erscheinen auch die geführten Diskussionen über die Modernisierung des Urheberrechts in einem anderen Licht. Die diskutierten Probleme haben ihren Schwerpunkt eindeutig im Bereich der Nutzungsrechte bzw. ihrer Durchsetzung und weniger im Bereich der Urheberpersönlichkeitsrechte. Damit wird bereits deutlich, dass es in den Diskussionen in erster Linie um die Interessen der Inhaber der Nutzungsrechte, nicht aber um die der Urheber geht.

Allein diese Erkenntnis hilft bereits, sich bei den Lösungsvorschlägen vom gerne propagierten Bild des schutzbedürftigen Urhebers zu lösen und stattdessen Wirtschaftsunternehmen, allen voran Medien- und Verlagsgesellschaften, als eigenständige Interessengemeinschaft mit eigenen (durchaus legitimen) monetären Motiven wahrzunehmen.[19]

## 4.2 Lösungsvorschläge

Die folgenden Lösungsvorschläge zeigen verschiedene Möglichkeiten auf, die bestehenden Probleme anzugehen und einen angemessen Interessenausgleich unter den Beteiligten herbeizuführen. Diskutiert wird das Zweitveröffentlichungsrecht für wissenschaftliche Autoren, interessengerechte Schutzfristen und die Förderung von freiwilligen Lizenzmodellen im Internet.

---

[17] Grundsätzlich werden Nutzungsrechte vertraglich auf Dritte übergeleitet. Bei Software gilt jedoch die Besonderheit des § 69b UrhG, wonach der Arbeitgeber als Träger des finanziellen Risikos der Investition bereits qua Gesetz zur Ausübung aller vermögensrechtlichen Befugnisse an dem Computerprogramm berechtigt ist.

[18] Hilty (Fn. 4), 113.

[19] Hilty (Fn. 4), 113.

#### 4.2.1 Zweitveröffentlichungsrecht für wissenschaftliche Autoren

Zunächst könnte es sich anbieten, für den Bereich der mit öffentlichen Mitteln geförderten Wissenschaft ein Zweitveröffentlichungsrecht für Autoren einzuführen.[20]

Ziel dieses Lösungsansatzes ist es, den Zugang zu wissenschaftlichen Werken, deren zugrunde liegende Forschung mit Mitteln der öffentlichen Hand gefördert wurde, möglichst zugänglich für die Allgemeinheit zu halten.[21] Ein solches Zweitveröffentlichungsrecht könnte inhaltlich so ausgestaltet werden, dass der Urheber nach einer Embargofrist von beispielsweise sechs Monaten[22] ein unabdingbares, formatgleiches Zweitveröffentlichungsrecht im Rahmen einer nicht-kommerziellen Nutzung[23] erhält. Die Embargofrist von sechs Monaten soll die finanziellen Interessen des Verlages sichern und eine sinnvolle wirtschaftliche Verwertung des Werkes ermöglichen. Nach Ablauf dieser Frist könnte der Urheber dann selbst über den Grad der Sichtbarkeit seiner (mit öffentlichen Mitteln geförderten) Forschungsergebnisse entscheiden. Das Recht auf Formatgleichheit bei einer Zweitveröffentlichung gewährleistet ihm, dass die in der Wissenschaft wichtige Zitierfähigkeit seiner Werke auch bei nachfolgenden Veröffentlichungen erhalten bleibt.

Die Schwierigkeit bei der Einführung eines Zweitveröffentlichungsrechts besteht darin, die konkrete Dauer der Embargofrist interessengerecht zu bestimmen. Die von vielen vorgeschlagene Frist von sechs Monaten dürfte beispielsweise in Bereichen der Technologie und Medizin in Einzelfällen zu lang, hingegen in klassischen Bereichen der Geisteswissenschaften möglicherweise zu kurz erscheinen.[24] Zum Zwecke der Einzelfallgerechtigkeit liegt es zunächst nahe, an unterschiedliche Fristen je nach Wissenschaftsdisziplin zu denken. Jedoch scheint eine solche Aufteilung nicht praktikabel, da in vielen Bereichen interdisziplinär geforscht wird und die klare Zuordnung zu einer Wissenschaftsdisziplin kaum möglich sein dürfte.[25]

Allerdings dürfte für Verlage das Problem einer in Einzelfällen zu kurzen Embargofrist keine allzu gravierenden Auswirkungen haben, da das hier diskutierte

---

[20] Unter anderem gefordert in der Stellungnahme der Allianz der deutschen Wissenschaftsorganisationen zur Neuregelung des Urheberrechts „Anliegen und Desiderate für einen Dritten Korb" vom 9. Juli 2010, http://www.mpg.de/225737/Neuregelung_des_Urheberrechts_Anliegen__Dokument_im_Volltext_.pdf; vgl. auch Pflüger, Positionen der Kultusministerkonferenz zum Dritten Gesetz zur Regelung des Urheberrechts in der Informationsgesellschaft, ZUM 2010, 938 (941); kritisch und eher eine urheberrechtliche Zwangslizenz befürwortend: Stellungnahme des Max-Planck-Instituts für Geistiges Eigentum, Wettbewerbs- und Steuerrecht zur Anfrage des Bundesministeriums der Justiz vom 19. Februar 2009, 12 (13), http://www.ip.mpg.de/shared/data/pdf/stellungnahme_vom_19.02.2009.pdf.

[21] Hansen, Zugang zu wissenschaftlicher Information – alternative urheberrechtliche Ansätze, GRUR Int. 2005, 378 (382).

[22] Kritisch zu der pauschalen Embargofrist von 6 Monaten: Stellungnahme des Max-Planck-Instituts für Geistiges Eigentum, Wettbewerbs- und Steuerrecht zur Anfrage des Bundesministeriums der Justiz vom 19. Februar 2009, (Fn. 21), 15.

[23] Beispielsweise durch Veröffentlichung in einer Open Access-Datenbank wie www.ssrn.com

[24] Stellungnahme des Max-Planck-Instituts für Immaterialgüter- und Wettbewerbsrecht zur Anfrage des Bundesministeriums der Justiz vom 19. Februar 2009, (Fn. 21), 15.

[25] Stellungnahme des Max-Planck-Instituts für Immaterialgüter- und Wettbewerbsrecht zur Anfrage des Bundesministeriums der Justiz vom 19. Februar 2009, (Fn. 21), 16.

Zweitveröffentlichungsrecht sich ausschließlich auf nicht-kommerzielle Veröffentlichungen beschränkt. Den Verlagen bliebe bei entsprechender Übertragung der ausschließlichen Nutzungsrechte damit weiterhin das alleinige Recht vorbehalten, ein Werk auch über die Embargofrist hinaus kommerziell zu verwerten und Gewinne zu erzielen. Um im Wettbewerb zu einem möglicherweise kostenfreien Angebot einer Open Access-Datenbank bestehen zu können, werden wichtige Zusatzdienstleistungen der Verlage an Bedeutung gewinnen. Hierzu zählen beispielsweise innovative Systematisierungen in Online-Datenbanken, Angebote zu Verlinkungen von Quellenverweisen, besondere Kopier- und Druckfunktionen sowie intuitive Benutzeroberflächen. Für einen qualitativ hochwertigen, bedienungs- und nutzerfreundlichen Zugang zu Werken werden Kunden wohl auch in Zukunft bereit sein, einen angemessen Preis zu zahlen.

Die Öffentlichkeit würde von einer solchen Regelung jedenfalls stark profitieren, da sie nach Ablauf der Embargofrist zumindest die Möglichkeit eines unbeschränkten Zugangs zu den Forschungsergebnissen erhält, die sie zuvor mit öffentlichen Mitteln selbst gefördert hat. Dies gilt selbstverständlich nur, wenn der Wissenschaftler von seinem Recht auf eine nicht-kommerzielle, formatgleiche Zweitveröffentlichung auch tatsächlich Gebrauch macht. Dies wird regelmäßig der Fall sein, wenn er den Grad seiner Sichtbarkeit im Kreise der interessierten Wissenschaftler durch eine Zweitveröffentlichung erhöhen will.

Verlierer gäbe es bei einer solchen Regelung im Ergebnis somit keine. Vielmehr könnte ein ausgewogener Interessenausgleich geschaffen werden, der einer win-win-win-Situation gleicht.

Dass die Einführung eines Zweitveröffentlichungsrechts insbesondere von den Verlagen dennoch heftig kritisiert wird[26], ist damit zu erklären, dass sie im Vergleich zur jetzigen Situation in Einzelfällen möglicherweise mit geringeren Einnahmen zu rechnen hätten. Selbst wenn dies in Ausnahmefällen tatsächlich zutreffen mag, sollte dieser Umstand jedoch nicht als Schwäche der vorgeschlagenen Regelung verstanden werden, sondern vielmehr als Hinweis darauf dienen, dass die Gewinne der Verlage im Bereich der mit öffentlichen Mitteln finanzierten wissenschaftlichen Forschungstätigkeit aufgrund des derzeit gewährten, zeitlich und inhaltlich nahezu unbeschränkten Ausschließlichkeitsrechts möglicherweise zu hoch sind.[27]

### 4.2.2 Interessengerechte Schutzfristen

Eine weitere Möglichkeit der Problemlösung wären ausgewogene Fristen für die Geltendmachung von ausschließlichen Nutzungsrechten.

---

[26] Börsenverein des Deutschen Buchhandels, Kommentar zur Stellungsnahme der Allianz der deutschen Wissenschaftsorganisationen vom 30. September 2010, 1 (7), http://www.boersenverein.de/de/portal/3._Korb/404789

[27] Im Jahr 2009 erreichte beispielsweise der Wissenschaftsverlag Springer Science+Business Media einen Umsatz von etwa 850 Millionen Euro. Der erzielte Gewinn (EBITDA) lag im selben Zeitraum bei etwa 275 Millionen Euro. Quelle: Springer Science+Business Media – Overview 2009, http://www.springer.com/about+springer/company+information/annual+report?SGWID=1-175705-0-0-0.

Wie bereits oben erläutert, wirken die starren im Gesetz vorgesehenen Schutzfristen für manche immateriellen Güter befremdlich und unangemessen lang. Dies gilt unter anderem für die bereits oben genannten Güter wie Presseartikel und Software, deren wirtschaftliche Verwertbarkeit schon nach kurzer Zeit rapide zurückgeht.[28] Dass dennoch eine Schutzfrist von pauschal 70 bzw. 50 Jahren nach dem Tod des Urhebers gewährt wird, stellt einen erheblichen Eingriff in den Wettbewerb dar, der eine entsprechende Rechtfertigung des Eingriffs schuldig bleibt und damit regelmäßig zu einem Marktversagen führt.

Eine straffere zeitliche Befristung von ausschließlichen Nutzungsrechten käme insbesondere der Allgemeinheit zu Gute, die dadurch früher eine Zugangsmöglichkeit zu Informationen erhalten könnte. Dies wiederum könnte einen wichtigen Beitrag für weitere Innovationsleistungen in der Gesellschaft leisten.

Umgesetzt werden könnte eine solche zeitliche Befristung durch verschiedene Maßnahmen. Zum einen kann das Einführen weiterer Schranken für bestimmte Nutzungsarten bzw. Nutzergruppen angedacht werden[29], zum anderen ist auch denkbar, den Zugang zu bestimmten Werken nach Ablauf einer bestimmten Embargofrist durch eine Ausweitung des Zwangslizenzrechts zu ermöglichen.[30] Die Erfahrungen aus dem Patentrecht zeigen, dass allein die Existenz eines Zwangslizenzrechts bereits die beteiligten Parteien dazu bewegt, außerhalb dieses Rechtsinstituts einvernehmliche Lösungen hinsichtlich der Nutzungsmöglichkeiten zu finden. Dies käme wiederum der Belebung des Wettbewerbs und damit auch der Allgemeinheit zu Gute.

In jedem Fall gilt jedoch, dass eine zeitliche, durch das Gesetz vorgegebene pauschale Befristung unbefriedigende Ergebnisse herbeiführen kann. Im Grunde kann niemand anders die ökonomisch erforderliche Schutzdauer so treffend und zuverlässig einschätzen wie der Inhaber der Schutzrechte selbst. So wird es nicht ohne Grund den Inhabern von Marken- und Patentrechten überlassen, die Schutzdauer ihrer Rechte durch Zahlung von regelmäßigen Gebühren selbst zu bestimmen.[31] Voraussetzung für eine ähnliche Lösung auch im Urheberrecht ist allerdings die Einführung eines Registers, auf das unten noch näher eingegangen wird.

---

[28] Hilty (Fn.4), 130.

[29] Eine detaillierte Schrankensystematik wurde beispielsweise im sogenannten Wittem Projekt für ein Europäisches Urheberrecht ausgearbeitet, unter: http://www.copyrightcode.eu/. Ausführlich zur Schrankensystematik: Geiger, Die Schranken des Urheberrechts als Instrumente der Innovationsförderung – Freie Gedanken zur Ausschließlichkeit im Urheberrecht, GRUR Int. 2008, 459 ff.; ders., Der urheberrechtliche Interessenausgleich in der Informationsgesellschaft, GRUR Int. 2004, 815 (816).

[30] Hilty, Renaissance der Zwangslizenzen im Urheberrecht? Gedanken zu Ungereimtheiten auf der urheberrechtlichen Wertschöpfungskette, GRUR 2009, 633 (641). Befürwortend auch die Stellungnahme des Max-Planck-Instituts für Immaterialgüter- und Wettbewerbsrecht zur Anfrage des Bundesministeriums der Justiz vom 19. Februar 2009, (Fn. 21), 18.

[31] Hilty (Fn. 4), 132.

### 4.2.3 Freiwillige Lizenzmodelle

Großer Beliebtheit erfreuen sich derzeit freiwillige Lizenzmodelle wie die Creative Commons Lizenz.

Creative Commons ist eine gemeinnützige Organisation, die zur Vereinfachung der Publikation und Nutzung von Werken im Internet sechs verschiedene Lizenzmodelle bereithält. Der Rechteinhaber kann mit Hilfe dieser Lizenzmodelle selbst entscheiden, welche Nutzungsrechte er in welchem Umfang den Nutzern einräumen möchte.[32]

Diese Art der Lizenzierung erlaubt es dem Rechteinhaber, bei freier Zugänglichkeit seiner Werke nicht auf all seine Rechte verzichten zu müssen. So kann er beispielsweise weiterhin bestimmen, dass einzelne Nutzungsarten nur unter Namensnennung erlaubt sind oder die kommerzielle Nutzung erlaubnispflichtig bleibt. Dieser Umstand steigert ganz offensichtlich die Bereitschaft der Rechteinhaber, von diesem Lizenzmodell Gebrauch zu machen und einer breiten Öffentlichkeit den Zugang zu ihren Dokumenten und Werken zu gewähren.

So hat zuletzt einer der größten Nachrichtensender der Welt, Al Jazeera mit Sitz in Qatar, der freien Nutzung für einen Großteil seiner Nachrichten, Bilder und Videos entsprechend den Bedingungen der Creative Commons Lizenz zugestimmt. Damit sind derzeit mehrere hundert Millionen Dokumente im Internet entsprechend der Creative Commons Lizenz nutzbar. Und es werden täglich mehr.

Es ist zu erwarten, dass der Erfolg sogenannter Open-Modelle trotz einer Vielzahl von noch offenen Einzelfragen auch in Zukunft weiter anhält, sofern diese Möglichkeit weiter gefördert wird. Ein erster wichtiger Schritt dorthin ist die Anerkennung dieser Lizenzarten, insbesondere der Creative Commons Lizenz, durch die einzelstaatlichen Gerichte.[33] Damit wird gewährleistet, dass bei Verstößen gegen die Lizenzbedingungen trotz des „Open"-Gedankens eine effektive Durchsetzung von Verbotsrechten ermöglicht wird und dieses Modell auch künftig interessant für Urheber und Inhaber von Nutzungsrechten bleibt.

## 4.3 Bedürfnis nach grundlegender Modernisierung des Rechts

Die oben diskutierten Lösungsansätze sind trotz noch offener Einzelfragen sinnvoll und können bei vielen der diskutierten Probleme kurz- und mittelfristig Abhilfe schaffen. Es sollte also weiterhin intensiv und lösungsorientiert über diese Optionen diskutiert werden.

---

[32] Weitere Informationen zu Creative Commons unter: http://de.creativecommons.org/was-ist-cc/.

[33] Mantz, Creative-Commons Lizenzen im Spiegel der internationalen Gerichtsbarkeit, GRUR Int. 2008, 20 (21). Wichtige Urteile, die die Wirksamkeit von Creative Commons Lizenzen bestätigen, sind mittlerweile in den USA, den Niederlanden, Spanien und Belgien ergangen. Zuletzt am 6.Januar 2011 in Israel, wo ein Gericht in Jerusalem die kommerzielle Verwertung von Inhalten einer Internetseite wegen Verstoßes gegen die Creative Commons Lizenz untersagte und den Klägern Schadensersatz zusprach. Eine englische Zusammenfassung der Entscheidung ist abrufbar unter: http://www.law.co.il/en/news/israeli_internet_law_update/2011/01/18/Israeli-court-enforces-a-creative-commons-license.

Dennoch erscheint es, als ob diese Maßnahmen nur punktuelle Veränderungen mit sich bringen und das grundlegende Problem der fehlenden Akzeptanz des Urheberrechts unter den Beteiligten nicht gelöst wird. Wie bereits eingangs erwähnt, klagen nahezu alle Beteiligten, die regelmäßig mit dem Urheberrecht in Berührung kommen, über das geltende Regelungssystem. Jede Neuerung und Modernisierung des Urheberrechts wird deshalb nur dann nachhaltigen Erfolg haben, wenn sie auch die Interessen aller Beteiligten hinreichend und ausgewogen berücksichtigt. Das diese Anforderung an die Modernisierung des Rechts ein nicht leicht zu realisierbares Vorhaben darstellt, wird besonders deutlich, wenn man sich vor Augen hält, wessen Interessen eigentlich involviert sind. So muss ein modernes Urheberrecht zunächst den Interessen der Allgemeinheit gerecht werden. Darüber hinaus gilt es, den Kreativen – sowohl den professionellen als auch den privaten – hinreichend zu berücksichtigen. Ferner spielen die Interessen der Rechteverwerter, häufig Wirtschaftsunternehmen, eine gewichtige Rolle. Nicht vergessen werden dürfen die Interessen der Konsumenten, seien es die kommerziellen Nutzer oder die privaten Verbraucher.

Einen ausgewogenen Ausgleich unter diesen zahlreichen Interessengruppen zu finden, wird die Aufgabe sein, die es zu lösen gilt.[34]

Von vornherein zum Scheitern verurteilt dürfte der stetige Ruf nach neuen Verbotsrechten, einer weitergehenden, effektiveren Durchsetzbarkeit sowie schärferen Strafen sein.[35] Mit bloßer Abschreckung – das haben schon Erfahrungen aus anderen Ländern gezeigt[36] – wird man die Bereitschaft der Menschen, sich Verhaltensregeln zu unterwerfen und von gegebenen technischen Möglichkeiten keinen Gebrauch zu machen, jedenfalls nicht erhöhen. Deshalb ist auch der Weg, den einige Regierungen mit dem bereits oben diskutierten ACTA-Abkommen beschreiten wollen, wenig erfolgversprechend. Es sollte stattdessen allen Interessengruppen bewusst werden, dass es bei dem Ruf nach Neuerungen weder um eine Abschaffung, noch um eine Verschärfung des Urheberrechts gehen kann.

Die Aufgabe ist stattdessen, die Regeln der Nutzung urheberrechtlich geschützter Werke gerade im Hinblick auf das Internet transparent und möglichst einfach zu gestalten. Dies würde nicht nur die Einhaltung des Rechts durch höhere Akzeptanz

---

[34] Geiger, Der urheberrechtliche Interessenausgleich in der Informationsgesellschaft, GRUR Int. 2004, 815 (817).

[35] Anders als noch vor wenigen Jahren wird mittlerweile offen darüber diskutiert, ob die geltenden Regelungen nicht zu einer Überprotektion von Immaterialgütern führen. Kritisch hierzu die Beiträge in: Götting/Lunze, Überprotektion durch Geistiges Eigentum?, 1. Auflage 2009, 5 ff.; siehe auch Peukert, Ein möglichst hohes Schutzniveau des Urheberrechts fördert Kreativität und dynamischen Wettbewerb: Ein Irrtum?!, in: Berger/Macciacchini (Hrsg.), Populäre Irrtümer im Urheberrecht, FS für Reto M. Hilty, 2008, 39 ff.

[36] Beispielsweise im türkischen Patent- und Markenrecht wurden Schutzrechtverletzern zum Teil drakonische Geld- und Freiheitsstrafen angedroht. Letztlich erwiesen sich diese jedoch als unverhältnismäßig und wurden von den Gerichten zu Recht nicht angewandt. Mittlerweile wird insbesondere im Patentrecht in Erwägung gezogen, auf strafrechtliche Sanktionen von Schutzrechtsverletzungen gänzlich zu verzichten; siehe hierzu auch: Köklü, Das türkische Patentrecht, 2006, 203.

fördern, sondern auch Impulse für neue Kreations- und Innovationsleistungen geben.

Erste Grundvoraussetzung für eine Modernisierung des Rechts sind deshalb klar und einfach verständliche Regelungen. Nur wenn sich für die Nutzer die gesetzlichen Vorgaben auch möglichst leicht und nachvollziehbar erschließen lassen, werden sie auch geachtet.

Allein die Einfachheit gesetzlicher Regelungen wird jedoch nicht zum erhofften Erfolg verhelfen. Wichtig ist vor allem auch, dass die Ge- und Verbote realistisch bleiben und nicht an der Rechtswirklichkeit vorbei gehen. Es ist niemandem geholfen, wenn weiterhin ganze Generationen als „Internet-Piraten" kriminalisiert werden. Stattdessen ist es Aufgabe der Politik, alle vom Urheberrecht berührten Gruppen durch ein ausgewogenes Rechtssystem von der Einhaltung gesetzlicher Vorschriften zu überzeugen.

Vor dem Hintergrund der Innovationsförderung sollte zudem eine angemessene Urhebervergütung sichergestellt werden, damit genügend Anreize für neue Kreations- und Innovationsleistungen bestehen bleiben.

Der Erfolg einer Modernisierung des Rechts hat jedoch mindestens eine weitere essentielle Voraussetzung. Nur wenn klar ist, wem welches Recht zusteht, lassen sich Transaktionsprozesse im Internet auch vereinfachen und handhabbar machen. Dies setzt aber voraus, dass die Frage der Rechteinhaberschaft, insbesondere die der ausschließlichen Nutzungsrechte, auch transparent gestaltet wird. Dieses Erfordernis spricht wiederum für die Einführung von modernen Formalien.[37]

## 5. Gedanken zur Einführung eines Registers für ausschließliche Nutzungsrechte

Kaum eine Möglichkeit wird im Bereich des Urheberrechts derzeit so euphorisch diskutiert wie die Einführung eines Registers. Überraschend ist der große Zuspruch von nahezu allen beteiligten Interessengruppen.[38] Trotz zahlreicher noch ungeklärter Fragen zur praktischen Umsetzbarkeit liegen die Vorteile auf der Hand.

In der Praxis hat sich gezeigt, dass insbesondere die Ermittlung und der Nachweis der Inhaberschaft von Verwertungsrechten an urheberrechtlich geschützten Werken häufig ein großes Problem darstellen.[39] Die Probleme verschärfen sich zudem um ein Vielfaches, wenn es sich – wie es im Internet regelmäßig der Fall ist – um internationale Sachverhalte handelt, bei denen der jeweilige Rechteinhaber von

---

[37] Hilty (Fn. 4), 132; Lessig, The Future of Ideas, 2001, 251 f.; van Gompel, Formalities in die digital era: an obstacle or opportunity?, in: Bently/Suthersanen/Torremans (Hrsg.), Global Copyright: Three Hundred Years Since the Statute of Anne, from 1709 to Cyberspace, 2010, 395 ff.

[38] Breite Zustimmung zur Einführung eines Registers gab es beispielsweise auf dem WIPO Global Meeting on Emerging Copyrights Licensing Modalities –"Facilitating Access to Culture in the Digital Age" in Genf am 4. und 5. November 2010. Auch Francis Gurry, WIPO Director General, sprach sich in seiner Rede zur Zukunft des Urheberrechts vom 24. Februar 2011 in Australien ausdrücklich für die Einführung eines internationalen Musikregisters aus.

[39] Spohn/Hullen (Fn. 11), 1055.

Land zu Land verschieden sein kann. Unter den bestehenden Umständen die wahren Rechteinhaber nach jeweils einschlägiger Rechtsordnung zu ermitteln und mit diesen entsprechende Lizenzen abzuschließen, stellt sich für alle an diesem Prozess Beteiligten als eine sehr zeit- und kostenintensive Aufgabe mit enormem Prüfungsaufwand dar.

Die Einführung eines Registers könnte somit in erster Linie die Transparenz im Hinblick auf die Zuordnung von Werken zu den jeweiligen Rechteinhabern erhöhen. Damit wäre bereits eine spürbare Erleichterung und Kostenreduzierung bei der (massenhaften) Lizenzierung von Werken im Internet erreicht.

Auch für die Öffentlichkeit liegen die Vorteile eines Registers auf der Hand. Wird der Inhaber der ausschließlichen Nutzungsrechte in zeitlich regelmäßigen Abständen angehalten, die Aufrechterhaltung seiner Rechte gegen eine zu zahlende Gebühr zu erklären, besteht die Hoffnung, dass wirtschaftlich weniger rentable Werke für die Öffentlichkeit frühzeitiger (unter fortdauernder Beachtung der Urheberpersönlichkeitsrechte) aufgrund Nichtzahlung der Gebühr frei nutzbar und damit noch zu Lebzeiten den Zeitgenossen des Urhebers zugänglich werden.[40] Dies wiederum würde der Verbreitung von Wissen und damit auch der Förderung von Innovation dienen.

Selbst der Urheber würde von einem solchen System grundsätzlich profitieren können. Denn durch weitere Verbreitungsmöglichkeiten seiner frei gewordenen Werke im Internet erhöht sich auch der Grad seiner Sichtbarkeit.[41] Zudem würde dem Urheber auch ermöglicht, durch die weitere Nutzbarkeit seiner Werke zusätzliche Einnahmen durch die kollektive Rechtewahrnehmung zu erzielen. Darüber hinaus könnten auch die für die Verlängerung von Nutzungsrechten gezahlten Gebühren durch entsprechende Regelungen zumindest teilweise dem Urheber zugute kommen.

Mit einer Registrierung von ausschließlichen Nutzungsrechten an urheberrechtlich geschützten Werken könnten sich auch die Türen für innovative Durchsetzungsmechanismen bei offensichtlichen Urheberrechtsverletzungen im Internet öffnen. In Betracht kommt beispielsweise eine effiziente und weltweite Durchsetzung von Nutzungsrechten im Wege eines internationalen Schiedsverfahrens, das an ein bereits bestehendes und erfolgreiches Verfahren für Domainnamenstreitigkeiten angelehnt werden könnte. Hierauf wird an andere Stelle noch näher eingegangen.[42]

## 5.1 Inhalt und Ausgestaltung

Spannend wird es bei der Frage, wie ein solches Register ausgestaltet werden könnte, damit es einen ausgewogenen Interessenausgleich unter allen Beteiligten gewährleistet.

---

[40] Hilty (Fn. 4), 130.

[41] Der Grad der Sichtbarkeit ist für Wissenschaftler regelmäßig von großer Bedeutung. Nicht nur, dass es dem Wissenschaftler durch die steigende Sichtbarkeit gelingt, seine Innovationsleistungen mit anderen Wissenschaftlern zu teilen. Er wird zudem auch an Reputation gewinnen und damit seine wissenschaftliche Karriere fördern können.

[42] Siehe unten unter 5.1.6.

Der hier unterbreitete Vorschlag will diesen Spagat dadurch erreichen, dass er die Registrierungspflicht auf ausschließliche Nutzungsberechtigte, in der Regel juristische Personen beschränkt, die Aufrechterhaltung der Nutzungsberechte von der Zahlung einer Gebühr abhängig macht und das Register bei einer internationalen Behörde verortet.

Wichtig ist zu erwähnen, dass das hier vorgestellte Registersystem nicht das materielle Urheberrecht ersetzen soll. Es soll weder über die Schutzfähigkeit des Werkes eine Aussage treffen, noch das Schöpferprinzip an sich in Frage stellen. Diese Punkte können zunächst weiterhin in den nationalen Urhebergesetzen geregelt bleiben.[43]

Im Einzelnen:

### 5.1.1 Registrierungspflicht für ausschließliche Nutzungsberechtigte

Das Register soll in erster Linie Art und Umfang der ausschließlichen Nutzungsrechte erfassen, die vom Urheber des jeweiligen Werkes vertraglich oder qua Gesetz auf einen Dritten, in der Regel auf eine juristische Person übertragen wurden. Die Beschränkung der Registrierungspflicht auf hauptsächlich juristische Personen hat ihren Grund darin, dass die Probleme im Bereich des Urheberrechts vornehmlich dann auftauchen, wenn die Nutzungsrechte nicht mehr dem Urheber persönlich zustehen, sondern Dritten übertragen wurden.[44] Von einer Pflicht zur Registrierung von Nutzungsrechten wären somit nur diejenigen betroffen, die primär die wirtschaftliche Verwertung eines Werkes im Sinn haben, ohne selbst Urheber zu sein.

Eine freiwillige Registrierung von Nutzungsrechten durch den Urheber selbst sollte hierbei nicht ausgeschlossen sein. Für den Fall, dass der Urheber sein Werk selbst verwertet und die Nutzungsrechte an seinem Werk behalten hat, soll auch er in den Genuss der Vorteile einer Registrierung kommen dürfen, sofern er dies wünscht.

Die Unterscheidung zwischen Urhebern und Dritten hinsichtlich der Registrierungspflicht hat den Vorteil, dass der kreative und innovative Schöpfer weiterhin keine eigene Registrierung seiner Werke vornehmen muss, um in den Genuss des Urheberrechtsschutzes zu gelangen bzw. um seine Werke selbst zu verwerten. Das für viele so wichtige Schöpferprinzip in den sogenannten „Droit d'auteur"-Staaten bliebe damit unberührt.

### 5.1.2 Internationales Register

Weiteres wichtiges Kriterium des hier vorgeschlagenen Registersystems ist, dass es sich um ein internationales, hilfsweise um ein unionsweites Register handeln sollte.

---

[43] Dies soll jedoch nicht darüber hinweg täuschen, dass auch im Bereich des materiellen Urheberrechts eine weitere Harmonisierung zumindest auf Unionsebene wünschenswert wäre. Zur Harmonisierung des Werkbegriffs: Schulze, Schleichende Harmonisierung des urheberrechtlichen Werkbegriffs – Anmerkungen zu EuGH „Infopaq/DDF", GRUR 2009, 1019 (1020).

[44] Zu denken ist hier insbesondere an Buch- und Musikverlage, Filmverlage sowie an alle weiteren Fälle, in denen Nutzungsrechte des Urhebers vertraglich oder qua Gesetz auf einen Arbeit- oder Auftraggeber übertragen werden.

Das Zurverfügungstellen und Nutzen von Werken im Internet macht vor Landesgrenzen keinen Halt. Will man hier Transparenz in die internationale Lizenzierung und Nutzung von Werken bringen, bedarf es zwingend eines über die Landesgrenzen hinausgehenden Systems. Nur so kann auch von dem Effekt einer Reduzierung der Transaktionskosten profitiert werden.

Organisatorisch könnte ein solches Register bestehenden Organisationen bzw. Ämtern zugewiesen werden, die mit der Erstellung und Führung von Registern bereits hinreichende Erfahrungen sammeln konnten und im internationalen Verbund hohe Anerkennung genießen. In Betracht kommt in erster Linie die World Intellectual Property Organisation (WIPO), die für die Einführung eines internationalen Registers prädestiniert wäre. Bereits jetzt führt die WIPO internationale Register für zahlreiche Schutzrechte wie Patente, Marken, Geschmacksmuster, Sorten etc.[45]

Lässt sich der hier diskutierte Vorschlag nicht auf internationaler Ebene durchsetzen, käme auf Unionsebene alternativ auch das Europäische Patentamt oder das Amt der Europäischen Union für die Eintragung von Marken und Geschmacksmustern in Betracht.

### 5.1.3 Gebührenpflicht

Um das Problem der teilweise zu langen Schutzfristen zu entschärfen, wird das Registrierungssystem so zu gestalten sein, dass der eingetragene Inhaber ausschließlicher Nutzungsrechte für die Eintragung und Aufrechterhaltung seiner Nutzungsrechte eine Gebühr zu zahlen hat. Denkbar ist beispielsweise einen flexiblen, vom Inhaber der Nutzungsrechte bei Anmeldung selbst zu bestimmenden Zahlungsmodus. Abhängig von der Kurz- oder Langlebigkeit des den Nutzungsrechten zugrundeliegenden Werkes sind beispielsweise jährliche, monatliche, wöchentliche oder gar tägliche Zahlungen denkbar, die über einen zuvor einzurichtenden Online-Account abgebucht werden könnten. Die zu entrichtende Gebühr sollte für den Registrierenden spürbar sein und sich nicht im marginalen Bereich bewegen. Die erzielten Einnahmen aus einer solchen Gebühr könnte man beispielsweise den Urhebern zufließen lassen oder in die Förderung kreativer und innovativer Projekte investieren.

In jedem Fall darf man davon ausgehen, dass der jeweilige Rechteinhaber von der Zahlung einer solchen Gebühr nach Ablauf der wirtschaftlichen Verwertbarkeit des jeweiligen Werkes absehen wird. So werden Immaterialgüter für die Allgemeinheit weit früher frei nutzbar, als es das Gesetz mit seinen starren Schutzfristen derzeit noch vorsieht. Ein freier Zugang bedeutet in diesem Zusammenhang aber nicht zwangsläufig auch einen kostenfreien Zugang. Hier könnte weiterhin eine Urhebervergütung vorgesehen werden, die beispielsweise durch die kollektive Rechtewahrnehmung, eine Kulturflatrate oder ein Micro-Payment-System erfolgt.[46]

---

[45] Nähere Informationen zu den von der WIPO verwalteten Registern unter: www.wipo.int.

[46] Roßnagel/Jandt/Schnabel, Kulturflatrate – Ein verfassungsrechtlich zulässiges alternatives Modell zur Künstlervergütung?, MMR 2010, 8 (9).

Zum Zwecke der Rechtssicherheit wäre es in diesem Zusammenhang allerdings sinnvoll, eine Regel einzuführen, wonach die Nutzbarkeit einmal frei gewordener Werke nicht nachträglich wieder eingeschränkt werden darf. Dadurch könnte die – zugegeben eher theoretische Gefahr – reduziert werden, dass nach einem sogenannten „Heimfall“[47] der Nutzungsrechte an den Urheber durch erneute Geltendmachung von Ausschließlichkeitsrechten der freie Zugang zu den jeweiligen Werken nachträglich wieder eingeschränkt wird.

### 5.1.4 Erforderliche Mindestangaben für die Registrierung

Inhaltlich sollte das Register alle erforderlichen Angaben enthalten, die eine Zuordnung der jeweils geltend gemachten Nutzungsrechte an dem zugrundeliegenden Werk ermöglichen. Es sollten mindestens Name und Kontaktdaten des Rechteinhabers sowie das Werk, an dem die Nutzungsrechte eingeräumt wurden, benannt werden. Wichtig ist zudem, dass sich aus dem Register klar und eindeutig der Umfang der vom Urheber übertragenen Nutzungsrechte ergibt. Hierfür könnte es bereits ausreichend sein, das entsprechende Territorium und die dem Rechteinhaber für dieses Territorium übertragenen Nutzungsrechte anzugeben.

### 5.1.5 Technische Umsetzung

Technisch sollte die Eintragung in das Register schnell und unkompliziert erfolgen können, im Idealfall zeitgleich mit der Schaffung des Werkes und der Übertragung der ausschließlichen Nutzungsrechte durch den Urheber. Andernfalls ließe sich insbesondere bei kurzlebigen Werken eine Registeranmeldung bereits aus ökonomischer Sicht kaum vertreten.[48] Es gibt bereits technische Möglichkeiten, die eine Anmeldung ohne Zeitverlust möglich erscheinen lassen. Denkbar ist beispielsweise die Einrichtung eines geschützten Online-Accounts, über den man die Anmeldung von Nutzungsrechten zum Register online quasi per Knopfdruck vornehmen könnte.

### 5.1.6 Neue Durchsetzungsmöglichkeiten bei Rechtsverletzungen im Internet

Die Registrierung von Nutzungsrechten wäre insbesondere für Rechteverwerter mit attraktiven Vorteilen verbunden. Neben der sich ohnehin einstellenden Transparenz und den damit einhergehenden effizienteren Möglichkeiten der Lizenzierung und Nutzung von Werken könnten mit der Registrierung insbesondere neue Durchsetzungsmöglichkeiten bei offensichtlichen Urheberrechtsverletzungen im Internet eingeführt werden.

Zu denken ist insbesondere an ein bei der WIPO zentralisiertes Verfahren, das an die bereits erfolgreich eingeführte Uniform Domain Name Dispute Resolution Policy (UDRP) angelehnt werden könnte. Das UDRP Schiedsverfahren erlaubt den Inhabern von Markenrechten im Rahmen eines Schiedsverfahrens gegen sogenannte Cybersquatter aus aller Welt vorzugehen.[49] Der große Vorteil dieses Verfah-

---

[47] Block (Fn. 2), § 29 Rn. 23.

[48] Hilty (Fn. 4), 133.

[49] Vgl. Drexl, in: Münchener Kommentar zum BGB, 5. Auflage 2010, Rn. 311; Kilian/Heussen, Computerrecht, 28. Ergänzungslieferung 2010, Rn. 536 ff.

rens ist, dass bei offensichtlichen Rechtsverletzungen trotz internationaler Sachverhalte zeit- und kosteneffizient Entscheidungen herbeigeführt und vollstreckt werden können. So können selbst Domainnamen, die auf verschiedenste gTLD und ccTLD enden[50], auf Antrag des Rechteinhabers auf diesen übertragen oder zumindest gelöscht werden.

Dieses Verfahren könnte nach Einführung eines Registers auch bei offensichtlichen Urheberrechtsverletzungen angewandt werden, beispielsweise wenn unter bestimmten Domainnamen urheberrechtlich geschützte Werke, wie Filme oder Musikstücke, ohne Zustimmung des Inhabers der ausschließlichen Nutzungsrechte zum Abruf bereit gestellt werden. Bisher fällt es Rechteinhabern noch sehr schwer, beispielsweise gegen Streaming-Anbieter wie www.kino.to, ihre Rechte durchzusetzen und erfolgreich gegen sie vorzugehen. Zwar ergehen auch in Deutschland zahlreiche Entscheidungen zugunsten der Rechteinhaber, jedoch lassen diese sich gegen ausländische Betreiber kaum vollstrecken, da die jeweilige Domain häufig zu exotischen Ländern wie dem Königreich Tonga gehört.[51]

Ein bei der WIPO zentralisiertes Verfahren für offensichtliche Rechtsverletzungen könnte hier Abhilfe schaffen. Bereits mit der Registrierung einer Domain bei der International Corporation for Assigend Names und Numbers (ICANN) könnten Domainnamen-Inhaber vertraglich über die Domainvergabestelle verpflichtet werden, sich unabhängig von nationalen Regeln einem internationalen Schiedsverfahren der WIPO zu unterwerfen. Ein Register, das über Nutzungsrechte an urheberrechtlich geschützten Werken informiert, würde es den Schiedsrichtern der WIPO, einem sogenannten Panel[52], ermöglichen, die in einer Klage behauptete Rechteinhaberschaft an Nutzungsrechten wie bei einem Domainstreitverfahren nachzuvollziehen. Den Beklagten bliebe es selbstverständlich unbenommen, sich gegen die Vorwürfe einer Rechtsverletzung zu wehren und sich auch auf eine fehlende Schutzfähigkeit des Werkes zu berufen. Sind die Einwände substantiiert oder erscheint der Fall für ein schriftliches Schiedsverfahren zu kompliziert, soll ein Panel angehalten sein, die Klage abzuweisen und den Kläger auf die nationale ordentliche Gerichtsbarkeit zu verweisen. Damit wird sichergestellt, dass ein solches Verfahren nur bei offensichtlichen und eindeutigen Rechtsverstößen Anwendung findet. Liegt hingegen ein offensichtlicher Rechtsverstoß vor und werden seitens des Beklagten keine Einwände erhoben[53] oder können seine Einwände nicht überzeugen, soll das

---

[50] Hierzu zählen zahlreiche generic and country-code top-level domains wie .com, .org, .int, .net. Eine ausführliche Liste aller gTLDs und ccTLDs, auf die das UDRP Verfahren anwendbar ist, kann unter http://www.wipo.int/amc/en/domains/cctld/ abgerufen werden.

[51] Aus diesem Grund konzentrieren sich die Verfahren in Deutschland auch verstärkt auf Verfahren gegen Personen, die Hyperlinks auf Seiten wie www.kino.to setzen.

[52] Je nach Parteiwillen besteht ein Panel entweder aus drei Schiedsrichtern oder einem Einzelrichter. Da es sich in der Regel um offensichtliche und rechtlich einfach gelagerte Fälle handelt, entscheiden sich Kläger in der überwiegenden Anzahl der Fälle nicht zuletzt aus Kostengründen für einen Einzelrichter.

[53] Die Erfahrungen mit dem UDRP Verfahren zeigen, das in ca. 80% der Fälle die Beklagten nicht auf die Klage erwidern. Statistiken zum UDRP Verfahren unter: http://www.wipo.int/amc/en/domains/statistics/.

Panel nach Ablauf einer bestimmten Frist zur freiwilligen Entfernung der rechtsverletzenden Inhalte von der streitigen Internetseite auf Sperrung oder Löschung der Domain entscheiden dürfen.

Sicherlich sind auch bei diesem Vorschlag noch Einzelfragen zu klären. Allerdings sind die Erfahrung aus dem UDRP Verfahren für Domainnamen-Streitigkeiten sehr vielversprechend und dürften bei Einführung eines Registers für Nutzungsrechte an urheberrechtlich geschützten Werken auch für den Bereich der Urheberrechtsverletzungen im Internet von großem Interesse sein.

## 5.2 Mögliche Einwände

Nicht unerwähnt sollte an dieser Stelle bleiben, dass gegen die Einführung eines solchen Registers trotz aller Vorteile auch Bedenken bestehen könnten.

Zum einen gibt es nicht wenige, die befürchten könnten, dass mit der Einführung eines Registers für Nutzungsrechte an urheberrechtlich geschützten Werken auch der Schritt zum materiellen Registerrecht als Voraussetzung für die Entstehung von Urheberrechten nicht mehr weit sei. Diesen Befürchtungen sei jedoch entgegengehalten, dass es zwar auch in diese Richtung Überlegungen in der Rechtswissenschaft gibt, mit einer solchen Entwicklung kurz- oder mittelfristig jedoch nicht zu rechnen ist. Zudem könnten zwischenzeitlich wertvolle Erfahrungen mit einem Register für Nutzungsrechte gesammelt werden, von denen auch ein künftiges urheberrechtliches Register profitieren könnte – sollte es denn tatsächlich kommen.

Zum anderen ist bei der Einführung eines Registers im Urheberrecht das Förmlichkeitenverbot der Revidierten Berner Übereinkunft (RBÜ) als mögliches Hindernis zu bedenken. In Art. 5 Abs. 2 RBÜ heißt es:

> *„Der Genuss und die Ausübung dieser Rechte sind nicht an die Erfüllung irgendwelcher Förmlichkeiten gebunden."*

Ob die Einführung einer Registerpflicht für ausschließlich Nutzungsberechtigte tatsächlich gegen dieses Förmlichkeitenverbot verstoßen würde, darf bezweifelt werden. Denn in der RBÜ steht auch geschrieben, dass die getroffenen Regeln dem Schutze des Urhebers persönlich dienen. So heißt es beispielsweise in der Präambel der RBÜ:

> *„[...] vom Wunsch geleitet, die Rechte der Urheber an ihren Werken der Literatur und Kunst in möglichst wirksamer und gleichmäßiger Weise zu schützen."*

Inwiefern eine Registerpflicht für Dritte, hauptsächlich juristische Personen etwaige Rechte der Urheber einschränken könnte, bleibt offen. Das hier vorgeschlagene Registersystem schränkt den Schutz der Urheber jedenfalls weder ein, noch macht es ihn von irgendwelchen Formalitäten abhängig. Erst wenn der Urheber die ausschließlichen Nutzungsrechte an seinem Werk einem Dritten überträgt, greift für diesen die Pflicht zur Registrierung. Der Urheber bleibt demzufolge weiterhin in seinen ihm verbleibenden Rechten frei von jedem Förmlichkeitszwang.

Nur hilfsweise sei hier erwähnt, dass selbst bei gegenteiliger Auffassung, nach der ein jedes Register gegen das Förmlichkeitenverbot der RBÜ verstoßen würde, die in der RBÜ getroffenen Vorschriften nicht bis in alle Ewigkeit gelten müssen. Sollten sich hier in der Tat unüberwindbare Hindernisse für die Modernisierung des Urheberrechts stellen, muss letztlich ein neues, der digitalen Welt angemessenes Völkerrecht geschaffen werden. Dass ein neues völkerrechtliches Abkommen im Bereich des Urheberrechts nicht von vorneherein unrealistisch ist, zeigen die engagierten Bemühungen einiger Staaten um das ACTA-Abkommen eindrucksvoll.[54] Dort wo ein Wille ist, da scheint auch ein Weg zu sein.

Ein weiterer denkbarer Einwand gegen die Einführung des hier vorgeschlagenen Registersystems könnte sein, dass angebliche Nutzungsrechte an Werken, die urheberrechtlich nicht schutzfähig sind, dennoch eingetragen werden, um dann mit dem Schein einer amtlichen Registereintragung gegen Dritte vorzugehen. So könnten beispielsweise Zeitungsverleger trotz derzeit noch fehlendem Leistungsschutzrecht dazu geneigt sein, angebliche Nutzungsrechte an Überschriften und Textpassagen aus Zeitungsartikeln zur Eintragung anzumelden, um dann mit der Registereintragung im Rücken gegen Online-Pressedienste vorzugehen.[55]

Einer solchen Kritik wäre entgegenzuhalten, dass die theoretische Gefahr von falschen oder gar missbräuchlichen Eintragungen auch in einigen anderen, bereits bestehenden Registern existiert, ohne dass hierdurch schwere Eingriffe in den Wettbewerb zu vermelden sind. Als Beispiel eignet sich hier insbesondere ein Vergleich zu den Registern für Geschmacks- sowie Gebrauchsmuster. Sowohl Geschmacks- als auch Gebrauchsmuster werden ohne echte Prüfung der materiellen Schutzvoraussetzungen in ein amtliches Register aufgenommen.[56] Die Kontrolle über den Bestand und die Durchsetzbarkeit der eingetragenen Schutzrechte wird in erster Linie der ordentlichen Gerichtsbarkeit überlassen, die mit entsprechenden Prüfungs- und Entscheidungskompetenzen ausgestattet ist. Zudem können Widerspruchs- und Löschungsverfahren vor den jeweils zuständigen Ämtern durchgeführt werden.

Auch bei dem hier vorgeschlagenen Registersystem ist eine Prüfung der materiellen Schutzvoraussetzungen des Werkes bei Eintragung der entsprechenden Nutzungsrechte nicht vorgesehen. Deshalb kommt dem Register auch keine Aussagekraft über die Schutzfähigkeit des den Nutzungsrechten zugrunde liegenden Werkes zu. Diese Prüfung soll auch in Zukunft den ordentlichen Gerichten obliegen. Um zur Qualitätssicherung der Eintragungen beizutragen, könnten jedoch Einspruchsverfahren gegen zu Unrecht eingetragene Nutzungsrechte vorgesehen werden. Dies

---

54 Vgl. oben, (Fn. 16).

55 Kritische Anmerkungen zum geplanten Leistungsschutzrecht für Verleger: Stellungnahme der GRUR zur Anhörung des BMJ am 28.6.2010 zum Thema „Leistungsschutzrecht für Verleger“, GRUR 2010, 808 ff.

56 Zu den jeweiligen Registern im Gebrauchs- und Geschmacksmusterrecht, siehe: Benkard, Patentgesetz, 10. Auflage 2006, § 8 GebrMG, Rn. 16 ff.; Mes, Patentgesetz – Gebrauchsmustergesetz, 2. Auflage 2005, § 8 GebrMG, Rn. 16; Eichmann/v.Falckenstein, Geschmacksmustergesetz, 4. Auflage 2010, § 19 Rn. 4.

sollte insbesondere dann möglich sein, wenn die Inhaberschaft der Nutzungsrechte von Seiten Dritter bestritten wird.

## 6. Blick in die Zukunft

Will man einen Blick in die Zukunft wagen, wird man nicht umhin kommen, sich der Frage zu stellen, wie die Welt in einigen Jahren aussehen wird, wenn es nicht zur erhofften Modernisierung und Transparenz des Urheberrechts kommt.[57]

Pessimisten werden einen gravierenden Einbruch bei Kreativitäts- und Innovationsleistungen sehen. So könnte sich die Gesellschaft ohne erforderliche Reformen von einer „read and write" in eine „read only" Gesellschaft wandeln.[58]

Optimisten hingegen werden wohl auch weiterhin auf die Innovations- und Schaffenskraft des Menschen vertrauen. Die digitale Innovation wird auch keinen Halt vor dem analogen Urheberrecht machen. Bestes Beispiel ist die bereits erfolgte technische Entwicklung des (illegalen) Downloads von Musik oder Filmdateien aus dem Internet hin zum (legalen?) Streaming.[59]

Allerdings werden sich auch Optimisten eingestehen müssen, dass mit einem Ausbleiben von Reformen die dringende Gefahr besteht, dass weiterhin ganze Generationen von jungen Menschen zu Internet-Piraten kriminalisiert und wichtige Kreationsleistungen in den Outlaw-Bereich gedrängt werden. Bleibt das geltende Recht weiterhin wirr, komplex und unpraktisch in seiner Anwendung und erschwert es dadurch auch in Zukunft den Zugang zu Werken im Internet, wird die Achtung des Urheberrechts in der Gesellschaft weiter schwinden. Dies wird dann nicht nur für junge Nutzer des Internets ein Problem. Alle Gesellschaftsgruppen werden betroffen sein, insbesondere auch die Rechteverwerter, da sie es in Zukunft ohne die notwendigen Reformen noch schwerer haben werden, Kunden für sich zu gewinnen und wirtschaftlich erfolgreich zu arbeiten.

## 7. Fazit

Es sprechen gute Gründe für die Einführung eines internationalen Registers für Nutzungsrechte an urheberrechtlich geschützten Werken. Insbesondere die Beschränkung der Registerpflicht auf ausschließlich Nutzungsberechtige, die keine

---

[57] Einen Blick in die Zukunft wagt auch die 3. Collaboratory-Initiative „Urheberrecht für die Informationsgesellschaft". Dort werden Szenarien für Immaterialgüter im Jahre 2035 entwickelt. Näheres hierzu unter: http://www.collaboratory.de/3-initiative-urhheberrecht-fuer-die-informationsgesellschaft.

[58] So etwa Lawrence Lessig in seinem Vortrag auf dem WIPO Global Meeting on Emerging Copyrights Licensing Modalities –"Facilitating Access to Culture in the Digital Age" in Genf am 4. November 2010.

[59] Während der Download von Werken aus dem Internet ohne Zustimmung des Inhabers der ausschließlichen Nutzungsrechte nach einhelliger Meinung eine Urheberrechtsverletzung darstellt, gehen Teile der Literaturmeinung davon aus, dass ein Streaming desselben Werkes im Internet durch den Nutzer zulässig ist. Vgl. Fangerow/Schulz, Die Nutzung von Angeboten auf www.kino.to – eine urheberrechtliche Analyse des Film-Streamings im Internet, GRUR 2010, 677 (679); kritisch: Radmann, Kino.ko – Filmegucken kann Sünde sein, ZUM 2010, 387 (389).

Urheber sind, stellt eine Option dar, mit der auch Vertreter des „Droit d'auteur"-Ansatzes gut leben könnten. Die Umsetzung eines solchen Registers durch die WIPO in Kombination mit einem entsprechenden Gebührenmodell könnte zahlreiche bestehende Probleme des geltenden Urheberrechts im digitalen Zeitalter lösen. Attraktiv wird das Modell insbesondere durch die Möglichkeit, verbesserte internationale Durchsetzungsmöglichkeiten bei Rechtsverletzungen einzuführen, sowie der Hoffnung, dass Werke aufgrund der Nichtzahlung von Verlängerungsgebühren frühzeitiger für die Allgemeinheit nutzbar werden. Im Ergebnis würde ein solches Modell damit zu einer besseren Transparenz und darauf aufbauend auch zu einer höheren Akzeptanz des Urheberrechts in der Gesellschaft verhelfen.

Es bleibt somit die Hoffnung, dem Urheberrecht mit diesem Lösungsvorschlag wieder zu seiner eigentlichen Funktion zu verhelfen: nämlich der Förderung von Kreativität und Innovation.

MIX
Papier aus verantwortungsvollen Quellen
Paper from responsible sources
FSC® C105338

If you have any concerns about our products,
you can contact us on
**ProductSafety@springernature.com**

In case Publisher is established outside the EU,
the EU authorized representative is:
**Springer Nature Customer Service Center GmbH**
**Europaplatz 3, 69115 Heidelberg, Germany**

Printed by Libri Plureos GmbH
in Hamburg, Germany